高职高专土建专业"互联网+"创新规划教材

市政工程计量与计价

（工作手册式）

主　编◎董　辉
副主编◎沈卫东
参　编◎蔡小沪　蒋春磊

内 容 简 介

本书结合建筑工程造价师职业能力要求与岗位执业标准，依据现行《建设工程工程量清单计价规范》（GB 50500—2013）、《浙江省建设工程计价规则》（2018 版）等标准规范编写。本书内容包括市政工程造价与市政工程结算两部分。市政工程造价部分首先讲解了工程造价、固定资产投资费用构成、建筑安装工程费用构成等基础知识；然后以清单计价的工作程式阐述了市政排水工程、市政道路工程、市政桥梁工程的清单工程量计算规则、定额工程量计算规则、计算方法、预算单价与费率选取以及总价计算调整方法等；各专业工程均设置完整的综合案例进行讲解，示例工程量计算、清单与计价表的形成、工程造价计算步骤与程序，便于学生掌握和理解清单计价的核心。市政工程结算部分讲解了工程结算的概念、中间结算等内容。本书按计量与计价两个过程设置综合学习任务，力求提高学生在工程实践中解决问题的能力。

本书可作为高职高专市政工程技术、工程造价、建筑经济管理等专业的教材，也可供从事市政工程计量与计价相关工作的专业人员学习参考。

图书在版编目（CIP）数据

市政工程计量与计价 / 董辉主编. —北京：北京大学出版社，2024.1
高职高专土建专业"互联网+"创新规划教材
ISBN 978-7-301-34222-0

Ⅰ. ①市… Ⅱ. ①董… Ⅲ. ①市政工程-工程造价- 高等职业教育- 教材 Ⅳ. ①TU723.3

中国国家版本馆 CIP 数据核字（2023）第 130098 号

书　　名	市政工程计量与计价 SHIZHENG GONGCHENG JILIANG YU JIJIA
著作责任者	董　辉　主编
策 划 编 辑	刘健军
责 任 编 辑	王莉贤　刘健军
数 字 编 辑	蒙俞材
标 准 书 号	ISBN 978-7-301-34222-0
出 版 发 行	北京大学出版社
地　　址	北京市海淀区成府路 205 号　100871
网　　址	http://www.pup.cn　新浪官方微博：@北京大学出版社
电 子 邮 箱	编辑部 pup6@pup.cn　总编室 zpup@pup.cn
电　　话	邮购部 010-62752015　发行部 010-62750672　编辑部 010-62750667
印 刷 者	河北滦县鑫华书刊印刷厂
经 销 者	新华书店
	787 毫米×1092 毫米　16 开本　21 印张　500 千字 2024 年 1 月第 1 版　2024 年 1 月第 1 次印刷
定　　价	59.00 元

未经许可，不得以任何方式复制或抄袭本书之部分或全部内容。
版权所有，侵权必究
举报电话：010-62752024　电子邮箱：fd@pup.cn
图书如有印装质量问题，请与出版部联系，电话：010-62756370

前言 Preface

本书是依据高等职业院校工程造价专业、市政工程技术专业的人才培养目标，结合工程造价领域岗位群的职业技能要求和现行计量规范、计价规则，联系工程实际，以加强职业能力培养为目标编写的。本书融入了党的二十大精神，全面贯彻党的教育方针，把立德树人融入本教材，使其贯穿思想道德教育、文化知识教育和社会实践教育各个环节。

本书的主要特点之一是符合职业标准与岗位要求。本书突破以往的造价基础知识、定额原理、预算定额应用、清单与清单计价知识、通用项目清单、专业工程清单的知识体系框架，依据我国造价体制改革的需要，重组与优化教材内容，将定额与清单规范融入实例中进行讲解，使内容紧密结合职业技能的要求。

本书的主要特点之二是条理清晰、突出重点。本书与《市政工程施工图案例图集》（ISBN 978-7-301-24824-9）配套使用，全书以图集为工作任务载体，在完成工作任务的过程中进行计量与计价理论知识的学习；示例为工作任务的一部分，示例完整地展示了一个专业工程计量与计价的全工作过程，体现了"案例教学"的思想，使学生能轻松度过从学习到实践的思维转变。

本书的主要特点之三是教学资源丰富、学习手段多样。本书以"互联网+"教材的模式进行设计，书中以二维码形式添加各类学习资源。书中每个任务最后设置的实训任务可供学生进行技能训练，思考练习题可供学生课中讨论。编者会依据行业的发展不定期更新学习资源，以便教材内容与工程实践结合更为紧密。

本书由杭州科技职业技术学院董辉任主编，耀华建设管理有限公司沈卫东任副主编，杭州科技职业技术学院蔡小沪、耀华建设管理有限公司蒋春磊参编。本书具体编写分工如下：项目1的任务1.1、项目3、项目4由董辉编写；项目0由沈卫东编写，并由沈卫东负责全书计算例题的复核；项目2由蒋春磊编写；项目1的任务1.2由蔡小沪编写。

本书在编写过程中参考应用了许多企业的技术文献资料，在此一并表示衷心的感谢；特别感谢杭州擎洲软件有限公司为本书编写提供了软件支持和软件操作微课资料。

由于编者水平所限，恳请广大读者、同行对书中不足之处批评指正。

编　者

资源索引

目录

第1部分　市政工程造价

项目0　项目预备 2
- 0.1　工程造价 2
- 0.2　固定资产投资费用构成 4
  - 0.2.1　设备及工具、器具购置费 4
  - 0.2.2　建筑安装工程费 6
  - 0.2.3　工程建设其他费 6
  - 0.2.4　预备费 9
  - 0.2.5　建设期利息 10
  - 0.2.6　固定资产投资方向调节税 11
- 0.3　建筑安装工程费构成 11
  - 0.3.1　按费用构成要素划分 11
  - 0.3.2　按造价形成划分 15
- 0.4　建设项目预算管理层级 17
  - 0.4.1　基本建设程序 17
  - 0.4.2　工程造价控制层次 19
  - 0.4.3　建设项目分级 19
- 0.5　工程计价原理 20
  - 0.5.1　工程造价计价的基本方法 20
  - 0.5.2　定额计价——工料单价法 21
  - 0.5.3　清单计价——综合单价法 22
- 0.6　工程量清单计价模式 24
  - 0.6.1　工程量清单计价的概念 24
  - 0.6.2　工程量清单计价规范 25
  - 0.6.3　工程量清单组成 25
  - 0.6.4　工程量清单计价 29
- 小结 32
- 思考练习题 32

项目1　市政排水工程计量与计价 33
- 任务1.1　市政排水工程量清单编制 33
  - 1.1.1　任务导入 33
  - 1.1.2　相关知识 34
  - 1.1.3　任务分析与实施 52
  - 1.1.4　实训任务 65
- 小结 65
- 思考练习题 66
- 任务1.2　市政排水管道工程计价清单编制 66
  - 1.2.1　任务导入 66
  - 1.2.2　相关知识 67
  - 1.2.3　任务分析与实施 94
  - 1.2.4　实训任务 105
- 小结 106
- 思考练习题 106

项目2　市政道路工程计量与计价 107
- 任务2.1　市政道路工程量清单编制 107
  - 2.1.1　任务导入 107
  - 2.1.2　相关知识 108
  - 2.1.3　任务分析与实施 124
  - 2.1.4　实训任务 136
- 小结 136
- 思考练习题 136
- 任务2.2　市政道路工程计价清单编制 137
  - 2.2.1　任务导入 137
  - 2.2.2　相关知识 137
  - 2.2.3　任务分析与实施 155
  - 2.2.4　实训任务 164
- 小结 165
- 思考练习题 165

项目3　市政桥梁工程计量与计价 166
- 任务3.1　市政桥梁工程量清单编制 166
  - 3.1.1　任务导入 166

3.1.2　相关知识 167
　　3.1.3　任务分析与实施 192
　　3.1.4　实训任务 213
　小结 214
　思考练习题 214
　任务 3.2　市政桥梁工程计价清单编制 214
　　3.2.1　任务导入 214
　　3.2.2　相关知识 215
　　3.2.3　任务分析与实施 245
　　3.2.4　实训任务 261
　小结 262
　思考练习题 262

第 2 部分　市政工程结算

项目 4　市政工程结算 264
　4.1　工程结算的概念 264
　　4.1.1　工程结算的定义 264
　　4.1.2　各类结算方式 265
　　4.1.3　结算的依据 265
　4.2　中间结算 267
　　4.2.1　中间结算的概念 267
　　4.2.2　中间结算费用项目 269
　4.3　工程预付款结算 273
　　4.3.1　工程预付款的定义 273
　　4.3.2　工程预付款额度 273
　　4.3.3　工程预付款支付程序 274
　　4.3.4　工程预付款扣回 274
　4.4　工程进度款结算 276
　　4.4.1　计量规则与方法 276
　　4.4.2　支付款项计算 277
　4.5　价差调整 280
　　4.5.1　价差调整的范围与原则 280
　　4.5.2　价差调整的方法 281
　4.6　竣工结算 284
　　4.6.1　竣工结算编制的依据 284
　　4.6.2　竣工结算的计价原则 285
　　4.6.3　变更估价的一般方法 285
　　4.6.4　索赔分析的一般方法 286
　　4.6.5　竣工结算的一般程序 288
　　4.6.6　最终结清 290
　4.7　综合例题 292
　　4.7.1　项目背景 292
　　4.7.2　履约情况 312
　　4.7.3　中间结算-第 2 期 317
　　4.7.4　竣工结算 321
　小结 329
　思考练习题 329

参考文献 330

第1部分 市政工程造价

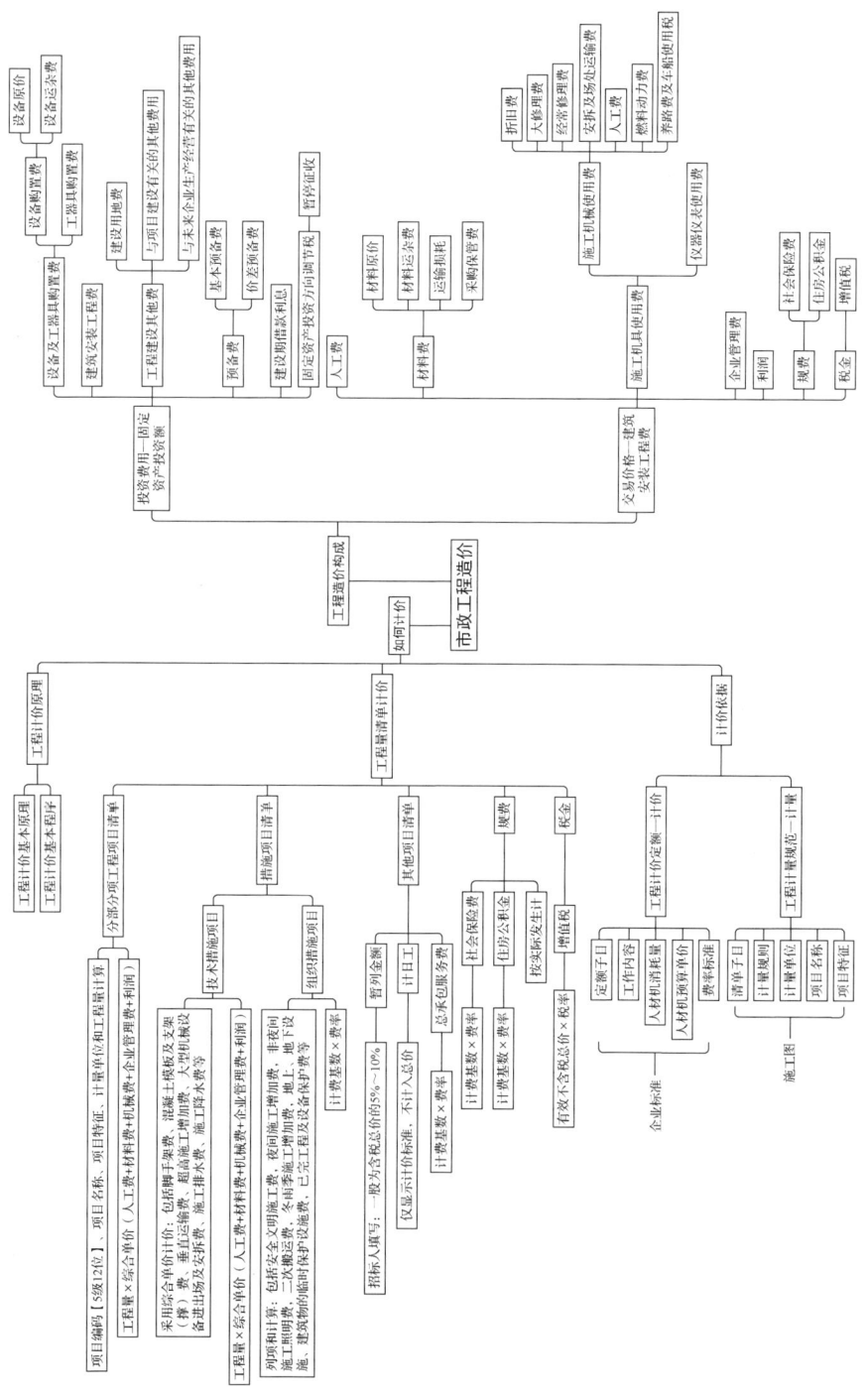

第1部分思维导图

项目 0　项目预备

教学目标

1. 理解工程造价的两种含义，了解广义工程造价的组成；
2. 掌握狭义工程造价的组成及计算程序；
3. 了解基本建设程序及预算控制体系；
4. 掌握清单规范的基本概念及计价原理。

0.1　工程造价

1. 固定资产投资

固定资产是指在社会再生产过程中可供长时间反复使用，并在其使用过程中基本不改变实物形态的劳动资料和其他物质资料，如建筑物、机器设备、运输工具等。在我国的会计实务中，企业以现行年度为依据，进行固定资产的划分。即企业使用年限在一年以上的建筑物、机器设备、运输工具等资产应作为固定资产；不属于生产经营主要设备的物品，单位价值在 2000 元以上，并且使用期限超过两年的，也应该作为固定资产。

固定资产的再生产包括简单再生产和扩大再生产。前者是指固定资产在原有规模上，通过更新改造，使被消耗的固定资产在实物形态与价值形态上得到替换、补偿，是恢复生产力过程；后者是指固定资产规模扩大，通过项目建设，新增固定资产比消耗的固定资产数量大，是扩大生产力过程。

图 0.1 所示为固定资产投资分类。

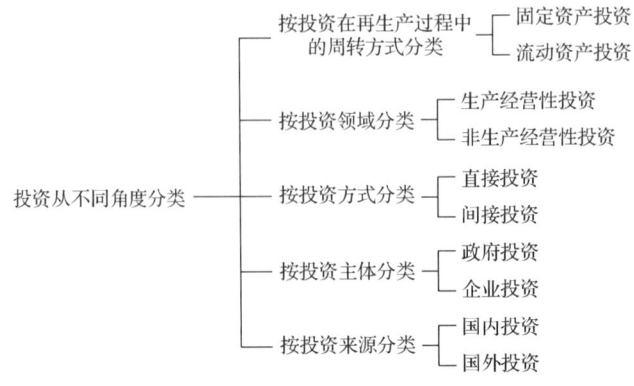

图 0.1　固定资产投资分类

固定资产投资作为经济社会活动的重要内容，是国民经济和企业经营的重要组成部分，与一般生产流通领域的投资有很多不同。概括地讲，固定资产投资的特点主要有以下几方面。

1）资金占用多，一次投入的资金数额大

生产领域的固定资产投资，主要用于机器设备和建筑安装的投入。特别是现代化的建筑物和机器设备，与大规模生产相适应，趋于大型化和复杂化，须投入大量的资金。

2）建设和回收过程长

从垫资到回收投资一般要经过建设期和生产期两个阶段。建设期短则一两年，长则几年、十几年甚至几十年。在相当长的时间内，投资者只是不断地投入人力、物力、财力，却得不到回收，大量资金占用在在建工程上。投资项目竣工投产后，即进入生产期。这时，投入的资金开始周转，随着产品的不断销售和利润的实现，逐渐地回收投资，回收的过程也要持续很长的时间。

3）投资形成的产品具有固定性

投资形成的建筑物和设备等，大多要固定在一定位置。设备虽然具有相对的流动性，但是一进入投资过程，就要被安置在厂房等建筑物内，而各种建筑物又是与土地连成一体的，在空间上相对固定。同时，固定资产一般都有固定用途、固定使用对象和固定工艺技术等，因而具有固定性。

4）投资产品具有单件性

固定资产的投资项目是不可能批量生产的，必须一个一个地单独建设。每个建设项目都有其特有的设计，因而也就具有独特的形式与结构，即使是按照标准设计建造的厂房或住宅，也会由于建设地点、自然条件、施工条件的不同而有所差异。这与一般工业产品按同一设计图纸大批量生产明显不同。

5）项目的管理比较复杂

固定资产投资是形成新的生产能力和改造原有生产能力的重要手段，它决定着国民经济与社会发展各方面的比例关系，决定着地区生产力布局，也决定着新的生产力水平，对国民经济的发展具有深远的影响，因而对投资项目的决策和宏观管理要求极为严格。从选择投资项目到组织实施的各个环节，都有一套严格的建设程序，需要若干经济技术单位按照严格的规范协调进行。

> **知识拓展**

区分工程与项目含义：工程是一个实的东西；项目是任务，具有特定目标的一次性任务。

2. 工程造价的两种含义

工程造价有以下两种含义。

第一种含义是指项目投资费用，是完成一个建设项目预期开支或实际开支的全部固定资产投资费用的总和。这一含义是从投资者——业主的角度来定义的，它属于投资管理范畴。从经济学角度来看，进行工程项目的建设即是建设项目投资形成固定资产的过程，工程造价就是固定资产投资的费用。

第二种含义是指工程价格，即承建商为建设一项工程进行的施工生产活

工程造价的概念

动所形成的工程建造总价，也称建筑安装工程价格；这一含义实际是业主与承建商的交易价格，是从市场交易角度来定义的，它属于价格管理范畴。工程造价就是工程作为商品在交易中形成的交易价格。

多数情况下，我们所说的工程造价是指第二种含义——工程价格。

0.2 固定资产投资费用构成

0.2.1 设备及工具、器具购置费

1. 设备购置费

设备购置费是指为建设项目购置或自制的达到固定资产标准的各种国产或进口设备、工具、器具的购置费用。

$$设备购置费=设备原价或进口设备抵岸价+设备运杂费 \quad (0-1)$$

1）国产设备原价的构成及计算

（1）国产标准设备原价。

国产标准设备原价一般指的是设备制造厂的交货价，即出厂价，如果设备由设备成套公司供应，则以订货合同价为设备原价。

（2）国产非标准设备原价。

国产非标准设备原价有多种不同的计算方法，如成本计算估价法、系列设备插入估算法、分布组合估价法、定额估价法等。常用的是成本计算估价法，其计算方法如下。

$$单台非标准设备原价=\{[(材料费+加工费+辅助材料费)\times(1+专用工具费)\times \\ (1+废品损失费)+外购配套件费]\times(1+包装费税率)-外购配套件费\}\times \\ (1+利润率)+税金+非标准设备设计费+外购配套件费 \quad (0-2)$$

2）进口设备原价的构成及计算

进口设备的原价是指进口设备的抵岸价，即抵达买方边境港口或边境车站，且交完关税等税费后形成的价格，通常由进口设备到岸价（CIF）和进口从属费构成。

（1）进口设备的交货方式。

进口设备的交货方式可分为内陆交货类、目的地交货类、装运港交货类。

（2）进口设备抵岸价的构成。

进口设备一般采用装运港船上交货价，又称为离岸货价（FOB），其抵岸价按式（0-3）进行计算。

$$进口设备抵岸价=离岸货价（FOB）+国外运费+国外运输保险费+银行财务费+外贸手续费+关税+进口环节增值税+消费税+车辆购置税 \quad (0-3)$$

① 进口设备货价。

$$进口设备货价=离岸货价（FOB）\times 人民币外汇汇率 \quad (0-4)$$

② 国外运费。我国进口设备大部分采用海洋运输的方式，小部分采用铁路运输的方式，个别采用航空运输的方式。

$$国外运费=离岸货价（FOB）×运费率 \quad 或 \quad 国外运费=运量×单位运价 \quad (0-5)$$

③ 国外运输保险费。

$$国外运输保险费=[（离岸货价+国外运费）/（1-国外运输保险费费率）]×国外运输保险费费率 \quad (0-6)$$

④ 银行财务费。银行财务费一般指银行手续费。

$$银行财务费=离岸货价（FOB）×人民币外汇汇率×银行财务费费率 \quad (0-7)$$

注：银行财务费费率一般为 0.4%～0.5%。

⑤ 外贸手续费。

$$外贸手续费=进口设备到岸价（CIF）×人民币外汇汇率×外贸手续费费率 \quad (0-8)$$

注：外贸手续费费率一般取 1.5%。

⑥ 关税。

$$关税=进口设备到岸价（CIF）×人民币外汇汇率×进口关税税率 \quad (0-9)$$

⑦ 进口环节增值税。

$$进口环节增值税=组成计税价格×增值税税率 \quad (0-10)$$

$$组成计税价格=进口设备到岸价（CIF）×人民币外汇汇率+关税+消费税 \quad (0-11)$$

⑧ 消费税。消费税对部分进口产品（如轿车、摩托车等）征收。

$$消费税=[进口设备到岸价（CIF）×人民币外汇汇率+关税]/（1-消费税税率）×消费税税率 \quad (0-12)$$

⑨ 进口车辆购置税。进口车辆须缴纳进口车辆购置税。

$$进口车辆购置税=（关税完税价格+关税+消费税）×车辆购置税税率 \quad (0-13)$$

3）设备运杂费的构成及计算

（1）设备运杂费的构成。

设备运杂费通常由运费和装卸费、包装费、设备供销部门手续费、采购与仓库保管费组成。

① 运费和装卸费。国产设备为由设备制造厂交货地点到工地仓库（或施工组织设计指定的需要安装设备的堆放地点）所发生的运费和装卸费。进口设备则为由我国到岸港口、边境车站到工地仓库（或施工组织设计指定的需要安装设备的堆放地点）所发生的运费和装卸费。

② 包装费。包装费为在设备出厂价格中没有包含的设备包装费和包装材料器具费。在设备出厂价格或进口设备价格中如已包括了此项费用，则不应重复计算。

③ 设备供销部门手续费。设备供销部门手续费按有关部门规定的统一费率计算。

④ 采购与仓库保管费。采购与仓库保管费是指采购、验收、保管和收发设备所发生的各种费用，包括设备采购、保管和管理人员工资、工资附加费、办公费、差旅交通费、设备供应部门办公和仓库所占固定资产使用费、工具用具使用费、劳动保护费、检验试验费等。这些费用可按主管部门规定的采购保管费率计算。

（2）设备运杂费的计算。

$$设备运杂费=设备原价×设备运杂费率 \quad (0-14)$$

【例 0-1】

某公司拟从国外进口一套施工设备，采用装运港船上交货，其与生产商的合同约定货价为 400 万美元。该设备质量为 1500t。其他有关费用参数为：国外运费标准为 360 美元／t，海上运输保险费费率为 0.05%，银行财务费费率为 0.5%，外贸手续费费率为 1.5%，进口关税税率为 10%，增值税税率为 17%，结算期美元的牌价为 1 美元=6.82 元人民币，设备的国内运杂费率为 2.5%。请对该套设备到达施工现场的价格进行估计。

【解】 离岸货价（FOB）：400 万美元

国外运费：$1500×360×10^{-4}=54$（万美元）

国外运输保险费：$(400+54)/(1-0.05\%)×0.05\%=0.2271$（万美元）

进口设备到岸价（CIF）：$400+54+0.2271=454.2271$（万美元）

银行财务费：$400×0.5\%=2$（万美元）

外贸手续费：$454.2271×1.5\%=6.8134$（万美元）

关税：$454.2271×10\%=45.4227$（万美元）

进口环节增值税：$(454.2271+45.4227)×17\%=84.9405$（万美元）

进口设备抵岸价：$454.2271+2+6.8134+45.4227+84.9405=593.4037$（万美元）
$=593.4037×6.82$（万元）$=4047.0132$（万元）

设备购置费：$4047.0132×(1+2.5\%)=4148.1885$（万元）

2. 工具、器具及生产家具购置费

工具、器具及生产家具购置费，是指新建或扩建项目初步设计规定的，保证初期正常生产必须购置的没有达到固定资产标准的设备、仪器、工卡模具、器具、生产家具等的购置费用。

$$工具、器具及生产家具购置费=设备购置费×定额费率 \quad (0-15)$$

0.2.2 建筑安装工程费

建筑安装工程费的具体内容可见本书第 0.3 节，这里先不叙述。

0.2.3 工程建设其他费

1. 固定资产其他费

1）建设管理费

建设管理费是指建设单位从项目开始至工程竣工验收合格或交付使用为止发生的项目建设管理费。建设管理费包括建设单位管理费、工程监理费和工程质量监督费。

（1）建设单位管理费，是指建设单位发生的管理性质的开支。

$$建设单位管理费=工程费用×建设单位管理费费率 \quad (0-16)$$

其中，工程费用是指建筑安装工程费和设备及工具、器具购置费之和。

（2）工程监理费，是指建设单位委托工程监理单位实施工程监理的费用。

（3）工程质量监督费，是指工程质量监督检验部门检验工程质量而收取的费用。

2）建设用地费

建设用地费是指建设项目征用土地或租用土地应支付的费用。

（1）土地征用及补偿费，是指建设单位通过出让方式购置土地使用权（或建设项目通过划拨方式取得无限期的土地使用权）而支付的土地补偿费、安置补偿费、地上附着物和青苗补偿费、余物迁建补偿费、土地登记管理费等。行政事业单位通过出让方式取得土地使用权而支付的出让金；建设单位在建设过程中发生的土地复垦费用和土地损失补偿费用；建设期间临时占地补偿费。

（2）征用耕地按规定一次性缴纳的耕地占用税，征用城镇土地在建设期间按规定每年缴纳的城镇土地使用税，征用城市郊区菜地按规定缴纳的新菜地开发建设基金。

（3）建设项目采用"长租短付"方式租用土地使用权，在建设期间支付的租地费用。

3）可行性研究费

可行性研究费是指在建设项目前期工作中，编制和评估项目建议书（或预可行性研究报告）、可行性研究报告所需的费用。

4）研究试验费

研究试验费是指为本建设项目提供或验证设计数据、资料等进行的必要的研究试验，以及按照设计规定在建设过程中必须进行的试验，所产生的费用。

5）勘察设计费

勘察设计费是指委托勘察设计单位进行工程水文地质勘察、工程设计所发生的各项费用。勘察设计费包括工程勘察费、初步设计费（基础设计费）、施工图设计费（详细设计费）、设计模型制作费。

6）环境影响评价费

环境影响评价费是指按照《中华人民共和国环境保护法》《中华人民共和国环境影响评价法》等规定，为全面、详细评价本建设项目对环境可能产生的污染或造成的重大影响所需的费用。环境影响评价费包括编制环境影响报告书（含大纲）和环境影响报告表、评估环境影响报告书（含大纲）、环境影响报告表等所需的费用。

7）劳动安全卫生评价费

劳动安全卫生评价费是指按照《建设项目（工程）劳动安全卫生监察规定》和《建设项目（工程）劳动安全卫生预评价管理办法》的规定，预测和分析建设项目存在的职业危险、危害因素的种类和危害程度，提出先进、科学、合理、可行的劳动安全卫生技术和管理对策所需的费用。劳动安全卫生评价费包括编制建设项目劳动安全卫生预评价大纲和劳动安全卫生预评价报告书以及为编制上述文件所进行的工程分析和环境现状调查等所需的费用。

8）场地准备及临时设施费

场地准备及临时设施费包括场地准备费和临时设施费。

（1）场地准备费是指建设项目为达到工程开工条件，所发生的场地平整和对建设场地余留的有碍于施工建设的设施进行拆除清理的费用。

（2）临时设施费是指为满足施工建设需要，而供到场地界区的、未列入工程费用的临时水、电、路、讯、气等工程费用和建设单位的现场临时建（构）筑物的搭设、维修、拆除、摊销或建设期间租赁费用，以及施工期间专用公路养护费、维修费。

9）引进技术和引进设备其他费

引进技术和引进设备其他费是指引进技术和设备发生的未计入设备费的费用。其内容包括以下几个方面。

（1）引进项目图纸资料翻译复制费、备品备件测绘费。

（2）出国人员费用。出国人员费用包括买方人员出国设计联络、出国考察、联合设计、监造、培训等所发生的旅费、生活费等。

（3）来华人员费用。来华人员费用包括卖方来华工程技术人员的现场办公费用、往返现场交通费用、接待费用等。

（4）银行担保及承诺费。银行担保及承诺费指引进项目由国内外金融机构出面承担风险和责任担保所发生的费用，以及支付贷款机构的承诺费用。

10）工程保险费

工程保险费是指建设项目在建设期间根据需要对建筑工程、安装工程、机器设备和人身安全进行投保而发生的保险费用。工程保险费包括安装工程一切险、引进设备财产保险和人身意外伤害险等费用。

11）联合试运转费

联合试运转费是指新建项目或新增加生产能力的工程，在交付生产前按照批准的设计文件所规定的工程质量标准和技术要求，进行整个生产线或装置的负荷联合试运转或局部联动试车所发生的费用净支出（试运转支出大于收入的差额部分费用）。试运转支出包括试运转所需原材料、燃料及动力消耗，低值易耗品、其他物料消耗，工具用具使用费，机械使用费，保险金，施工单位参加试运转人员工资以及专家指导费等。试运转收入包括试运转期间的产品销售收入和其他收入。

12）特殊设备安全监督检验费

特殊设备安全监督检验费是指在施工现场组装的锅炉及压力容器、压力管道、消防设备、燃气设备、电梯等特殊设备和设施，由安全监察部门按照有关安全监察条例和实施细则以及设计技术要求进行安全检验，应由建设项目支付的、向安全监察部门缴纳的费用。

13）市政公用设施费

市政公用设施费是指使用市政公用设施的建设项目，按照项目所在地省级人民政府有关规定缴纳的市政公用设施建设配套费用，以及绿化工程补偿费用。

2. 无形资产费用

无形资产费用主要为专利及专有技术使用费。

（1）国外设计及技术资料费，引进有效专利、专有技术使用费和技术保密费。

（2）国内有效专利、专有技术使用费。

（3）商标权、商誉和特许经营权费等。

3. 其他资产费用（递延资产）

其他资产费用主要是指建设项目为保证正常生产（或营业、使用）而发生的人员培训费、提前进厂费，以及投产使用的必备的生产办公、生活用具及工器具等购置费用。

（1）人员培训费及提前进厂费：自行组织培训或委托其他单位培训的人员工资、工资性补贴、职工福利费、差旅交通费、劳动保护费、学习资料费等。

（2）为保证初期正常生产（或营业、使用）所必需的生产办公、生活用具购置费。

（3）为保证初期正常生产（或营业、使用）所必需的第一套不够固定资产标准的生产工具、器具、用具购置费；不包括备品备件费。

0.2.4 预备费

预备费包括基本预备费和价差预备费。

1. 基本预备费

基本预备费是指针对项目实施过程中可能发生难以预料的支出，需要事先预留的费用，又称工程建设不可预见费，主要指设计变更及施工过程中可能增加工程量的费用。基本预备费一般由以下三部分构成。

（1）在批准的初步设计范围内，技术设计、施工图设计及施工过程中所增加的工程费用，设计变更、工程变更、材料代用、局部地基处理等增加的费用。

（2）一般自然灾害造成的损失和预防自然灾害采取措施所产生的费用。实行工程保险的工程项目，该费用应适当降低。

（3）竣工验收时，为鉴定工程质量对隐蔽工程进行必要的挖掘和修复费用。

$$基本预备费=（工程费用+工程建设其他费用）\times 基本预备费费率 \qquad (0\text{-}17)$$

> **知识延伸**
>
> 按是否考虑资金时间价值可以将投资费用分为两类：静态投资，包括设备及工具、器具购置费，建筑安装工程费，工程建设其他费，基本预备费；动态投资，包括价差预备费，建设期贷款利息，固定资产投资方向调节税（已暂停征收）。
>
> 从广义的角度来看，动态投资包含静态投资，静态投资是动态投资最主要的组成部分，也是动态投资的计算基础。

2. 价差预备费

价差预备费是指针对建设项目在建设期间内由于材料、人工、设备等价格可能发生变化引起工程造价变化，而事先预留的费用，亦称为价格变动不可预见费。价差预备费包括人工、设备、材料、施工机械的价格调整，建筑安装工程费及工程建设其他费调整，利率、汇率调整等增加的费用。

价差预备费一般根据国家规定的投资综合价格指数，以估算年份价格水平的投资额为基数，采用复利方法计算。

$$\text{PF}=\sum_{t=1}^{n}I_t\left[(1+f)^m(1+f)^{0.5}(1+f)^{t-1}-1\right] \qquad (0\text{-}18)$$

式中　PF——价差预备费；

　　　n——建设期年份数；

　　　I_t——第 t 年的建筑安装工程费，设备及工具、器具购置费，工程建设其他费以及基本预备费之和；

f——年均投资价格上涨率；

m——建设前期年限（从编制估算到开工建设），年。

【例0-2】

某建设项目建设期3年，年度投资计划分别为30%、50%、20%，经估算确定设备及工具、器具购置费为36320万元，建筑工程费为11200万元，安装工程费为4560万元，工程建设其他费为7321万元，基本预备费费率为5%。年均价格上涨约7%，求该项目的预备费。

【解】 基本预备费：[（36320+11200+4560+7321）×5%]万元=2970.05万元

静态投资总额：（36320+11200+4560+7321+2970.05）万元=62371.05万元

价差预备费：

第1年的 PF_1={62371.05×30%×[(1+7%)(1+7%)^{0.5}(1+7%)^{1-1}-1]}万元=1998.6792万元

第2年的 PF_2={62371.05×50%×[(1+7%)(1+7%)^{0.5}(1+7%)^{2-1}-1]}万元=5747.2979万元

第3年的 PF_3={62371.05×20%×[(1+7%)(1+7%)^{0.5}(1+7%)^{3-1}-1]}万元=3333.0382万元

PF=（1998.6792+5747.2979+3333.0382）万元=11079.0153万元

预备费总额：（2970.05+11079.0153）万元=14049.0653万元

0.2.5 建设期利息

1. 建设期利息的构成

建设期利息是指筹措债务资金时，在建设期内发生并按规定允许在投产后计入固定资产原值的利息，即资本化利息。

2. 建设期利息的计算

当总贷款是分年均衡发放时，建设期利息的计算可按当年借款在年中支用考虑，即当年贷款按半年计算，上年贷款按全年计算。估算建设期利息，应根据不同情况选择名义年利率和有效年利率。

对于有多种借款资金来源，每笔借款的年利率各不相同的项目，既可分别计算每笔借款的利息，又可先计算出各笔借款加权平均的年利率，并以此利率计算全部借款的利息。

对于分期建设的项目，应注意按各期投产时间分别停止借款费用的资本化，即投产后继续发生的借款费用不作为建设期利息计入固定资产原值，而是作为运营期利息计入总成本费用。

当建设期未能付息时，建设期各年利息采用复利方式计息，其计算公式为

$$Q_j = \left(P_{j-1} + \frac{1}{2}A_j\right)i \tag{0-19}$$

式中　Q_j——建设期第 j 年应计利息；

P_{j-1}——建设期第（j–1）年末贷款累计金额与利息累计金额之和；

A_j——建设期第 j 年贷款金额；

i——年利率。

0.2.6 固定资产投资方向调节税

固定资产投资方向调节税是为了贯彻国家产业政策,控制投资规模,引导投资方向,调整投资结构,对在我国境内进行固定资产投资的单位和个人(不含中外合资经营企业、中外合作经营企业和外商独资企业)征收的税种。固定资产投资方向调节税实行差额税率,分为 0%、5%、10%、15%、30% 五个档次,目前已暂停征收。

0.3 建筑安装工程费构成

0.3.1 按费用构成要素划分

建筑安装工程费按照费用构成要素划分,由人工费、材料(包含工程设备,下同)费、施工机具使用费、企业管理费、利润、规费和税金组成。其中人工费、材料费、施工机具使用费、企业管理费和利润包含在分部分项工程费、措施项目费、其他项目费中(图 0.2)。

1. 人工费

人工费是按工资总额构成规定,支付给从事建筑安装工程施工的生产工人和附属生产单位工人的各项费用。其内容包括以下几个方面。

(1)计时工资或计件工资,是指按计时工资标准和工作时间或对已做工作按计件单价支付给个人的劳动报酬。

(2)奖金,是指对超额劳动和增收节支支付给个人的劳动报酬,如节约奖、劳动竞赛奖等。

(3)津贴补贴,是指为了补偿职工特殊或额外的劳动消耗和因其他特殊原因支付给职工的津贴,以及为了保证职工工资水平不受物价影响支付给职工的物价补贴,如流动施工津贴、特殊地区施工津贴、高温(寒)作业临时津贴、高空津贴等。

(4)加班加点工资,是指按规定支付的在法定节假日工作的加班工资和在法定日工作时间外延时工作的加点工资。

(5)特殊情况下支付的工资,是指根据国家法律、法规和政策规定,因病、工伤、产假、计划生育假、婚丧假、事假、探亲假、定期休假、停工学习、执行国家或社会义务等原因按计时工资标准或计时工资标准的一定比例支付的工资。

2. 材料费

材料费是指施工过程中耗费的原材料、辅助材料、构配件、零件、半成品或成品、工程设备的费用。其内容包括以下几个方面。

(1)材料原价,是指材料、工程设备的出厂价格或商家供应价格。

(2)运杂费,是指材料、工程设备自来源地运至工地仓库或指定堆放地点所发生的全部费用。

（3）运输损耗费，是指材料在运输装卸过程中不可避免的损耗所产生的费用。

（4）采购及保管费，是指在组织采购、供应和保管材料、工程设备的过程中所需要的各项费用，包括采购费、仓储费、工地保管费、仓储损耗。

工程设备是指构成或计划构成永久工程一部分的机电设备、金属结构设备、仪器装置及其他类似的设备和装置。

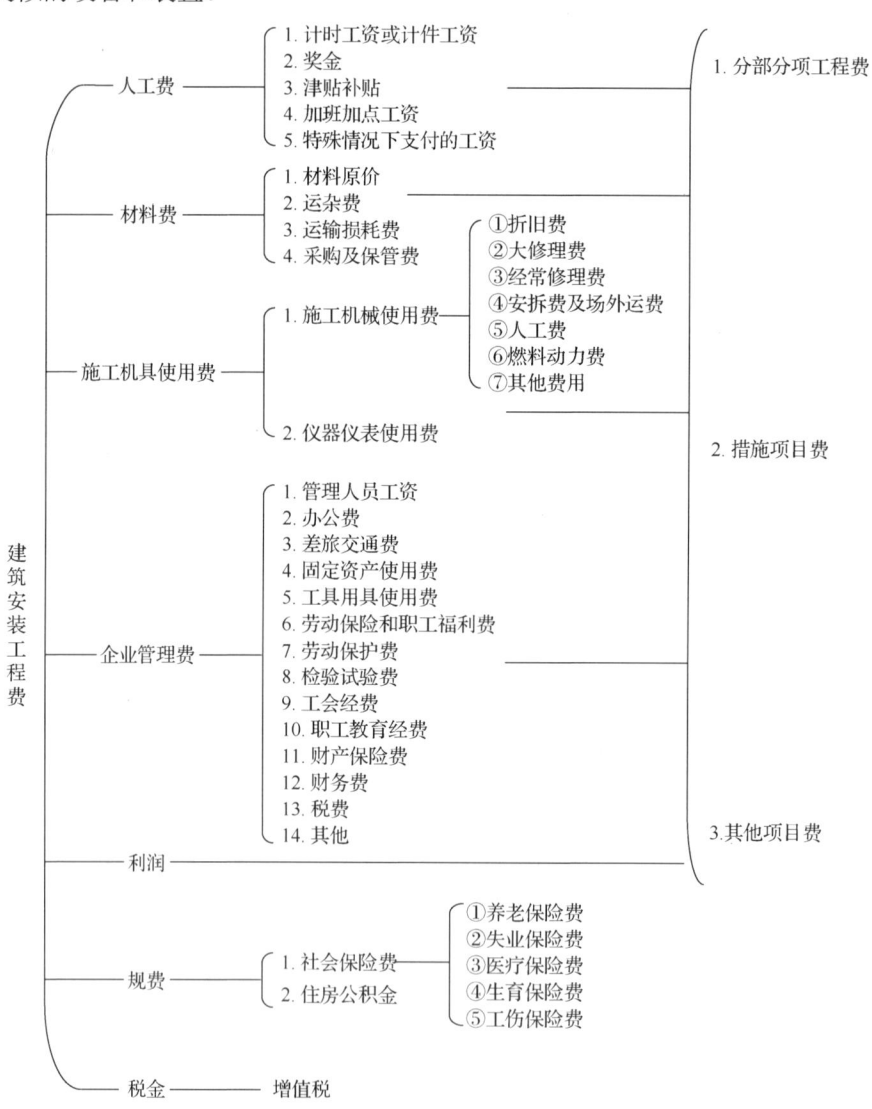

图 0.2　建筑安装工程费项目组成表（按费用构成要素划分）

> **特别提示**
>
> 材料预算价格=（材料供应价格+运杂费）×（1+场外运输损耗率）×（1+采购及保管费率）−包装品回收价值

3. 施工机具使用费

施工机具使用费是指施工作业所发生的施工机械、仪器仪表使用费或其租赁费。

（1）施工机械使用费，以施工机械台班耗用量乘以施工机械台班单价表示，施工机械台班单价应由下列七项费用组成。

① 折旧费，指施工机械在规定的使用年限内，陆续收回其原值的费用。

② 大修理费，指施工机械按规定的大修理间隔台班，进行必要的大修理，以恢复其正常功能所需的费用。

③ 经常修理费，指施工机械除大修理以外的各级保养和临时故障排除所需的费用。经常修理费包括为保障机械正常运转所需替换设备与随机配备工具附具的摊销和维护费用，机械运转中日常保养所需润滑与擦拭的材料费用及机械停滞期间的维护和保养费用等。

> **特别提示**
>
> 台班经常修理费=台班大修理费×经常修理系数（K）

④ 安拆费及场外运费，安拆费指施工机械（大型机械除外）在现场进行安装与拆卸所需的人工、材料、机械和试运转费用，以及机械辅助设施的折旧、搭设、拆除等费用；场外运费指施工机械整体或分体自停放地点运至施工现场或由一施工地点运至另一施工地点的运输、装卸、辅助材料及架线等费用。

⑤ 人工费，指机上司机（司炉）和其他操作人员的人工费。

⑥ 燃料动力费，指施工机械在运转作业中所消耗的各种燃料及水、电等的费用。

⑦ 其他费用，是指施工机械按照国家和有关部门规定应缴纳的车船使用税、保险费及年检费用等。

（2）仪器仪表使用费，是指工程施工所需使用的仪器仪表的摊销及维修费用。

4. 企业管理费

企业管理费是指建筑安装企业组织施工生产和经营管理所需的费用。其内容包括以下几个方面。

（1）管理人员工资，是指按规定支付给管理人员的计时工资、奖金、津贴补贴、加班加点工资及特殊情况下支付的工资等。

（2）办公费，是指企业管理办公用的文具、纸张、账表、印刷、邮电、书报、办公软件、现场监控、会议、水电、烧水和集体取暖降温（包括现场临时宿舍取暖降温）等费用。

（3）差旅交通费，是指职工因公出差、调动工作的差旅费、住勤补助费、市内交通费和误餐补助费，职工探亲路费，劳动力招募费，职工退休、退职一次性路费，工伤人员就医路费，工地转移费以及管理部门使用的交通工具的油料、燃料等费用。

（4）固定资产使用费，是指管理和试验部门及附属生产单位使用的属于固定资产的房屋、设备、仪器等的折旧、大修、维修或租赁费。

（5）工具用具使用费，是指企业施工生产和管理使用的不属于固定资产的工具、器具、家具、交通工具和检验、试验、测绘、消防用具等的购置、维修和摊销费。

（6）劳动保险和职工福利费，是指由企业支付的职工退职金、按规定支付给离休干部的经费，集体福利费、夏季防暑降温补贴、冬季取暖补贴、上下班交通补贴等。

（7）劳动保护费，是企业按规定发放的劳动保护用品的支出，如工作服、手套、防暑降温饮料，以及在有碍身体健康的环境中施工的保健费用等。

（8）检验试验费，是指施工企业按照有关标准规定，对建筑以及材料、构件和建筑安装物进行一般鉴定、检查所发生的费用，包括自设试验室进行试验所耗用的材料费用等，不包括新结构、新材料的试验费，对构件做破坏性试验及其他特殊要求检验试验的费用和建设单位委托检测机构进行检测的费用，对此类检测发生的费用，由建设单位在工程建设其他费用中列支。但对施工企业提供的具有合格证明的材料进行检测，不合格的，该检测费用由施工企业支付。

（9）工会经费，是指企业按《中华人民共和国工会法》规定的全部职工工资总额比例计提的费用。

（10）职工教育经费，是指按职工工资总额的规定比例计提，企业为职工进行专业技术和职业技能培训，专业技术人员继续教育、职工职业技能鉴定、职业资格认定以及根据需要对职工进行各类文化教育所发生的费用。

（11）财产保险费，是指施工管理用财产、车辆等的保险费用。

（12）财务费，是指企业为施工生产筹集资金或提供预付款担保、履约担保、职工工资支付担保等所发生的各种费用。

（13）税费，是指根据国家税法规定应计入建筑安装工程造价内的城市维护建设税、教育费附加和地方教育附加，以及企业按规定缴纳的房产税、车船使用税、土地使用税、印花税、环保税等。

（14）其他，包括技术转让费、技术开发费、投标费、业务招待费、绿化费、广告费、公证费、法律顾问费、审计费、咨询费、保险费等。

5. 利润

利润是指施工企业完成所承包工程获得的盈利。

6. 规费

规费是指按国家法律、法规规定，由省级政府和省级有关权力部门规定必须缴纳或计取的费用。其内容包括以下几个方面。

1）社会保险费

（1）养老保险费，是指企业按照规定标准为职工缴纳的基本养老保险费。

（2）失业保险费，是指企业按照规定标准为职工缴纳的失业保险费。

（3）医疗保险费，是指企业按照规定标准为职工缴纳的基本医疗保险费。

（4）生育保险费，是指企业按照规定标准为职工缴纳的生育保险费。

（5）工伤保险费，是指企业按照规定标准为职工缴纳的工伤保险费。

2）住房公积金

住房公积金是指企业按规定标准为职工缴纳的住房公积金。

其他应列而未列入的规费，按实际发生计取。

7. 税金

税金是指国家税法规定的应计入建筑安装工程造价内的建筑服务增值税。

> **特别提示**
>
> 建筑安装工程费是狭义的工程造价，是广义工程造价（固定资产投资费）的组成部分。

0.3.2 按造价形成划分

建筑安装工程费按造价形成，可分为分部分项工程费、措施项目费、其他项目费、规费、税金。分部分项工程费、措施项目费、其他项目费包含人工费、材料费、施工机具使用费、企业管理费和利润（图0.3）。

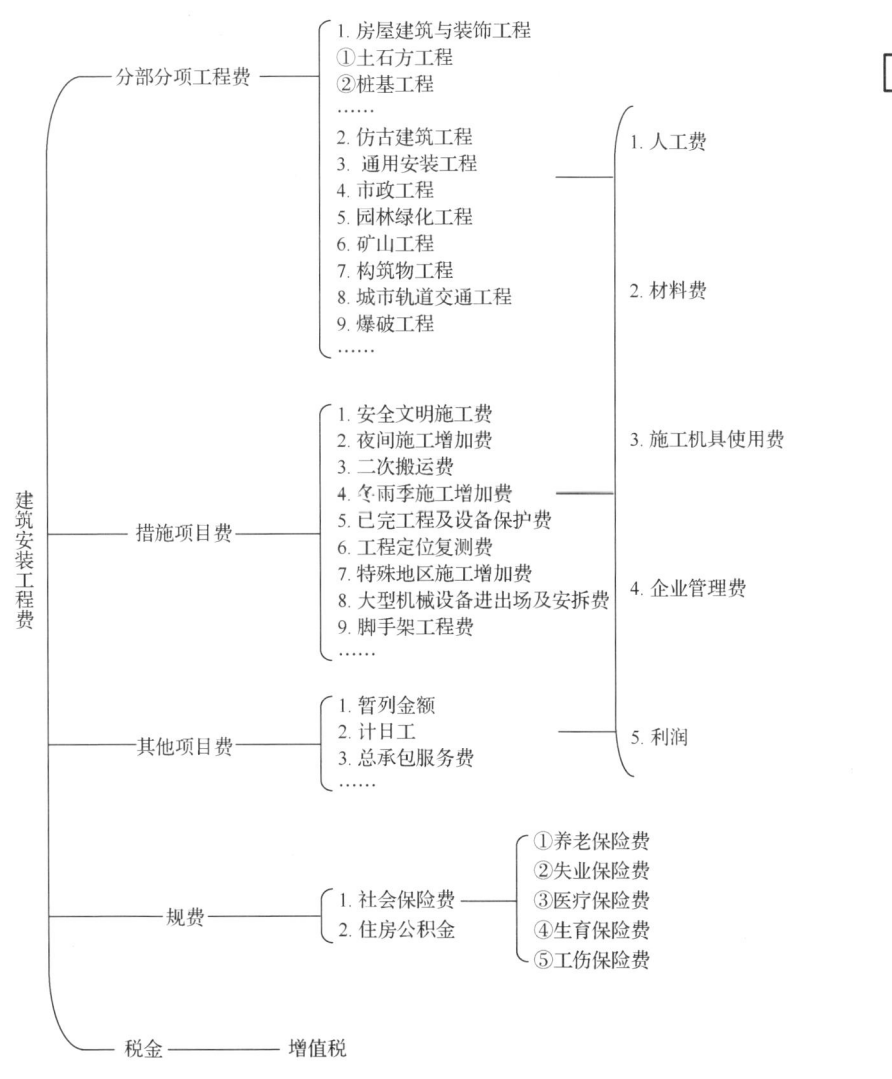

图 0.3 建筑安装工程费项目组成表（按造价形成内容划分）

1. 分部分项工程费

分部分项工程费是指各专业工程的分部分项工程应予列支的各项费用。

（1）专业工程，是指按现行国家计量规范划分的房屋建筑与装饰工程、仿古建筑工程、通用安装工程、市政工程、园林绿化工程、矿山工程、构筑物工程、城市轨道交通工程、爆破工程等。

（2）分部分项工程，指按现行国家计量规范对各专业工程划分的项目，如房屋建筑与装饰工程划分的土石方工程、地基处理与桩基工程、砌筑工程、钢筋及钢筋混凝土工程等。

各类专业工程的分部分项工程划分见现行国家或行业计量规范。

2. 措施项目费

措施项目费是指为完成建设工程施工，发生于该工程施工前和施工过程中的技术、生活、安全、环境保护等方面的费用，由施工技术措施项目费、施工组织措施项目费组成。其内容包括以下几个方面。

（1）安全文明施工费。

① 环境保护费，是指施工现场为达到环保部门要求所需要的各项费用。

② 文明施工费，是指施工现场文明施工所需要的各项费用。

③ 安全施工费，是指施工现场安全施工所需要的各项费用。

④ 临时设施费，是指施工企业为进行建设工程施工所必须搭设的生活和生产用的临时建筑物、构筑物和其他临时设施费用。其内容包括临时设施的搭设、维修、拆除、清理费用或摊销费用等。

（2）夜间施工增加费，是指因夜间施工所发生的夜班补助、夜间施工降效、夜间施工照明设备摊销及照明用电等费用。

（3）二次搬运费，是指因施工场地条件限制而发生的材料、构配件、半成品等一次运输不能到达堆放地点，必须进行二次或多次搬运所发生的费用。

（4）冬雨季施工增加费，是指在冬季或雨季施工所采取的保温、防滑、排除雨雪所增加的材料、人工、设施费，以及人工和施工机械效率降低所增加的费用。

（5）已完工程及设备保护费，是指竣工验收前，对已完工程及设备采取的必要保护措施所发生的费用。

（6）工程定位复测费，是指工程施工过程中进行全部施工测量放线和复测工作的费用。

（7）特殊地区施工增加费，是指工程在沙漠或其边缘地区、高海拔、高寒、原始森林等特殊地区施工所增加的费用。

（8）大型机械设备进出场及安拆费，是指机械整体或分体自停放场地运至施工现场或由一个施工地点运至另一个施工地点，所发生的机械进出场运输及转移费用，以及机械在施工现场进行安装、拆卸所需的人工费、材料费、机械费、试运转费和安装所需的辅助设施的费用。

（9）脚手架工程费，是指施工需要的各种脚手架搭、拆、运输费用以及脚手架购置费的摊销（或租赁）费用。

措施项目及其包含的内容详见各类专业工程的现行国家或行业计量规范。

3. 其他项目费

（1）暂列金额，是指建设单位在工程量清单中暂定并包括在工程合同价款中的一笔款项。其用于施工合同签订时尚未确定或者不可预见的所需材料、工程设备、服务的采购的费用，施工中可能发生的工程变更、合同约定调整因素出现时的工程价款调整以及发生的索赔、现场签证确认等的费用。

（2）计日工，是指在施工过程中，施工企业为完成建设单位提出的施工图纸以外的零星项目或工作所需的费用。

（3）总承包服务费，是指总承包人为配合、协调建设单位进行的专业工程发包，对建设单位自行采购的材料、工程设备等进行保管以及施工现场管理、竣工资料汇总整理等服务所需的费用。

4. 规费

其内容同上一节，此处不再叙述。

5. 税金

其内容同上一节，此处不再叙述。

> **特别提示**
>
> 其他项目费并非工程建造本身必要的费用，是由于预算管理、交易方式等因素影响所增加的费用。严格来说，其他项目费中不包含费用构成要素。

0.4 建设项目预算管理层级

0.4.1 基本建设程序

1. 项目建议书阶段

项目建议书是项目建设筹建单位，根据国民经济和社会发展的长远规划、行业规划、产业政策、生产力布局、市场、所在地的内外部条件等要求，经过调查、预测分析后，提出的某一具体项目的建议文件，是基本建设程序中最初阶段的工作，是对拟建项目的框架性设想，也是政府选择项目和可行性研究的依据。项目建议书完成后，应报政府投资主管部门审批。

2. 可行性研究阶段

可行性研究是对项目在技术上是否可行和经济上是否合理进行科学的分析和论证。通过对建设项目在技术、工程和经济上的合理性进行全面分析论证和多种方案比较，提出评价意见。可行性研究报告完成后，应报原项目建议书批准部门审批。

3. 设计工作阶段

1）初步设计

初步设计是根据批准的可行性研究报告和必要而准确的设计基础资料，对设计对象进行通盘研究，阐明在指定的地点、时间和投资控制数内，拟建工程在技术上的可能性和经济上的合理性。通过对设计对象做出的基本技术规定，编制项目的总概算。初步设计完成后，应报原可行性研究报告批准部门审批。

2）施工图设计

施工图设计是根据批准的初步设计，绘制出正确、完整和尽可能详尽的建筑安装图纸。其设计深度应满足设备材料的安排、非标准设备的制作和建筑工程施工要求等。施工图设计完成后，应报行业主管部门审查。

知识延伸

一般项目设计可按初步设计和施工图设计两个阶段进行，称为"两阶段设计"；对于技术上复杂、在设计时有一定难度的工程，根据管理部门的意见和要求，可以按初步设计、技术设计和施工图设计三个阶段进行，称为"三阶段设计"；小型工程建设项目，技术上较简单的，经管理部门同意可以简化为施工图设计一阶段进行。

4. 建设准备阶段

本阶段需完成编制项目投资计划书、建设资金筹集落实、建设工程项目招标等工作。

5. 建设实施阶段

本阶段需完成开工准备、申请施工许可、办理工程质量监督手续、施工过程的建设管理等工作。

基本建设程序

6. 交工验收阶段

交工验收是指单项或单位工程完工后，由发包人组织，以施工合同与相关技术规范为依据，验收承包人是否完成了合同约定的施工任务。交工验收是检验工程各项技术指标是否达到设计要求的程序。

7. 试运行阶段

试运行由业主负责组织，对工程、设备、系统的性能、功能和各项技术指标以及设计和施工质量等进行全面的考核。

8. 竣工验收阶段

竣工验收是在试运行期结束、项目竣工决算经批准后，由项目批准单位组织，以初步设计或工程可行性研究报告以及相关法律法规为依据，验收项目法人是否按建设计划的要求完成了建设任务。竣工验收是全面考核建设成果、检验设计和工程质量是否符合要求，审查投资使用是否合理的重要步骤。

9. 后评价阶段

项目后评价是分析投资取得的经济效益与社会效益，项目建设投产对国民经济相关产业、工程建设的影响，并总结项目建设成功和失败的经验教训，供以后项目决策借鉴。

> **特别提示**
> 基本建设程序各个阶段、各个环节必须遵循既定的先后顺序，除个别相邻阶段的工作可以穿插并行外，其余工作必须严格按程序组织建设活动。

0.4.2 工程造价控制层次

建设项目各阶段工程造价编制范围与控制关系如图0.4所示。

项目建议书阶段	
投资估算	广义工程造价（投资费用）
可行性研究阶段	
投资估算	广义工程造价（投资费用）
初步设计阶段	
设计概算	广义工程造价（投资费用）
施工图设计阶段	
施工图预算	广义工程造价（投资费用）
建设准备阶段	
合同价格	狭义工程造价（建筑安装工程费）
建设实施阶段	
中间结算	狭义工程造价（建筑安装工程费）
交工验收阶段	
竣工结算	狭义工程造价（建筑安装工程费）
竣工验收阶段	
竣工决算	广义工程造价（投资费用）

图 0.4 建设项目各阶段工程造价编制范围与控制关系

> **特别提示**
> 投资估算为最高投资额，设计概算为控制投资额，竣工决算为实际投资额。
> 投资估算控制设计概算，设计概算控制施工图预算，施工图预算控制竣工决算。

0.4.3 建设项目分级

1. 建设项目

建设项目是指在一个总体设计或初步设计范围内，由一个或几个单项工程所组成的，经济上实行统一核算的，行政上实行统一管理的建设工程。一般以一个企业（或联合企业）、事业单位或独立工程作为一个建设项目。

计价类型与控制

2. 单项工程

单项工程是指在一个建设项目中，具有独立的设计文件，竣工后能独立发挥生产能力或效益的工程项目。单项工程是建设项目的组成部分，一个建设项目由多个单项工程组成。

3. 单位工程

单位工程是指具有独立的设计文件和能够独立组织施工的工程。单位工程是单项工程的组成部分，通常根据单项工程所包含工程内容的性质不同、能否独立施工，将一个单项工程划分为若干个单位工程。

> **特别提示**
>
> 分部工程是单位工程的组成部分，是按结构部位、路段长度、施工特点或施工任务将单位工程划分为若干个项目单元。分项工程是分部工程的组成部分，是按不同施工方法、材料、工序及路段长度等将分部工程划分为若干个项目单元。
>
> 分部、分项工程是施工管理的分级，不能作为建设项目的分级。

0.5 工程计价原理

0.5.1 工程造价计价的基本方法

工程造价计价的形式和方法有多种，但影响工程造价的主要因素有两个，即基本构造要素的单位价格和基本构造要素的实物工程量，工程造价可用下式计算确定。

$$工程造价 = \sum_{i=1}^{n}（工程量 \times 单位价格） \quad (0-20)$$

式中　i——第 i 个子项；

n——工程分解后的基本子项总数。

在进行工程造价计价时，实物工程量的计量单位是由单位价格的计量单位决定的。如果单位价格计量单位的对象取得较大，得到的工程估算就较粗；反之则工程估算较细、较准确。基本子项的实物工程量可以通过工程量计算规则和设计图纸计算而得，它可以直接反映工程项目的规模和内容。

1. 工程量

基本子项的工程量根据预先设定的计算规则与设计图纸计算得出，它直接反映出基本子项的规模和内容。

2. 单位价格

基本子项的单位价格由两大要素构成，即完成基本子项所需资源的数量和相应资源的价格。资源主要是指人工、材料和施工机械的使用耗费，基本子项单位价格可用下式计算确定。

$$基本子项单位价格 = \sum_{j=1}^{m}(资源消耗量 \times 资源价格) \quad (0-21)$$

式中 j——第 j 种资源；

m——完成某一基本子项所需消耗资源的数量。

资源一般分人工、材料、机械三大类，所以资源消耗量包括人工工日消耗量、材料消耗量、机械台班消耗量，资源价格包括人工工日单价、材料单价和机械台班单价。

1）资源消耗量

资源消耗量一般以工程定额来表现，就是工程定额中人工消耗量、材料消耗量、机械台班消耗量，定额是工程计价的重要依据。建设单位主要依靠政府颁布的指导性定额来控制造价，反映建筑生产的社会平均水平；承包单位主要依靠企业自己的定额来计算价格。定额消耗量随着生产力水平的发展而变化，工程定额也随之修订和完善。

2）资源价格

资源价格是影响工程造价的关键要素，它由市场确定，随着物价变动而变化，从而影响工程造价。

对基本子项的单位价格分析，可以有以下两种形式。

（1）工料单价法。工料单价法采取的是直接费单价，它只包括人工费、材料费和机械台班使用费。

（2）综合单价法。综合单价是由分部分项工程的人工费、材料费、机械台班使用费、企业管理费、利润和风险费综合计算而成的。

知识延伸

工程造价中基本子项的单位价格如果仅仅是由资源消耗量和资源价格相乘求得，则其实质就是直接费单价，如再考虑直接费以外的其他费用，如企业管理费、利润等，则共同构成综合单价。

综合单价法是一种国际上通行的计价方式，它包括分部分项工程的全部费用，即全费用单价。我国目前采用的是部分费用综合单价，即单价中未包含全部费用要素。

目前我国工程计价采用定额计价和工程量清单计价两种计价方式。

0.5.2 定额计价——工料单价法

1. 定额计价概述

定额计价是我国长期使用的，与计划经济相适应的工程造价计价方式。建设方与承建方按照行业主管部门制定的定额工程量计算规则计算工程量，然后按照定额的消耗量标准计算出人工、材料、机械的费用，再按有关费用标准计取其他费用，汇总计算得到工程造价。在定额计价中，起决定作用的是定额。在计划经济时代，定额对确定和衡量建筑安装工程造价标准，规范建筑市场，合理配置资源起到了重要作用。但是其指令性过强，指导性不足。

2. 定额计价方式下工程造价编制方法

使用定额计价方式编制单位工程造价有以下几个步骤：首先，根据预算定额的规定，按施工图计算各分项工程的工程量（包括实体与非实体项目），并乘以相应定额子目基价，汇总相加得到单位工程的定额分部分项工程费；其次，计算出分部分项工程的人工、材料、机械（简称工料机）的价差；再次，计算出企业管理费、利润、规费及税金等费用；最后，汇总各项费用，得到单位工程的工程造价。使用工料单价法编制单位工程造价的，其定额分部分项工程费的计算公式如下。

$$定额分部分项工程费 = \sum（定额工程量 \times 定额子目基价）$$

$$价差 = \sum 工料机数量 \times （市场价 - 定额价） \tag{0-22}$$

3. 定额计价方式下的计价程序

定额计价方式下的计价程序见表 0-1。

表 0-1 定额计价方式下的计价程序

序号	费用项目	计算方法
一	分部分项工程费	1.1+1.2
1.1	定额分部分项工程费	$\sum$（分部分项工程量×定额基价）
1.2	价差	1.2.1+1.2.2+1.2.3
1.2.1	人工价差	$\sum$［人工用量×（市场价－定额价）］
1.2.2	材料价差	$\sum$［材料用量×（市场价－定额价）］
1.2.3	机械价差	$\sum$［机械台班用量×（市场价－定额价）］
二	施工组织措施项目费	$\sum$（基数×费率）
三	企业管理费	基数×费率
四	利润	
五	规费	
六	总承包服务费	
七	风险费	（一+二+三+四+五+六）×费率
八	税金	（一+二+三+四+五+六+七）×费率
九	暂列金额	（一+二+三+四+五+六+七+八）×费率
十	建设工程造价	一+二+三+四+五+六+七+八+九

注：上表计算程序是基本程序，并非目前计价体系实际采用的程序。

0.5.3 清单计价——综合单价法

1. 工程量清单计价概述

工程量清单计价是我国大力推行的与国际惯例接轨的一种先进的计价方式。由建设方依据标准清单的工程量计算规则结合工程项目的特性计算工程量，然后由承建方依据企业施工技术水平确定工料机的消耗量，再按企业管理水平计取工料机价格和其他费用，汇总计算得到工程造价。在工程量清单计价方式中，起决定作用的是企业在竞争市场中的技术水平。工程量清单计价反映出在市场经济条件下市场供应需求对价格的影响，反映出企业的个别成本，能满足现行的市场经济对我国工程造价管理体制的要求。工程量清单计价方式改变了我国原来的以定额为依据的计价模式，可以更有效地控制消耗，更有效地引导正确报价，形成了以市场为引导的新计价格局。自 2003 年 7 月起，我国实行工程量清单计价方式，建设部发行的《建设工程工程量清单计价规范》（GB 50500—2003），自 2008 年 12 月起施行《建设工程工程量清单计价规范》（GB 50500—2008），自 2013 年 7 月起施行《建设工程工程量清单计价规范》（GB 50500—2013）。我国工程计价管理已经走上了"政府宏观调控、企业自主报价、市场竞争价格、行业自我监督"的阶段。

2. 清单计价方式下工程造价编制方法

（1）工程量清单。工程量清单是指拟建建设工程的分部分项工程项目、措施项目、其他项目、规费项目和税金项目的名称和相应数量等的明细清单，由招标人或受其委托的咨询人编制。

（2）工程量清单计价。工程量清单计价是指完成工程量清单的全部内容所需费用的计取，包括分部分项工程项目费、措施项目费、其他项目费、规费和税金。

分部分项工程项目费及可以计算工程量的措施项目费应采用综合单价计价。不可计算工程量的费用采用费率计价。综合单价指完成一个规定计量单位的分部分项工程量清单项目或措施清单项目所需的人工费、材料费、施工机械使用费、企业管理费和利润，以及一定范围内的风险因素。

（3）综合单价。综合单价应由承建方依据企业定额进行编制，但目前大多数企业尚未形成自己的企业定额，在计算综合单价时，往往参考本地区的预算定额。将一个清单项目的工作按照预算定额的规定划分为几个定额子目，将计算出来的定额子目工程量乘以定额消耗量，乘以当时当地市场的人工工日单价、材料单价及机械台班单价，再加上一定的企业管理费和利润，并考虑一定范围的风险因素，然后汇总除以该清单项目的清单工程量，得到综合单价。其过程实质与定额计价方式相同，只不过表现形式不同而已。其计算公式可以表达如下：

$$清单项目综合单价 = \frac{\sum(清单项目所含定额子目工程量 \times 定额子目综合单价)}{清单工程量}$$

工程量清单的实质是建设方用以表述工程内容与规模的量化文件，清单工程量的实质是描述工程规模的数量。清单工程量是建设方的意愿所反映的工程项目的工作量，以最终形成工程实体的数量为目标进行计算，不是实际施工作业数量。

定额子目工程量是清单工作内容中某一分项工程的定额作业数量，相比清单工程量它更接近实际施工作业数量。

特别提示

清单项目所含定额分项工程的项目及工程量是根据工程量清单、施工图以及承建方的施工方案确定的。承建方使用的计价定额、施工方法不同时，则分项工程的项目和数量可能不同。

3. 清单计价方式下的计价程序

清单计价方式下的计价程序见表 0-2。

表 0-2 清单计价方式下的计价程序

序号	费用项目	计算方法
一	分部分项工程费	∑（分部分项工程量×综合单价）
二	措施项目费	2.1+2.2
2.1	施工技术措施项目费	∑（施工技术措施项目工程量×综合单价）
2.2	施工组织措施项目费	∑（基数×费率）
三	其他项目费	按发包人要求计入
四	规费	基数×费率
五	税金	（一+二+三+四）×费率
六	暂列金额	（一+二+三+四+五）×费率
七	建设工程造价	一+二+三+四+五+六

注：上表计算程序是基本程序，并非目前计价体系实际采用的程序。

市政工程施工取费费率

0.6 工程量清单计价模式

0.6.1 工程量清单计价的概念

工程量清单计价是适应我国市场经济，体现市场决定价格，更有利于施工合同管理的新型计价方式。其由计量与计价两个过程组成，最后形成工程量清单文件和工程量清单计价文件。

1. 工程量清单

工程量清单是载明工程项目工作内容名称、计量单位、工作特征、数量的明细表，由分部分项清单、措施项目清单、其他项目清单等组成。工程量清单反映的是工程项目的工作量，是工程交易内容的表现形式。

工程量清单文件是由项目的招标人或受其委托具有相应资质的中介机构编制的文件；从交易的角度来看，工程量清单应该简捷适用。

2. 工程量清单计价

工程量清单计价是载明工程量清单中各组成细目单价与合价的明细表，它必须依据已有的工程量清单进行计价，计价过程要以预算定额为基础。

工程量清单计价由发包人完成，是作为工程项目的期望价格；由承包人（投标人）完成的，是作为工程项目的交易价格。

3. 使用特征

使用国有资金投资的建设工程发承包，必须采用工程量清单计价。

工程量清单计价原则上应采用综合单价计价，但也可以使用工料单价计价。

0.6.2 工程量清单计价规范

工程量清单计价规范是规范和指导市场主体进行工程计价活动的标准文件，现行规范文件中分造价计算部分和计量部分，其中造价计算部分规范有《建设工程工程量清单计价规范》（GB 50500—2013），计量部分规范有《房屋建筑与装饰工程工程量计算规范》（GB 50854—2013）、《仿古建筑工程工程量计算规范》（GB 50855—2013）、《通用安装工程工程量计算规范》（GB 50856—2013）、《市政工程工程量计算规范》（GB 50857—2013）、《园林绿化工程工程量计算规范》（GB 50858—2013）、《矿山工程工程量计算规范》（GB 50859—2013）、《构筑物工程工程量计算规范》（GB 50860—2013）、《城市轨道交通工程工程量计算规范》（GB 50861—2013）、《爆破工程工程量计算规范》（GB 50862—2013）。

0.6.3 工程量清单组成

工程量清单是由招标人或受其委托具有相应资质的中介机构编制的，表达工程交易内容的文件；通常以独立发包的若干个单位工程为编制对象。工程量清单由分部分项工程项目清单、措施项目清单、其他项目清单、规费和税金项目清单组成。

1. 分部分项工程项目清单

分部分项工程项目清单应根据项目特性与现行计量规范规定的项目编码、项目名称、项目特征、计量单位和工程量计算规则进行编制。《市政工程工程量计算规范》（GB 50857—2013）是编制市政工程工程量清单的依据，其具体内容是以表格形式表现的。如现浇混凝土构件工程量清单设置，其项目特征描述的内容、计量单位及工程量计算规则，应按表 0-3 的规定执行。

表 0-3 现浇混凝土构件（编码：040303）

项目编码	项目名称	项目特征	计量单位	工程量计算规则	工作内容
040303001	混凝土垫层	混凝土强度等级	m^3	按设计图示尺寸，以体积计算	1. 模板制作、安装、拆除； 2. 混凝土拌和、运输、浇筑； 3. 养护
040303002	混凝土基础	1. 混凝土强度等级 2. 嵌料（毛石）比例	m^3		
040303003	混凝土承台	混凝土强度等级	m^3		

分部分项工程项目清单必须载明项目编码、项目名称、项目特征、计量单位和工程数量；以表格形式表现，表 0-4 所示为现浇混凝土构件工程项目清单。

表 0-4 现浇混凝土构件工程项目清单

项目编码	项目名称	项目特征	计量单位	工程数量
040303001001	混凝土垫层	混凝土强度等级：C15	m^3	36.78
040303002001	混凝土基础	混凝土强度等级：C25	m^3	155.90
040303003001	混凝土承台	混凝土强度等级：C30	m^3	362.11

1）项目编码

项目编码是分部分项工程项目清单和措施项目清单的项目名称的阿拉伯数字标识，用五级 12 位阿拉伯数字表示。1～9 位为统一编码，应按规范附录的规定项目编码编写，10～12 位为自编顺序码，应根据工程量清单项目设置情况编写，同一工程的项目编码不得有重码。

（1）第一级编码（1～2 位）——工程类别码。

表 0-5 所示为清单规范的 9 个工程类别码。

表 0-5 清单规范的 9 个工程类别码

1～2位编码	01	02	03	04	05	06	07	08	09
表示内容	房屋建筑与装饰工程	仿古建筑工程	通用安装工程	市政工程	园林绿化工程	矿山工程	构筑物工程	城市轨道交通工程	爆破工程

（2）第二级编码（3～4 位）——专业工程分章顺序码。

第二级编码表示各专业工程的编排顺序，市政工程分 11 个专业工程内容，共 11 个附录。表 0-6 所示为市政工程第二级编码。

表 0-6 市政工程第二级编码

3～4位编码	01	02	03	04	05	06	07	08	09	10	11
表示内容	土石方工程	道路工程	桥涵工程	隧道工程	管网工程	水处理工程	生活垃圾处理工程	路灯工程	钢筋工程	拆除工程	措施项目
附录号	A	B	C	D	E	F	G	H	J	K	L

（3）第三级编码（5～6 位）——分部工程顺序码。

第三级编码表示分部工程的编排顺序。例如：040201 表示"市政工程—附录 B 道路工程—表 B.1 路基处理"。

（4）第四级编码（7～9 位）——分项工程顺序码。

第四级编码表示分项工程的编排顺序。例如：040201007 表示"市政工程—附录 B 道路工程—表 B.1 路基处理—抛石挤淤"。

（5）第五级编码（10～12 位）——清单项目顺序码。

第五级编码表示具体的清单项目顺序，由清单编制人根据实际情况编写。同一规格、同一材质的项目，具有不同的项目特征时，应分别列项，此时项目编码的前 9 位相同，后

3 位不同，编制项目名称顺序码依次为 001、002、003。例如：有混凝土强度等级为 C20 和 C25 的两种涵洞基础，规范规定的项目编码为 040303002，如编制人将 C20 混凝土涵洞基础的项目编码编为 040303002001，则 C25 混凝土涵洞基础的项目编码应编为 040303002002。

特别提示

在编制工程量清单时，出现规范中未包括的清单项目时，编制人应自行补充。补充项目的编码应由工程类别码＋B＋清单项目顺序码组成，从 04B001、04B002 起顺序编写。

2）项目名称

工程量清单的项目名称应按规范给定的项目名称，结合拟建工程的情况确定。项目名称一般只给出该项目的主体构造名称或施工工艺名称，依据规范确定的附属工作内容在项目特征中表示。如管网工程中的检查井可以使用规范名称"砌筑井"，只表述砌体构造的检查井；也可以结合施工图采用"矩形砌筑井""圆形砌筑井"等。

3）项目特征

项目特征是分部分项工程项目清单或措施项目清单工作内容组成的特征，是确定一个清单项目综合单价的重要依据。在编制工程量清单时，应尽量准确和全面地描述项目特征。为达到规范、简洁、准确、全面描述项目特征的要求，在描述工程量清单项目特征时应注意以下几点。

（1）项目特征描述的内容应按《市政工程工程量计算规范》（GB 50857—2013）附录中的规定，结合拟建工程的实际情况，能满足清单项目主体工作特征识别的需要。

（2）若采用标准图集或施工图纸能够满足项目特征描述的要求，项目特征描述可直接采用详见××图集或××图号的方式。对不能满足项目特征描述要求的部分可用文字描述。

（3）项目特征是区分清单项目的依据。工程量清单项目特征可以表述工程量清单项目的工作内容特性，可以区分规范中同一清单条目下各个具体的清单项目。没有项目特征的准确描述，对于相同或相似的清单项目名称，就无从区分。

（4）项目特征不是确定综合单价的充分条件。综合单价是完成清单项目所有工作内容的价格，项目特征有时无法完整全面地反映施工图，综合单价确定的最详细的依据就是施工图和施工方案，而不是工程量清单。项目特征仅反映项目工作内容的主要特征指标，不应仅用项目特征来确定项目工作内容，来进行组价。

（5）项目特征的描述应根据清单规范的要求，结合技术规范、标准图集、施工图纸，按照实际工程结构要求，予以详细而准确的表述和说明。对同一个清单项目，由不同的人进行编制，会有不同的描述，尽管如此，体现项目本质区别的特征必须描述。

（6）必须描述的内容一般包括以下几点。

① 项目主体工作的主材材质、规格必须描述，如混凝土强度等级、砂浆强度等级、650×650×3.6 芝麻黑火烧面板、HRB400、Q345、DN400 HDPE 等。

② 项目主体工作的特殊施工工艺必须描述，如钻孔灌注桩、锥形锚、振动成型、灌

砌等。

③ 三维数据中的非计量尺寸必须描述，如以长度计量时应描述截面尺寸或面积，以面积计量时应描述厚度。

④ 直接决定价格高低的要素必须描述，如土壤类别、运输距离、外加剂掺量等。

4）计量单位

工程量清单的计量单位应使用规范规定的计量单位。规范中有两个或两个以上计量单位的项目，在工程计量时，应结合拟建工程的特点，选择最适宜表现该项目特征并方便计量的单位。在同一个工程的工程量清单中，多个相同清单项目的计量单位应保持一致。

5）工程量计算

工程量清单中所列工程量应以规范规定的工程量计算规则为基准，结合拟建工程的特点，确定拟建工程计量规则进行计算。工程量的有效位数一般应遵守下列规定。

（1）以"t"为单位时，应保留小数点后3位数字，第4位四舍五入。

（2）以"m^3""m^2""m""kg"为单位时，应保留小数点后2位数字，第3位四舍五入。

（3）以"个""项"等为单位时，应取整数。

6）分部分项工程项目清单的编制程序

图0.5所示为分部分项工程项目清单的编制程序。

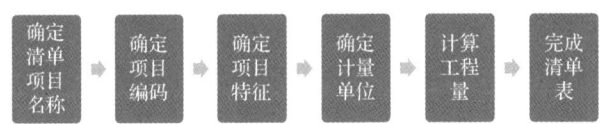

图 0.5 分部分项工程项目清单的编制程序

2. 措施项目清单

为完成工程项目施工，发生于该工程施工准备和施工过程中的技术、生活、安全、环境保护等方面辅助工作的明细清单称为措施项目清单，如脚手架、模板及支架、临时设施、安全文明施工等项目的清单。

1）措施项目清单的列项

措施项目清单应根据规范的要求，并按照拟建工程的实际情况列项。措施项目多为施工图无法直接明示的工作，因此措施项目清单的编制须考虑施工技术因素，还涉及水文、气象、环境、安全等外部因素。由于影响措施项目设置的因素太多，规范无法将可能出现的措施项目逐一列出。在编制措施项目清单时，可根据工程的具体情况对措施项目清单列项。

2）措施项目清单的编制方式

规范将措施项目划分为两类：一类是可以计算工程量的项目，为单价措施项目；另一类是不能计算工程量的项目，为总价措施项目。

单价措施项目清单编制方法同分部分项工程项目一样，规范规定了项目编码、项目名称、项目特征、计量单位、工程量计算规则和工作内容，其编制方法与分部分项工程项目清单相同。

总价措施项目清单编制时依规范仅列出项目编码、项目名称、工作内容及包含范围，但未列出项目特征、计量单位和工程量计算规则，编制时，按规范规定的项目编码、项目名称确定项目清单,如安全文明施工(含环境保护、文明施工、安全施工临时设施)、冬雨季施工等项目的清单。此类项目通常以"项"计价。

3. 其他项目清单

其他项目清单是指除分部分项工程项目清单、措施项目清单外的由于招标人的特殊要求而设置的项目清单。它的内容不是工程建设本身需要发生的工作,而是由工程交易或招标人建设管理的需要所增加的工作。

(1)暂列金额。暂列金额是指招标人在工程量清单中暂定并包括在合同价款中的款项,用于工程合同签订时尚未确定或者不可预见的支出,用于施工中可能发生的工程变更、合同价款调整、索赔等的费用支出。

(2)暂估价。暂估价是暂时不能确定价格的材料、工程设备的单价以及分项工程的金额。适用暂估价的工作应是已经确定的工作,只是因为标准未定而在交易阶段无法确定其价格。它包括材料暂估单价、工程设备暂估单价、专业工程暂估价。

(3)计日工。计日工是指在施工过程中,承包人完成发包人指定的合同范围以外的零星项目或工作,按合同约定单价计价的一种方式。计日工以完成零星工作所消耗的人工工时、材料数量、机械台班进行计量。在清单编制时计日工应列出项目名称、计量单位。

(4)总承包服务费。总承包服务费是指总承包人为配合、协调发包人进行的专业工程发包,对发包人自行采购的材料、工程设备等进行管理、验收等服务所需的费用。

受工程的复杂程度、工期、建设管理要求等因素影响,规范仅提供上述4项内容作为参考。实际编制时,编制人应根据工程实际情况增减补充。

4. 规费项目清单

规费是指根据国家法律法规规定,由省级政府或省级有关权力部门规定施工企业必须缴纳的,应计入建筑安装工程造价的费用。

5. 税金项目清单

税金是指国家税法规定的应计入建筑安装工程造价内的营业税、城市维护建设税、教育费附加和地方教育附加。自2016年5月1日起,建筑业由缴纳营业税改为缴纳增值税。

0.6.4 工程量清单计价

工程量清单与计价表通常是由投标人依据已定工程量清单编制的,表达工程交易价格的文件,由分部分项工程费、措施项目费、其他项目费、规费和税金组成。

工程量清单计价

1. 分部分项工程项目清单计价

分部分项工程清单与计价表是计取分部分项工程费的文件,应根据施工图、企业技术与管理水平、现行预算定额、工程外部环境等因素进行编制。

1)分部分项工程费组成

分部分项工程费由人工费、材料费、施工机具使用费、企业管理费、利润及风险费6项组成。其中人工费、材料费、施工机具使用费一般依据企业技术水平或预算定额确定;企业管理费一般依据企业管理水平或预算定额确定;利润一般依据企业利润目标或预算定额确定。

风险费是投标人依据合同约定的履约风险确定的费用。由于风险是客观因素可能产生的不确定损失或状态,因此风险费并非工程建造必要或确定的费用。

2)分部分项工程费计算

分部分项工程费 = $\sum$(分部分项工程清单工程量×分部分项工程清单综合单价)

由于工程量清单与计价表编制时,工程量清单已经完成,清单工程量为已知数量,因此分部分项工程清单与计价表编制的实质为综合单价的确定。综合单价一般按以下步骤进行计算。

(1)确定各清单项目的计价工作内容。

依据施工图、施工方案、工程量清单、企业定额(预算定额)依次确定清单项目的计价子项(组价项,又称定额分项)。

(2)计算计价子项工程量。

依据企业定额或预算定额工程量计算规则计算计价子项工程量。

(3)计算分部分项工程人工费、材料费、施工机具使用费。

首先,套用企业定额或预算定额计算各子项的人工、材料、机械的消耗量;其次,依据市场价格或企业采购价格确定人工、材料、机械的预算单价;最后,计算出子项的人工费、材料费、施工机具使用费。

(4)计算分部分项工程的管理费。

$$管理费 = 计费基数 \times 管理费费率 \quad (0-23)$$

其中计费基数可按照以下 3 种情况取定:①人工费、材料费、施工机具使用费合计;②人工费和施工机具使用费合计;③人工费。

管理费费率的取定应根据本企业的管理水平,或者参考工程所在地建设行政主管部门发布的指导费率。

(5)计算分部分项工程的利润。

$$利润 = 计费基数 \times 利润率 \quad (0-24)$$

其中计费基数可按照以下 3 种情况取定:①人工费、材料费、施工机具使用费合计;②人工费和施工机具使用费合计;③人工费。

利润率应根据投标人的投标策略来取定,或者参考工程所在地建设行政主管部门发布的指导利润率。

(6)将清单项目各子项的费用合计,得到该清单项目的分部分项工程费,再除以清单工程量得到清单综合单价。

$$清单综合单价 = \frac{\sum(子项工程量 \times 子项综合单价)}{清单工程量} \quad (0-25)$$

2. 措施项目清单计价

措施项目清单与计价表是计取间接或辅助生产活动费用的文件,一般应依据企业施工生产的组织方案、技术方案及管理方案等进行编制。

1)措施项目费的组成

措施项目费一般包括(但不限于):环境保护费、文明施工费、安全施工费、临时设施费、夜间施工增加费、二次搬运费、大型机械设备进出场及安拆费、混凝土模板及支架费、脚手架工程费、已完工程及设备保护费、施工排水降水费、冬雨季施工增加费、工程定位复测费、工程点交费、场地清理费、室内环境污染物检测费、赶工措施费、垂直运输机械费、临时保护设施费等。

措施项目应按照拟建工程的实际情况计列，投标人可以在给定的工程量清单中自行补充措施项目。

2）措施项目费的计算

措施项目费的计算分为单价措施项目费和总价措施项目费两种。

（1）单价措施项目是对一项或几项永久工程实体项目的辅助工作，可以精确计算其工程量的项目。单价措施项目费的计费内容、方法与分部分项工程费的计算方法完全一样。常见单价措施项目费有脚手架工程费、混凝土模板及支架费、施工排水降水费等。

（2）总价措施项目是对为整体工程服务的辅助工作，即与永久工程实体项目无法直接对应的工作，不能计算其工程量的项目。总价措施项目费通过计费基数乘以费率计算，费率一般根据本企业的管理水平，或者参考工程所在地建设行政主管部门发布的指导费率计取。常见的总价措施项目费有环境保护费、文明施工费、安全施工费、临时设施、冬雨季施工增加费等。

特别提示

清单规范规定，安全文明施工费等个别措施项目为不可竞争费用，必须按照国家或省级建设主管部门的指导费率执行。

3. 其他项目计价

1）暂列金额

暂列金额可根据工程的复杂程度、设计深度、工程外部条件等进行估算，一般可按分部分项工程费的 5%～15% 进行估算。

2）暂估价

材料暂估单价、工程设备暂估单价一般是指预算单价，不包含其管理费、利润、规费、税金等。专业工程暂估价一般是综合暂估价，已经包含与其管理费、利润，但不含规费和税金。

3）计日工

计日工一般依据投标人可以取得的额外零星作业成本进行计算。

4）总承包服务费

（1）对指定分包的专业工程进行总承包管理和协调时，总承包服务费可按分包的专业工程造价的 1.5% 计算。

（2）对平行发包的单位提供配合服务时，根据要求的配合服务内容和标准，总承包服务费可按配合工程造价的 3%～5% 计算。

（3）招标人自行采购材料的，其可按招标人采购材料价值的 1% 计算。

知识延伸

总承包服务费应包含管理与配合两类不同的服务内容：①承包人将自身的合同工作进行专业分包时，承包人对分包人有管理责任，可计取总承包管理费；②发包人将各类专业工程进行平行发包时，习惯上将主专业工程承包人称为总承包，可计取总承包配合费。

目前工程实践中多数总承包服务费仅指总承包配合费，总承包管理费不在本项中计取。

4. 规费项目计价

$$规费=计费基数×规费费率 \quad (0-26)$$

目前规费为不可竞争费用，费率必须按照国家或省级建设主管部门的指导费率执行。

5. 税金项目计价

$$增值税销项税额=税前工程造价×9\% \quad (0-27)$$

税金为不可竞争费用，费率必须按照财政部、国家税务总局规定的税率执行。

学习启示

党的二十大报告指出，坚决破除各方面体制机制弊端，各领域基础性制度框架基本建立，许多领域实现历史性变革、系统性重塑、整体性重构。工程造价管理体制改革的不断深化是建筑业勇于突破，进行系统性变革与创新的重大实践；通过本章的学习可以看到定额计价与清单计价两种不同的计价模式，比较两种模式的计价思路我们需要总结和思考这种造价管理方式的变化体现了我国经济体制改革什么样的先进性理念？

小 结

本项目介绍了基本建设的概念、建设项目的组成与分级、基本建设程序以及工程造价相关的基础知识。除熟悉和掌握工程造价构成、计算原理以及计价模式外，学生还要按建设项目—投资费用—造价组成—计算原理—计价方法的顺序厘清工程造价的作用与计价过程，分清基本建设不同阶段与对应的工程造价的关系。本项目重点是通过工程造价计算原理来理解两种计价模式的本质区别。

思考练习题

1．项目特征的实质是什么？
2．工程量清单的作用是什么？
3．如果使用全费用单价，措施项目如何计入实体项目中？
4．作为直接投资，设备及工具、器具购置费与建筑安装工程费哪一项对投资的积极意义更大？为什么？
5．如何区分某项工作是否应计入计日工？

在线答题

项目 1　市政排水工程计量与计价

教学目标

1. 能依据相关规范，设置排水工程分部分项工程项目清单及计算清单工程量；
2. 能依据预算定额设置排水工程清单项目的定额分项，并计算清单项目综合单价；
3. 能依据相关规范设置排水工程措施项目清单及计算措施项目费；
4. 能合理选取费率，计算工程总价。

项目导读

本项目从分部分项工程清单设置开始，分别介绍清单项目选取原则、清单工程量计算规则、定额分项选取原则、定额分项工程量计算规则、施工技术措施项目费计算方法、费率选取等；由浅入深分类介绍一个完整的计量与计价的真实案例。

本项目选取典型工程案例进行编写，强化实践性，遵循"做中学，学中做"，融理实为一体。

任务 1.1　市政排水工程量清单编制

1.1.1　任务导入

工作任务

排水管道工程量清单编制

完成配套图集《市政工程施工图案例图集》[①]项目三排水及排水结构工程施工图纸中雨水、污水管道工程量清单编制。

具体任务如下。

（1）根据配套图集，编制雨水、污水管道分部分项工程项目清单。

---

① 《市政工程施工图案例图集》（ISBN 978-7-301-24824-9）为杭州科技职业技术学院市政工程技术专业"以实际工程项目为引领"的系统化教材建设配套图集，为市政工程技术专业项目化课程教学所贯穿的项目案例图纸。

（2）根据配套图集，编制雨水、污水管道措施项目清单。
（3）根据配套图集，编制雨水、污水管道其他项目清单。

工作手段

《建设工程工程量清单计价规范》（GB 50500—2013）、《市政工程工程量计算规范》（GB 50857—2013）、计算器等。

成果与检测

（1）根据管段划分，给每位学生布置工作任务，每个小组编制完成一份完整的工程量清单。
（2）采用教师评价和学生互评的方式打分。

1.1.2 相关知识

排水管道工程量清单按照《建设工程工程量清单计价规范》（GB 50500—2013）规定的工程量清单统一格式进行编制，其内容主要是分部分项工程项目清单、措施项目清单、其他项目清单。

1. 分部分项工程项目清单编制

排水管道工程分部分项工程项目清单应根据《市政工程工程量计算规范》（GB 50857—2013）规定的项目编码、项目名称、计量单位、工程量计算规则进行编制。

分部分项工程项目清单编制的步骤如下：清单项目列项、编码→清单项目工程量计算→分部分项工程项目清单列表。

1）清单项目列项、编码

应依据《市政工程工程量计算规范》（GB 50857—2013）规定的清单项目名称及其编码，根据招标文件的要求，结合施工图、施工方案等进行排水管道工程清单项目列项，确定项目名称、项目编码。

编制分部分项工程项目清单，必须认真阅读全套施工图纸，了解工程的总体情况，明确各部分的工程构造，并结合工程施工方法，按照工程的施工工序，逐个列出工程清单项目。

排水管道工程分部分项工程项目清单设置表见表1-1。

表1-1 排水管道工程分部分项工程项目清单设置表

项目编码	项目名称	项目特征	计量单位
040101002	挖沟槽土方	1.土壤类别；2.挖土深度	m³
040101005	挖淤泥	1.挖掘深度；2.运距	m³
040103001	回填方	1.密实度要求；2.填方材料品种；3.填方粒径要求；4.填方来源、运距	m³
040103002	余方弃置	1.废弃料种类；2.运距	m³

续表

项目编码	项目名称	项目特征	计量单位
040501001	混凝土管	1.垫层、基础材质及厚度；2.管座材质；3.规格；4.接口方式；5.铺设深度；6.混凝土强度等级；7.管道检验及试验要求	m
040501002	钢管	1.垫层、基础材质及厚度；2.材质及规格；3.接口方式；4.铺设深度；5.管道检验及试验要求；6.集中防腐运距	m
040501003	铸铁管	1.垫层、基础材质及厚度；2.材质及规格；3.接口方式；4.铺设深度；5.管道检验及试验要求；6.集中防腐运距	m
040501004	塑料管	1.垫层、基础材质及厚度；2.材质及规格；3.连接形式；4.铺设深度；5.管道检验及试验要求	m
040501008	水平导向钻进	1.土壤类别；2.材质及规格；3.一次成孔长度；4.接口方式；5.泥浆要求；6.管道检验及试验要求；7.集中防腐运距	m
040501009	夯管	1.土壤类别；2.材质及规格；3.一次夯管长度；4.接口方式；5.管道检验及试验要求；6.集中防腐运距	m
040501010	顶（夯）管工作坑	1.土壤类别；2.工作坑平面尺寸及深度；3.支撑、围护方式；4.垫层、基础材质及厚度；5.混凝土强度等级；6.设备、工作台主要技术要求	座
040501011	预制混凝土工作坑	1.土壤类别；2.工作坑平面尺寸及深度；3.垫层、基础材质及厚度；4.混凝土强度等级；5.设备、工作台主要技术要求；6.混凝土构件运距	座
040501012	顶管	1.土壤类别；2.顶管工作方式；3.管道材质及规格；4.中继间规格；5.工具管材质及规格；6.触变泥浆要求；7.管道检验及试验要求；8.集中防腐运距	m
040501016	砌筑方沟	1.断面规格；2.垫层、基础材质及厚度；3.砌筑材料品种、规格、强度等级；4.混凝土强度等级；5.砂浆强度等级、配合比；6.勾缝、抹面要求；7.盖板材质及规格；8.伸缩缝（沉降缝）要求；9.防渗、防水要求；10.混凝土构件运距	m
040501017	混凝土方沟	1.断面规格；2.垫层、基础材质及厚度；3.混凝土强度等级；4.伸缩缝（沉降缝）要求；5.盖板材质、规格；6.防渗、防水要求；7.混凝土构件运距	m
040501018	砌筑渠道	1.断面规格；2.垫层、基础材质及厚度；3.砌筑材料品种、规格、强度等级；4.混凝土强度等级；5.砂浆强度等级、配合比；6.勾缝、抹面要求；7.伸缩缝（沉降缝）要求；8.防渗、防水要求	m
040501019	混凝土渠道	1.断面规格；2.垫层、基础材质及厚度；3.混凝土强度等级；4.伸缩缝（沉降缝）要求；5.防渗、防水要求；6.混凝土构件运距	m
040503001	砌筑支墩	1.垫层材质、厚度；2.混凝土强度等级；3.砌筑材料品种、规格、强度等级；4.砂浆强度等级、配合比	m^3

续表

项目编码	项目名称	项目特征	计量单位
040503002	混凝土支墩	1.垫层材质、厚度；2.混凝土强度等级；3.预制混凝土构件运距	m³
040504001	砌筑井	1.垫层、基础材质及厚度；2.砌筑材料品种、规格、强度等级；3.勾缝、抹面要求；4.砂浆强度等级、配合比；5.混凝土强度等级；6.盖板材质、规格；7.井盖、井圈材质及规格；8.踏步材质、规格；9.防渗、防水要求	座
040504002	混凝土井	1.垫层、基础材质及厚度；2.混凝土强度等级；3.盖板材质、规格；4.井盖、井圈材质及规格；5.踏步材质、规格；6.防渗、防水要求	座
040504004	砖砌井筒	1.井筒规格；2.砌筑材料品种、规格；3.砌筑、勾缝、抹面要求；4.砂浆强度等级、配合比；5.踏步材质、规格；6.防渗、防水要求	m
040504005	预制混凝土井筒	1.井筒规格；2.踏步规格	m
040504006	砌体出水口	1.垫层、基础材质及厚度；2.砌筑材料品种、规格；3.砌筑、勾缝、抹面要求；4.砂浆强度等级及配合比	座
040504007	混凝土出水口	1.垫层、基础材质及厚度；2.混凝土强度等级	座
040504009	雨水口	1.雨水箅子及圈口材质、型号、规格；2.垫层、基础材质及厚度；3.混凝土强度等级；4.砌筑材料品种、规格；5.砂浆强度等级及配合比	座
040901001	现浇构件钢筋	1.钢筋种类；2.钢筋规格	t
040901002	预制构件钢筋	1.钢筋种类；2.钢筋规格	t

2）分部分项工程清单工程量计算

根据《市政工程工程量计算规范》（GB 50857—2013）中排水管道清单项目的设置顺序及其计量规则，逐一对表1-1中所列项目进行清单工程量计算。

| ◎ | 040101002 | 挖沟槽土方 | 计量单位/m³ |

（1）工程量计算规则：按设计图示尺寸，以基础垫层底面积乘以挖土深度来计算。

标准链接

根据浙江省的相关规范规定，将挖沟槽、基坑、一般土石方的工作面和放坡所增加的工程量并入各土石方工程量中计算。如各专业工程清单提供的工作面宽度和放坡系数与我省现行预算定额不一致，按定额有关规定执行。

计算时应注意以下几点：挖方应按天然密实体积计算；底宽 7m 以内，底长大于3倍底宽的，应按沟槽计算；底长小于3倍底宽，底面积在150m² 以内的，应按基坑计算；超过上述范围，应按一般土石方计算。

（2）工程量计算方法。

一般市政排水管道工程的挖方均属于挖沟槽土（石）方。工程量计算时，根据管道管径大小、管道基础形式、挖土深度等将管道划分成若干管段，分段计算挖方量并合计。各管段开挖工程量计算可采用平均断面法，即管段长度×（起点开挖断面积＋终点开挖断面积）/2，具体也可采用式（1-1）计算。图1.1所示为沟槽开挖示意图。

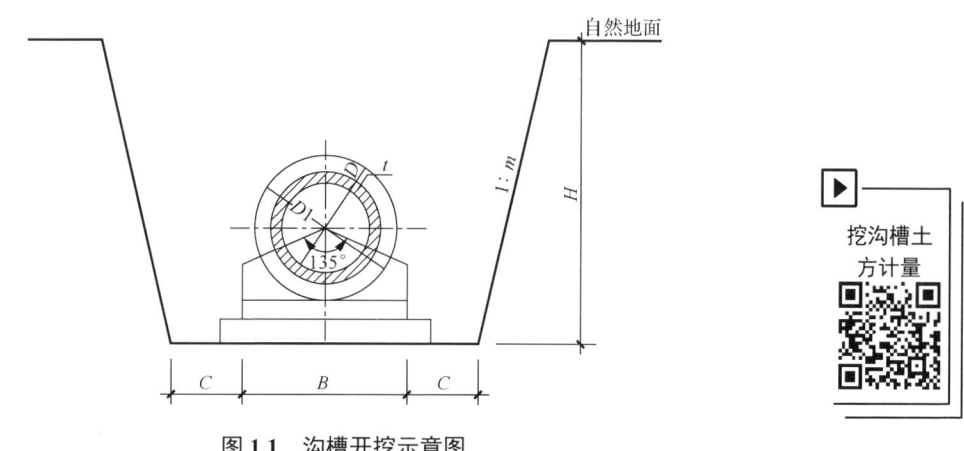

图1.1 沟槽开挖示意图

$$V_{挖} = (B+2C+mH)LH \tag{1-1}$$

式中 $V_{挖}$——沟槽挖方体积，m^3；

L——管段管道中心线的长度，m；

B——管段管道最大结构宽度，m；

H——管段平均挖土深度，m；

C——工作面宽度，m；

m——放坡系数。

注：① 沟槽的开挖断面应以设计规定为准；若设计未给定，则按施工方案确定工作面宽度和放坡系数；若施工方案未确定，则放坡系数按表1-2计算，工作面宽度按表1-3计算。

② 沟槽或基坑设支撑挡土板时不考虑放坡，槽底宽度每侧加10cm。

③ 沟槽交叉处产生的重复工程量可不予扣除。

④ 同一断面有多种不同类别土壤时，按类别、开挖深度的百分比加权计算放坡系数。

⑤ 管道结构宽B：无管座管道按管外径计算，有管座管道按基础（不包括垫层）外缘宽度计算。

⑥ 塑料管道沟槽底宽：设计无规定时，无支撑沟槽按管道结构宽每侧加30cm计算；有支撑沟槽按表1-4计算。

⑦ 管道接口作业坑及井室开挖增加的土方量按沟槽全部土方量的2.5%计算。

表 1-2　放坡系数表

土壤类别	放坡起点/m	机械开挖			人工开挖
		在沟槽、坑内作业	在沟槽侧、坑边上作业	沿沟槽方向坑上作业	
一、二类土	1.2	1∶0.33	1∶0.75	1∶0.50	1∶0.50
三类土	1.5	1∶0.25	1∶0.67	1∶0.33	1∶0.33
四类土	2.0	1∶0.10	1∶0.33	1∶0.25	1∶0.25

表 1-3　单侧工作面宽度　　　　　　　　　　　　　单位：mm

管道结构宽	混凝土管道基础≤90°	混凝土管道基础>90°	金属管道	构筑物	
				无防潮层	有防潮层
500 以内	400	400	300	400	600
1000 以内	500	500	400		
2500 以内	600	500	400		
2500 以上	700	600	500		

表 1-4　有支撑沟槽开挖宽度

深度 h/m	管径/mm							
	DN150	DN225	DN300	DN400	DN500	DN600	DN800	DN1000
$h\leqslant 3.0$	800	900	1000	1100	1200	1300	1500	1700
$3.0<h\leqslant 4.0$	—	1100	1200	1300	1400	1500	1700	1900
$h>4.0$	—	—	1400	1500	1600	1800	2000	

（3）项目特征。

本项目的 2 个特征中，**土壤类别**为基本特征，必须描述；土壤类别不同的项目必须分设清单。

| ◎ | 040101005 | 挖淤泥 | 计量单位/m³ |

（1）工程量计算规则：按设计图示位置、界限，以体积计算。

（2）工程量计算方法。

工程量应按施工图或实际测量所示淤泥分布面积乘以深度计算。一般淤泥分布平面形体不规则，且深度不均，可将分布平面划分成多个规则图形，每个规则图形内取一个平均深度计算。

$$V_{挖}=\sum A_i H_i \qquad (1-2)$$

式中　$V_{挖}$——挖除淤泥体积，m³；

　　　A_i——第 i 块平面面积，m²；

　　　H_i——第 i 块平均深度，m。

（3）项目特征。

本项目的 2 个特征中，**运距**为基本特征，必须描述；外运距离不同的项目必须分设清单。

| ◎ | 040103001 | 回填方 | 计量单位/m³ |

（1）工程量计算规则：按挖方清单项目工程量加原地面标高至设计要求标高间的体积，减去基础、构筑物等埋入体积计算。

计算时要注意填方应按压实后体积（空间体积）计算。

（2）工程量计算方法见式（1-3）。

$$V_{填}=V_{挖}-V_{m} \tag{1-3}$$

式中　$V_{填}$——沟槽填方体积，m³；

　　　$V_{挖}$——沟槽挖方体积，m³；

　　　V_{m}——构筑物体积，m³。

知识延伸

独立排水管道工程的沟槽回填一般要求回填至原地面，可以直接使用式（1-3）计算回填工程量。与道路工程同步施工的非独立排水管道工程应回填至路基顶面，此时应考虑原地面与路基顶面之间的填挖方量；若路基标高高于原地面标高，则非独立排水管道工程回填时可不考虑原地面与路基顶面之间的填方量，该工程量应归入道路填方中；若路基标高低于原地面标高，则非独立排水管道工程回填时要考虑原地面与路基顶面之间的挖方量，沟槽位置的该部分挖方量应从式（1-3）计算结果中扣除，且道路工程挖方中也不能计算该部分工程量。

（3）项目特征。

本项目的 4 个特征中，**填方材料品种**为基本特征，必须描述；不同材料的项目必须分设清单。

| ◎ | 040103002 | 余方弃置 | 计量单位/m³ |

（1）工程量计算规则：按挖方清单项目工程量减利用方体积（正数）计算。

计算时要注意余方应按天然密实体积计算。

（2）工程量计算方法见式（1-4）。

$$V_{余}=V_{挖}-1.15V_{填} \tag{1-4}$$

式中　$V_{余}$——沟槽余方弃置体积，m³；

　　　$V_{挖}$——沟槽挖方体积，m³；

　　　$V_{填}$——沟槽填方体积，m³；

　　　1.15——压实体积与天然密实体积换算系数。

注：若计算结果为负值，则说明填方所需的土方不足，需要购土，计算结果为所需外购土方数量；该量应计入填方的综合单价，即填方增加外购土方计价项。

> **知识延伸**
>
> 余方不能以个别管段计算,而应按整个工程的土方平衡确定;在挖方全部利用的情况下,余方与缺方不会同时出现,有余方则无缺方,有缺方则无余方。余方与缺方不必分管段计算,可以整个工程的挖方与填方汇总后统一计算。

(3)项目特征。

本项目的 2 个特征中,**运距**为基本特征,必须描述;不同运距的项目必须分设清单。

| ◎ | 040501001 | 混凝土管 | 计量单位/m |

(1)工程量计算规则:按设计图示中心线长度,以延长米计算。不扣除附属构筑物、管件及阀门等所占长度。

(2)工程量计算方法见式(1-5)。

$$L = \sum L_i \tag{1-5}$$

式中 L——某管径管道铺设长度,m;

L_i——某管径管道第 i 管段铺设长度,m。

(3)项目特征。

本项目的 7 个特征中,**材质及规格、接口方式**为基本特征,必须描述;当管材、管径、接口方式中有任意一项不同时,项目必须分设清单。

| ◎ | 040501002 | 钢管 | 计量单位/m |
| ◎ | 040501003 | 铸铁管 | 计量单位/m |

(1)工程量计算规则:按设计图示中心线长度,以延长米计算。不扣除附属构筑物、管件及阀门等所占长度。

(2)工程量计算方法同混凝土管[式(1-5)]。

(3)项目特征。

这两个项目的 6 个特征中,**材质及规格、接口方式**为基本特征,必须描述;当管材、管径、接口方式中有任意一项不同时,项目必须分设清单。

| ◎ | 040501004 | 塑料管 | 计量单位/m |

(1)工程量计算规则:按设计图示中心线长度,以延长米计算。不扣除附属构筑物、管件及阀门等所占长度。

注:支管末端无检查井时,计算长度为从主管中心到支管末端。

(2)工程量计算方法同混凝土管[式(1-5)]。

(3)项目特征。

本项目的 5 个特征中,**材质及规格、连接形式**为基本特征,必须描述;当管材、管径、连接形式中有任意一项不同时,项目必须分设清单。

| ◎ | 040501008 | 水平导向钻进 | 计量单位/m |
| ◎ | 040501009 | 夯管 | 计量单位/m |

(1)工程量计算规则:按设计图示长度,以延长米计算。扣除附属构筑物(检查井)所占长度。

(2) 工程量计算方法见式（1-6）。

$$L = \sum L_i \tag{1-6}$$

式中　L——某管径管道钻进（夯击）铺设长度，m；
　　　L_i——某管径管道第 i 次钻进（夯击）铺设长度，m。

(3) 项目特征。

这两个项目的项目特征数分别为 7 个和 6 个，其中**材质及规格、接口方式**为基本特征，必须描述；当钻进（夯击）管材、管径、接口方式中有任意一项不同时，项目必须分设清单。

◎	040501010	顶（夯）管工作坑	计量单位/座
◎	040501011	预制混凝土工作坑	计量单位/座

(1) 工程量计算规则：按工作坑数量计算。
(2) 工程量计算方法为按施工图或施工组织设计确定的工作坑数量计算。
(3) 项目特征。

这两个项目的 6 个特征中，**工作坑平面尺寸及深度，混凝土强度等级，设备、工作台主要技术要求**为基本特征，必须描述；当工作坑尺寸、坑体混凝土强度等级、主要工作设备中有任意一项不同时，项目必须分设清单。

◎	040501012	顶管	计量单位/m

(1) 工程量计算规则：按设计图示长度，以延长米计算。扣除附属构筑物（检查井）所占长度。
(2) 工程量计算方法见式（1-7）。

$$L = \sum L_i \tag{1-7}$$

式中　L——某管径管道顶进长度，m；
　　　L_i——某管径管道第 i 分段顶进长度，m。

(3) 项目特征。

本项目的 8 个特征中，**土壤类别、顶管工作方式、管道材质及规格**为基本特征，必须描述；当土壤类别、顶管工作方式、管道材质及规格中有任意一项不同时，项目必须分设清单。

◎	040501016	砌筑方沟	计量单位/m

(1) 工程量计算规则：按设计图示尺寸，以延长米计算。
(2) 工程量计算方法见式（1-8）。

$$L = \sum L_i \tag{1-8}$$

式中　L——某类型方沟设计长度，m；
　　　L_i——某类型方沟第 i 分段长度，m。

(3) 项目特征。

本项目的 10 个特征中，**断面规格，砌筑材料品种、规格、强度等级，盖板材质及规格**为基本特征，必须描述；当方沟断面尺寸、沟体砌筑材料、盖板材质等不同时，项目必须分设清单。

◎	040501017	混凝土方沟	计量单位/m

(1) 工程量计算规则：按设计图示尺寸，以延长米计算。
(2) 工程量计算方法同砌筑方沟［式（1-8）］。
(3) 项目特征。

本项目的 7 个特征中，**断面规格、混凝土强度等级、盖板材质及规格**为基本特征，必须描述；当方沟断面尺寸、沟体混凝土强度等级、盖板材质及规格等不同时，项目必须分设清单。

| ◎ | 040501018 | 砌筑渠道 | 计量单位/m |

(1) 工程量计算规则：按设计图示尺寸，以延长米计算。
(2) 工程量计算方法见式（1-9）。

$$L = \sum L_i \quad (1-9)$$

式中　L——某类型渠道设计长度，m；
　　　L_i——某类型渠道第 i 分段长度，m。

(3) 项目特征。

本项目的 8 个特征中，**断面规格，砌筑材料品种、规格、强度等级**为基本特征，必须描述；当渠道断面尺寸、渠道砌筑材料不同时，项目必须分设清单。

| ◎ | 040501019 | 混凝土渠道 | 计量单位/m |

(1) 工程量计算规则：按设计图示尺寸，以延长米计算。
(2) 工程量计算方法同砌筑渠道［式（1-9）］。
(3) 项目特征。

本项目的 6 个特征中，**断面规格、混凝土强度等级**为基本特征，必须描述；当渠道断面尺寸、渠道混凝土强度等级不同时，项目必须分设清单。

| ◎ | 040503001 | 砌筑支墩 | 计量单位/m³ |

(1) 工程量计算规则：按设计图示尺寸，以体积计算。
(2) 工程量计算方法：按砌筑支墩体积计算。
(3) 项目特征。

本项目的 4 个特征中，**砌筑材料品种、规格、强度等级，砂浆强度等级，配合比**为基本特征，必须描述；当砌筑材料、砂浆强度等级不同时，项目必须分设清单。

| ◎ | 040503002 | 混凝土支墩 | 计量单位/m³ |

(1) 工程量计算规则：按设计图示尺寸，以体积计算。
(2) 工程量计算方法：按混凝土支墩体积计算。
(3) 项目特征。

本项目的 3 个特征中，**混凝土强度等级**为基本特征，必须描述；当混凝土强度等级不同时，项目必须分设清单。

| ◎ | 040504001 | 砌筑井 | 计量单位/座 |

(1) 工程量计算规则：按设计图示数量计算。
(2) 工程量计算方法：依据规范和施工图，确定各砌筑井的类型、尺寸，分别点出各

类型、尺寸砌筑井的数量。

（3）项目特征。

本项目的9个特征中，**砌筑材料品种、规格、强度等级，砂浆强度等级、配合比，井盖、井圈材质及规格**为基本特征，必须描述；当砌筑井尺寸、井体砌筑材料、砂浆强度等级、井盖材质规格不同时，项目必须分设清单。

| ◎ | 040504002 | 混凝土井 | 计量单位/座 |

（1）工程量计算规则：按设计图示数量计算。

（2）工程量计算方法：依据规范和施工图，确定各混凝土井的类型、尺寸，分别点出各类型、尺寸混凝土井的数量。

（3）项目特征。

本项目的6个特征中，**混凝土强度等级，井盖、井圈材质及规格**为基本特征，必须描述；当井体混凝土强度等级、井盖材质规格不同时，项目必须分设清单。

| ◎ | 040504004 | 砖砌井筒 | 计量单位/m |

（1）工程量计算规则：按设计图示尺寸，以延长米计算。

（2）工程量计算方法见式（1-10）。

$$h_t = \sum H_t - h_1 \tag{1-10}$$

式中　h_t——某规格井筒砌体总高度，m；

　　　H_t——单个某规格井筒高度，m；

　　　h_1——单个某规格井筒混凝土构件高度，m。

（3）项目特征。

本项目的6个特征中，**井筒规格，砌筑材料品种、规格，砂浆强度等级，配合比**为基本特征，必须描述；当井筒规格、筒体砌筑材料、砂浆强度等级不同时，项目必须分设清单。

| ◎ | 040504005 | 预制混凝土井筒 | 计量单位/m |

（1）工程量计算规则：按设计图示尺寸，以延长米计算。

（2）工程量计算方法见式（1-11）。

$$H_1 = \sum (H_t - h_t) \tag{1-11}$$

式中　H_1——某规格井筒混凝土构件总高度，m；

　　　H_t——单个某规格井筒高度，m；

　　　h_t——单个某规格井筒砌体高度，m。

（3）项目特征。

本项目的2个特征中，**井筒规格**为基本特征，必须描述；当井筒规格不同时，项目必须分设清单。

| ◎ | 040504006 | 砌体出水口 | 计量单位/座 |

① 工程量计算规则：按设计图示数量计算。

② 工程量计算方法：依据规范和施工图，确定各出水口的类型、规格，分别点出各类

型、规格出水口的数量。

③ 项目特征。

本项目的 4 个特征中，**砌筑材料品种、规格，砂浆强度等级及配合比**为基本特征，必须描述；当出水口形式与规格、砌筑材料、砂浆强度等级不同时，项目必须分设清单。

| ◎ | 040504007 | 混凝土出水口 | 计量单位/座 |

（1）工程量计算规则：按设计图示数量计算。

（2）工程量计算方法：依据规范和施工图，确定各出水口的类型、规格，分别点出各类型、规格出水口的数量。

（3）项目特征。

本项目的 2 个特征中，**混凝土强度等级**为基本特征，必须描述；当出水口形式与规格、混凝土强度等级不同时，项目必须分设清单。

| ◎ | 040504009 | 雨水口 | 计量单位/座 |

（1）工程量计算规则：按设计图示数量计算。

（2）工程量计算方法：依据规范和施工图，确定各雨水口的类型、尺寸，分别点出各类型、尺寸雨水口的数量。

（3）项目特征。

本项目的 5 个特征中，**雨水箅子及窗口材质、型号、规格，砌筑材料品种、规格，砂浆强度等级及配合比**为基本特征，必须描述；当雨水口尺寸，箅子材质、型号、规格，砌筑材料品种、砂浆强度等级不同时，项目必须分设清单。

| ◎ | 040901001 | 现浇构件钢筋 | 计量单位/t |
| ◎ | 040901002 | 预制构件钢筋 | 计量单位/t |

（1）工程量计算规则：按设计图示尺寸，以质量计算。

（2）工程量计算方法见式（1-12）。

$$W = 钢筋单根长度 \times 根数 \times 理论质量 \quad (1-12)$$

式中　　　　W——某型号钢筋质量，t；

钢筋单根长度——图示单根长度或者 [构件长度-2×保护层厚度+弯钩（弯起）长度]，m/根；

根数——图示根数或者 [（分布长度-2×保护层厚度）/分布间距+1]，根；

理论质量——钢筋截面积×1×7850，kg/m。

注：钢筋搭接长度不算，弯曲伸长量不扣除。

擎州广达软件启动与设置

（3）项目特征。

本项目的 2 个特征中，**钢筋种类**为基本特征，必须描述；当钢筋种类不同时，项目必须分设清单。

3）分部分项工程项目清单列表

清单工程量计算完成后，应依据《建设工程工程量清单计价规范》（GB 50500—2013）编制分部分项工程项目清单，见表 1-5，可使用计价软件进行编制。

表1-5 分部分项工程项目清单

单位工程及专业工程名称：市政-排水工程

序号	项目编码	项目名称	项目特征描述	计量单位	工程量	综合单价/元	合价/元	其中		备注
								人工费/元	机械费/元	
1	040101002001	挖沟槽土方	三类土	m^3	1					
2	040101005001	挖淤泥	运距为8km	m^3	1					
3	040103001001	回填方	三类土	m^3	1					
4	040103002001	余方弃置	运距为3km	m^3	1					
5	040501001001	混凝土管	D1200 钢筋混凝土承插管	m	1					
6	040501002001	钢管	D1600，焊接接口	m	1					
7	040501003001	铸铁管	D600，橡胶圈接口	m	1					
8	040501004001	塑料管	D300 UPVC 管	m	1					
9	040501008001	水平导向钻进	D700 HDPE 管，电熔接口	m	1					
10	040501009001	夯管	D680 钢管，焊接	m	1					
11	040501010001	顶（夯）管工作坑	工作坑平面尺寸及深度为7m×3.8m×3m，混凝土强度等级为C25，顶管机型号为NPD1200	座	1					
12	040501011001	预制混凝土工作坑	工作坑平面尺寸及深度为4m×3m×2m，混凝土强度等级为C30，激光定位	座	1					
13	040501012001	顶管	粉质黏土，D1200 钢筋混凝土钢承口管，泥水平衡	m	1					
14	040501016001	砌筑方沟	断面尺寸为 0.6m×0.6m，MU20 实心砖	m	1					
15	040501017001	混凝土方沟	断面尺寸为 0.2m×0.8m，混凝土强度等级为C20	m	1					
16	040501018001	砌筑渠道	断面尺寸为 1.2m×1.5m，M7.5 浆砌片石	m	1					
17	040501019001	混凝土渠道	断面尺寸为 2m×2m，混凝土强度等级为C25	m	1					
18	040503001001	砌筑支墩	MU20 实心砖，砂浆强度等级为M10	m^3	1					

续表

序号	项目编码	项目名称	项目特征描述	计量单位	工程量	综合单价/元	合价/元	其中		备注
								人工费/元	机械费/元	
19	040503002001	混凝土支墩	混凝土强度等级为C25	m³	1					
20	040504001001	砌筑井	M10砂浆砖砌,砌筑井尺寸为1100mm×1100mm,D700铸铁盖座	座	1					
21	040504002001	混凝土井	混凝土井直径为D1000,混凝土强度等级为C30	座	1					
22	040504004001	砖砌井筒	砖砌井筒直径为D700,MU20实心砖,砂浆强度等级为M10	m	1					
23	040504005001	预制混凝土井筒	预制混凝土井筒直径为D700,混凝土强度等级为C30	m	1					
24	040504006001	砌体出水口	一字式,M10浆砌块石	座	1					
25	040504007001	混凝土出水口	一字式,混凝土强度等级为C20	座	1					
26	040504009001	雨水口	雨水口尺寸为510mm×390mm铸铁箅子,MU20实心砖,砂浆强度等级为M10	座	1					
27	040901001001	现浇构件钢筋	HPB300圆钢	t	1					
28	040901002001	预制构件钢筋	HRB335螺纹钢	t	1					
合计										

2. 措施项目清单编制

措施项目是指为完成工程项目施工,发生于工程施工准备和施工过程中的技术、生活、安全、环境保护等方面的非工程实体项目的工作,其由施工技术措施项目和施工组织措施项目组成。

措施项目清单应根据工程招标文件、施工图、施工方案等资料,并按照《建设工程工程量清单计价规范》(GB 50500—2013)规定的统一格式编制。

措施项目清单编制的步骤如下。

施工技术措施项目列项→施工组织措施项目列项→措施项目清单列表。

1)施工技术措施项目

(1)清单项目列项、编码。

施工技术措施项目主要有大型机械设备进出场及安拆,混凝土、钢筋混凝土模板及支架、脚手架,施工排水、施工降水等。施工技术措施项目主要根据施工图纸、施工方法确定列项。

排水管道工程施工技术措施项目清单设置表见表1-6。

表 1-6 排水管道工程施工技术措施项目清单设置表

项目编码	项目名称	项目特征	计量单位
041101004	沉井脚手架	沉井高度	m²
041101005	井字架	井深	座
041102001	垫层模板	构件类型	m²
041102002	基础模板	构件类型	m²
041102021	小型构件模板	构件类型	m²
041102028	沉井井壁（隔墙）模板	1.构件类型；2.支模高度	m²
041102029	沉井顶板模板	1.构件类型；2.支模高度	m²
041102030	沉井底板模板	构件类型	m²
041102031	管道平基模板	构件类型	m²
041102032	管道管座模板	构件类型	m²
041102033	井盖板模板	构件类型	m²
041102037	其他现浇构件模板	构件类型	m²
041106001	大型机械设备进出场及安拆	1.机械设备名称；2.机械设备规格型号	台·次
041107002	排水、降水	1.机械规格型号；2.降排水管规格	昼夜

（2）施工技术措施项目清单工程量计算。

施工技术措施项目与分部分项工程项目相同，都是以综合单价计取的清单项目；但施工技术措施的工作内容与方法是由工程的承建人自行确定的，因此施工技术措施项目的工程量主要依据施工方案计算。下面对表 1-6 所示项目逐一进行讲解。

| ◎ | 041101004 | 沉井脚手架 | 计量单位/m² |

① 工程量计算规则：按井壁中心线周长乘以井高计算。

② 工程量计算方法：多个不同高度的沉井脚手架面积叫累计计算。

③ 项目特征。

本项目无基本特征。

| ◎ | 041101005 | 井字架 | 计量单位/座 |

① 工程量计算规则：按设计图示数量计算。

② 工程量计算方法：依据设计图示，对井深或高度超过 1.5m 的检查井或其他构筑物的数量进行累计。

③ 项目特征。

本项目无基本特征。

| ◎ | 041102001 | 垫层模板 | 计量单位/m² |
| ◎ | 041102002 | 基础模板 | 计量单位/m² |

① 工程量计算规则：按混凝土与模板接触面的面积计算。

② 工程量计算方法见式（1-13）。

$$工程量=构件周长×构件高度 \quad (1-13)$$

一般无底模构件仅须计算各侧立面面积，将同类构件累计相加。

③ 项目特征。

本项目无基本特征。

◎	041102021	小型构件模板	计量单位/m²
◎	041102028	沉井井壁（隔墙）模板	计量单位/m²
◎	041102029	沉井顶板模板	计量单位/m²
◎	041102030	沉井底板模板	计量单位/m²
◎	041102031	管道平基模板	计量单位/m²
◎	041102032	管道管座模板	计量单位/m²
◎	041102033	井盖板模板	计量单位/m²
◎	041102037	其他现浇构件模板	计量单位/m²

① 工程量计算规则：按混凝土与模板接触面的面积计算。

② 工程量计算方法见式（1-14）。

$$工程量=构件两侧立面高度×构件长度+截面积×2 \quad (1-14)$$

注：预制构件模板也可以按体积（m³）计量，以预制构件混凝土工程量计算。

③ 项目特征。

本项目无基本特征。

◎	041106001	大型机械设备进出场及安拆	计量单位/（台·次）

① 工程量计算规则：按使用机械设备的数量计算。

② 工程量计算方法：依据设计要求或施工方案确定的机械设备数量进行计算。

注：同一工程（单个施工合同）使用的机械设备原则上不能多次进出场，即一台机械设备进出场为一个台次。

③ 项目特征。

本项目无基本特征，但进出场与安拆应分设两个清单。

◎	041107002	排水、降水	计量单位/昼夜

① 工程量计算规则：按降排水日历天数计算。

② 工程量计算方法：依据施工方案确定的降排水作业时间来进行计算，计算时取整。

③ 项目特征。

本项目无基本特征，但应依据不同的降排水方法，分设清单。

（3）施工技术措施项目清单列表。

清单工程量计算完成后，应依据《建设工程工程量清单计价规范》（GB 50500—2013）编制施工技术措施项目清单，见表1-7，可使用计价软件进行编制。

表1-7 施工技术措施项目清单

单位工程及专业工程名称：市政-排水工程

序号	项目编码	项目名称	项目特征描述	计量单位	工程量	综合单价/元	合价/元	其中		备注
								人工费/元	机械费/元	
1	041101004001	沉井脚手架	钢管	m^2	1					
2	041101005001	井字架	钢管	座	1					
3	041102001001	垫层模板	管、井垫层	m^2	1					
4	041102002001	基础模板	井基础	m^2	1					
5	041102021001	小型构件模板	井圈	m^2	1					
6	041102028001	沉井井壁（隔墙）模板	钢模	m^2	1					
7	041102029001	沉井顶板模板	钢模	m^2	1					
8	041102030001	沉井底板模板	钢模	m^2	1					
9	041102031001	管道平基模板	竹胶合板	m^2	1					
10	041102032001	管道管座模板	竹胶合板	m^2	1					
11	041102033001	井盖板模板	竹胶合板	m^2	1					
12	041102037001	其他现浇构件模板	出水口过梁	m^2	1					
13	041106001001	大型机械设备进出场	$1m^3$履带式挖掘机	台·次	1					
14	041106001002	大型机械设备安拆	TRD搅拌桩机	台·次	1					
15	041107002001	排水、降水	明沟	昼夜	1					
			合计							

知识延伸

当部分施工技术措施项目的计量单位与工程量不能直接反映工作内容与数量时，可以将其设置为总额计价项目，计量单位为项，工程量为1。大型机械设备进出场及安拆，排水、降水可设置为总额计价项目。

2）施工组织措施项目

施工组织措施项目主要有安全文明施工、夜间施工、二次搬运、已完工程及设备保护、工程定位复测等。施工组织措施项目主要根据招标文件的要求、工程实际情况确定列项。其中，夜间施工、二次搬运等项目不是必列项目，应依据具体工程的需要计列，安全文明施工、已完工程及设备保护、工程定位复测等为一般需列项。

施工技术措施项目

（1）清单项目列项、编码。

排水管道工程施工组织措施项目清单设置表见表1-8。

表 1-8　排水管道工程施工组织措施项目清单设置表

安全文明施工	1.环境保护：施工现场为达到环保部门要求所需要的各项措施，包括施工现场为保持工地清洁、控制扬尘、废弃物与材料运输的防护、保证排水设施通畅、设置密闭式垃圾站、实现施工垃圾与生活垃圾分类存放等环保措施；其他环境保护措施。 2.文明施工：根据相关规定在施工现场设置企业标志、工程项目简介牌、工程项目责任人员姓名牌、安全六大纪律牌、安全生产记数牌、十项安全技术措施牌、防火须知牌、卫生须知牌及工地施工总平面布置图、安全警示标志牌，施工现场围挡以及为符合场容场貌、材料堆放、现场防火等要求采取的相应措施；其他文明施工措施。 3.安全施工：根据相关规定设置安全防护设施、现场物料提升架与卸料平台的安全防护设施、垂直交叉作业与高空作业安全防护设施、现场设置安防监控系统设施、现场机械设备（包括电动工具）的安全保护与作业场所和临时安全疏散通道的安全照明与警示设施等；其他安全防护措施。 4.临时设施：施工现场临时宿舍、文化福利及公用事业房屋与构筑物、仓库、办公室、加工厂、工地实验室以及规定范围内的道路、水、电、管线等临时设施和小型临时设施等的搭设、维修、拆除、周转；其他临时设施搭设、维修、拆除
夜间施工	1.夜间固定照明灯具和临时可移动照明灯具的设置、拆除。 2.夜间施工时，施工现场交通标志、安全标牌、警示灯等的设置、移动、拆除。 3.夜间照明设备及照明用电、施工人员夜班补助、夜间施工劳动效率降低等
二次搬运	由于施工场地条件限制而发生的材料、成品、半成品一次运输不能到达堆积地点，必须进行的二次或多次搬运
冬雨季施工	1.冬雨季施工时，增加的临时设施（防寒保温、防雨设施）的搭设、拆除。 2.冬雨季施工时，对砌体、混凝土等采用的特殊加温、保温和养护措施。 3.冬雨季施工时，施工现场的防滑处理、对影响施工的雨雪的清除。 4.冬雨季施工时，增加的临时设施摊销、施工人员的劳动保护用品、冬雨季施工劳动效率降低等
行车、行人干扰	1.由于施工受行车、行人干扰的影响，导致人工、机械效率降低而增加的措施。 2.为保证行车、行人的安全，现场增设维护交通与疏导人员而增加的措施
地上、地下设施，建筑物的临时保护设施	在工程施工过程中，对已建成的地上、地下设施和建筑物进行的遮盖、封闭、隔离等必要保护措施所发生的人工和材料
已完工程及设备保护	对已完工程及设备采取的覆盖、包裹、封闭、隔离等必要保护措施所发生的人工和材料

（2）施工组织措施项目清单计算。

施工组织措施项目是总额计价的项目，计量单位为项，工程量为1。

（3）施工组织措施项目清单列表。

依据《建设工程工程量清单计价规范》（GB 50500—2013）编制施工组织措施项目清单，见表1-9，可使用计价软件进行清单表编制。

表1-9 施工组织措施项目清单

单位工程及专业工程名称：市政-排水工程

序号	项目编码	项目名称	单位	数量	金额/元	备注
1	041109001001	安全文明施工	项	1		
2	041109002001	夜间施工	项	1		
3	041109003001	二次搬运	项	1		
4	041109004001	冬雨季施工	项	1		
5	041109005001	行车、行人干扰	项	1		
6	041109006001	地上、地下设施，建筑物的临时保护设施	项	1		
7	041109007001	已完工程及设备保护	项	1		
8	Z041109008001	提前竣工措施	项	1		
9	Z041109009001	工程定位复测	项	1		
10	Z041109010001	特殊地区施工增加措施	项	1		
11	Z041109011001	优质工程增加措施	项	1		
合计						

3. 其他项目清单编制

其他项目并不是工程建造必须发生的工作，是由于建设管理和合同履行的需要所产生的工作。其他项目多数不是实质性的工作，是一种管理行为。

1) 清单项目列项、编码

其他项目并不是每个工程必有的工作，是依据每个工程的特殊要求计列的项目。

排水管道工程其他项目清单设置表见表1-10。

总价措施项目

表1-10 排水管道工程其他项目清单设置表

序号	项目名称	工作内容	计量单位
1	暂列金额	不可预见因素造成的增加费用（暂定）	项
2	暂估价	不能确定价格的材料、设备单价、工程价格	项
3	计日工	合同以外的不可预见的零星工作单价	工日
4	总承包服务费	承包人为发包人自行采购的材料、设备、其他施工合同提供配合管理所需的费用	项

2) 其他项目清单工程量计算

其他项目中，暂列金额、暂估价、总承包服务费是总额计价的项目，计量单位为项，工程量为1。

计日工在清单编制时，作为工程实施中产生计日工工作所做的预判项目，仅列备用单价，其费用不作为实质性费用计入合同价格；计量单位为工日，工程量为1。

3) 其他项目清单列表

按照《建设工程工程量清单计价规范》（GB 50500—2013）规定的统一的格式，编制其他项目清单，见表1-11。

表 1-11 其他项目清单

单位工程及专业工程名称：市政-排水工程

序号	项目名称	单位	数量	单价/元	金额/元	备注
1	暂列金额	项	1			
2	暂估价	项	1			
3	计日工	工日	1			
4	总承包服务费	项	1			
	合计					

1.1.3 任务分析与实施

案例

完成配套图集中排水管道工程雨水管道 Y1～Y5 工程量清单编制。

1. 分部分项工程项目清单编制

1）清单工程量计算

依据施工图与《市政工程工程量计算规范》(GB 50857—2013) 列取清单项目，计算工程量。

（1）挖沟槽土方。

根据清单工程量计算规则，将 Y1～Y5 管段划分为四段，挖沟槽土方工程量采用平均断面法计算，见表 1-12。

表 1-12 挖沟槽土方工程量计算表

管段	管径（管材）/mm	管沟槽长 L/m	原地面高程/m	管内底标高/m	平均地面高程/m	平均管内底高程/m	管底增量/m	平均挖深 H/m	结构宽度 B/m	挖方 $V_{挖}$ [$V_{挖}$=$(B+2C+mH) \times LH \times 1.025$]/m³
Y1	D400（UPVC 管）	32	3.695	2.300	3.113	2.267	0.225	1.071	0.900	31.62
Y2			2.530	2.233						
Y2	D500（钢筋混凝土管）	35	2.530	2.133	3.042	2.105	0.32	1.257	0.880	84.78
Y3			3.554	2.077						
Y3	D500（钢筋混凝土管）	35	3.554	2.077	3.626	2.049	0.32	1.897	0.880	192.42
Y4			3.697	2.021						
Y4	D800（钢筋混凝土管）	35	3.697	1.250	3.774	1.231	0.332	2.875	1.204	375.50
Y5			3.850	1.212						
Y4-1	D400（UPVC 管）	36	3.697	1.826	3.697	1.788	0.225	2.134	0.900	233.64
Y4			3.697	1.750						
Y4	D400（UPVC 管）	36	3.697	1.650	3.697	1.688	0.225	2.234	0.900	248.70
Y4-2			3.697	1.726						
				合计						1166.66

注：1. 管底增量指管内底到沟槽底部的距离=（管外径-内径）/2+基础厚度+垫层厚度。
2. 平均挖深 H=平均地面高程-平均管内底高程+管底增量。
3. 结构宽度指管道最大结构宽度，本表数据参见配套图集管道基础结构图纸结-25、结-26。
4. Y1～Y2 段与 Y2～Y3 段挖深较小，均不考虑放坡。

分析：①Y1～Y2 段，依据管道基础结构图纸结-25 可确定塑料管道开挖断面，依据开挖深度确定沟槽宽度为 1.2m，再依据设计要求减小 0.3m，确定沟槽宽度为 0.9m；该宽度实际为 $B+2C$。

②管底增量只与管径相关。

表 1-13 所示为挖沟槽土方清单工程量。

表 1-13 挖沟槽土方清单工程量

项目编码	项目名称	项目特征描述	计量单位	工程量
040101002001	挖沟槽土方	一、二类土，平均深 2m 以内	m³	1166.66

（2）回填方。

根据清单工程量计算规则，回填方工程量为沟槽挖方体积减去沟槽中构筑物体积部分，构筑物体积主要包括管道及基础等结构的外部体积，检查井体积不做单独计算，具体计算见表 1-14。

表 1-14 回填方工程量计算表

管段	管径（管材）/mm	管沟槽长 L/m	构筑物截面积/m²	构筑物体积 V_m/m³	挖方 $V_{挖}$/m³	填方 $V_{填}$（$V_{填}=V_{挖}-V_m$）/m³
Y1～Y2	D400（UPVC 管）	32	0.675	21.60	31.62	10.02
Y4-1～Y4-2	D400（UPVC 管）	72	0.675	48.60	482.34	433.74
Y2～Y4	D500（钢筋混凝土管）	70	0.624	43.68	277.20	233.52
Y4～Y5	D800（钢筋混凝土管）	35	1.176	41.16	375.50	334.34
合计						1011.62

注：1. 构筑物截面积计算要结合管段所采用的基础形式，本表数据参见配套图集管道基础结构图纸结-25、结-26；以 Y2～Y4 管段为例列式：构筑物截面积=0.1×1.08+（0.08+0.208+0.78/2+0.08）×0.88/2/2×2+0.61×0.61×3.14/4×225/360=0.624（m²）。

2. 对于承插式管道，由于承口较短，管道截面积或体积计算要取插口外径；但在计算非管体其他尺寸时应取承口外径。

表 1-15 所示为回填方清单工程量。

表 1-15 回填方清单工程量

项目编码	项目名称	项目特征描述	计量单位	工程量
040103001001	回填方	一、二类土	m³	1011.62

（3）余方弃置。

根据工程量清单计算规则，余方弃置工程量为沟槽挖方体积减去沟槽回填方体积部分，也就是等于构筑物体积。

由挖沟槽土方清单工程量、回填方清单工程量，计算余方弃置清单工程量（$V_{余}$）。

$V_{余}=V_{挖}-1.15V_{填}=1166.66-1.15\times1011.62=3.3$（m³）

表 1-16 所示为余方弃置清单工程量。

表 1-16 余方弃置清单工程量

项目编码	项目名称	项目特征描述	计量单位	工程量
040103002001	余方弃置	一、二类土，运距 8km	m³	3.3

特别提示

余方弃置应按整个合同，统一考虑，不能单独计算某一部分的余方弃置。

（4）混凝土管。

根据清单工程量计算规则，本任务中不同管径混凝土管铺设长度计算方法如下。

① $D500$ 混凝土管：$L_1=35+35=70$（m）。

② $D800$ 混凝土管：$L_2=35$（m）。

根据清单工程量计算规则，不同管径的管道必须分列清单项目。表 1-17 所示为混凝土管清单工程量。

表 1-17 混凝土管清单工程量

项目编码	项目名称	项目特征描述	计量单位	工程量
040501001001	混凝土管	$D500$ 钢筋混凝土承插管	m	70
040501001002	混凝土管	$D800$ 钢筋混凝土承插管	m	35

（5）塑料管。

根据清单工程量计算规则，本任务中不同管径 UPVC 管铺设长度计算方法如下。

① $D225$ UPVC 雨水口连接管：$L_1=(17-0.06-0.39/2)\times2\times5+30=197.45$（m）。

注：30m 为 Y1 与交叉口之间雨水口连接管长度，可用比例尺量取。

② $D400$ UPVC 干管、支管：$L_2=32+36\times2=104$（m）。

根据清单工程量计算规则，不同管径的管道必须分列清单项目。

表 1-18 所示为塑料管清单工程量。

表 1-18 塑料管清单工程量

项目编码	项目名称	项目特征描述	计量单位	工程量
040501004001	塑料管	$D225$ UPVC 加筋管	m	197.45
040501004002	塑料管	$D400$ UPVC 加筋管	m	104

（6）砌筑井。

根据清单工程量计算规则，结合施工平面图及检查井结构图纸结-04、结-05，确定各砌筑井（检查井）的尺寸，分别点出各尺寸砌筑井（检查井）的数量。

① Y1、Y2、Y3、Y4-1、Y4-2 采用检查井尺寸为 1100mm×1100mm，共 5 座。

② Y4、Y5采用检查井尺寸为1100mm×1250mm，共2座。

根据清单工程量计算规则，不同尺寸的检查井必须分列清单项目。

表1-19所示为砌筑井清单工程量。

表1-19　砌筑井清单工程量

项目编码	项目名称	项目特征描述	计量单位	工程量
040504001001	砌筑井	MU10标准砖；M10砂浆；1100mm×1100mm	座	5
040504001002	砌筑井	MU10标准砖；M10砂浆；1100mm×1250mm	座	2

（7）砖砌井筒。

根据清单工程量计算规则，结合施工平面图及检查井结构图纸结-03、结-04、结-05等，确定各井筒高度。井室井筒高度分配表见表1-20。

表1-20　井室井筒高度分配表

井号	规格/mm	井盖标高/m	井底标高/m	井深/m	盖板厚/m	井砌体高/m	井室高/m	井筒高/m
Y1	1100×1100	4.064	2.300	1.764	0.12	1.644	1.044	0.600
Y2	1100×1100	4.160	2.133	2.027	0.12	1.907	1.307	0.600
Y3	1100×1100	4.256	2.077	2.179	0.12	2.059	1.459	0.600
Y4	1100×1250	4.243	0.750	3.493	0.12	3.373	2.400	0.973
Y5	1100×1250	4.135	1.212	2.923	0.12	2.803	2.000	0.803
Y4-1	1100×1100	4.428	1.826	2.602	0.12	2.482	1.882	0.600
Y4-2	1100×1100	4.428	1.726	2.702	0.12	2.582	1.982	0.600
合计								4.776

注：1. Y4-1与Y4-2边井井盖高程一般与该桩号人行道边标高相同，应依据道路标准横断面或管位图计算边井井盖高程。

　　2. 井底标高=管内口底标高-落地高度。

　　3. 分配井室井筒高度时，最终数值在设计规定的范围内都是可行的，但是应该尽量避免高井筒的出现。

7座检查井井筒砌体高度=井筒总高-井圈高×7=4.776-0.3×7=2.67（m）。

表1-21所示为砖砌井筒清单工程量。

表1-21　砖砌井筒清单工程量

项目编码	项目名称	项目特征描述	计量单位	工程量
040504004001	砖砌井筒	MU10标准砖；M10砂浆；ϕ700	m	2.67

（8）雨水口。

根据清单工程量计算规则，结合施工平面图及雨水口结构图纸结-31、结-33，确定各雨水口的尺寸，分别点出各尺寸雨水口的数量。

本工程任务中雨水口均为单箅式，尺寸为510mm×390mm，共11座。

表 1-22 所示为雨水口清单工程量。

表 1-22 雨水口清单工程量

项目编码	项目名称	项目特征描述	计量单位	工程量
040504009001	雨水口	510mm×390mm 铸铁箅子； MU10 标准砖；M10 砂浆	座	11

（9）现浇构件钢筋。

根据施工图，在混凝土管道基础及检查井基础中有现浇构件钢筋；根据清单工程量计算规则，不同材质钢筋必须分列清单项目，须将一级钢筋与二级钢筋分别列项。具体计算见表 1-23。

表 1-23 现浇构件钢筋工程量计算表

序号	计算部位	单位	计算式	工程量	备注
1	一级钢筋	kg	214.25+58.59+143.40+34.76	451	
1.1	$D500$ 管道基础	kg	3.16×67.80	214.25	
	基础长度	m	70.00−2×1.10	67.80	
	②号筋（$\phi 8$）	kg	8.005×0.395	3.16	每米基础数量
1.2	$D500$ 井外第一节增加	kg	27.62+30.97	58.59	
	③号筋（$\phi 8$）	kg	0.92×19×0.395×4	27.62	两个管段 4 节
	单根长度	m	0.88−0.03×2+2×6.25×0.008	0.92	
	根数		（4−0.37−2×0.03）/0.20+1	19	
	⑤号筋（$\phi 8$）	kg	3.92×5×0.395×4	30.97	两个管段 4 节
	单根长度	m	4−0.37−2×0.03+2×6.25×0.008+0.25	3.92	
	根数		5	5	
1.3	$D800$ 管道基础	kg	4.23×33.90	143.40	
	基础长度	m	35.00−1.10	33.90	
	②号筋（$\phi 8$）	kg	10.71×0.395	4.23	每米基础数量
1.4	$D800$ 井外第一节增加	kg	18.61+16.15	34.76	
	③号筋（$\phi 8$）	kg	1.24×19×0.395×2	18.61	一个管段 2 节
	单根长度	m	1.204−0.03×2+2×6.25×0.008	1.24	
	根数		（3−0.37−2×0.03）/0.20+1	19	
	⑤号筋（$\phi 8$）	kg	2.92×7×0.395×2	16.15	一个管段 2 节
	单根长度	m	3−0.37−2×0.03+2×6.25×0.008+0.25	2.92	

续表

序号	计算部位	单位	计算式	工程量	备注
	根数		7	7	
2	二级钢筋	kg	380.05+232.34+268.77+116.47	998	
2.1	$D500$ 管道基础	kg	（3.09+2.47）×67.8+0.25×5×4×0.617	380.05	0.25 为①号筋伸入基础长度
	基础长度	m	70.00−2×1.10	67.80	
	①号筋（$\phi10$）	kg	5×0.617	3.09	每米基础数量
	③号筋（$\phi10$）	kg	4×0.617	2.47	每米基础数量
2.2	$D800$ 管道基础	kg	（4.32+2.47）×33.90+0.25×7×2×0.617	232.34	0.25 为①号筋伸入基础长度
	基础长度	m	35.00−1.10	33.90	
	①号筋（$\phi10$）	kg	7×0.617	4.32	每米基础数量
	③号筋（$\phi10$）	kg	4×0.617	2.47	每米基础数量
2.3	1100mm×1100mm 检查井基础	kg	53.754×5	268.77	
2.4	1100mm×1250mm 检查井基础	kg	58.233×2	116.47	

表1-24 所示为现浇构件钢筋清单工程量。

表1-24 现浇构件钢筋清单工程量

项目编码	项目名称	项目特征描述	计量单位	工程量
040901001001	现浇构件钢筋	圆钢 HPD300	t	0.451
040901001002	现浇构件钢筋	螺纹钢 HRB335	t	0.998

（10）预制构件钢筋。

根据施工图，在盖板、井圈中有预制构件钢筋；根据清单工程量计算规则，不同材质钢筋必须分列清单项目，须将一级钢筋与二级钢筋分别列项。具体计算见表1-25。

表1-25 预制构件钢筋工程量计算表

序号	计算部位	单位	计算式	工程量	备注
1	一级钢筋	kg	36.12+70.73	107	
1.1	井圈	kg	（1.19+1.70+0.77+1.50）×7	36.12	7 个井圈
	①号筋（$\phi6$）	kg	5.38×0.222	1.19	单个井圈数量
	②号筋（$\phi6$）	kg	7.64×0.223	1.70	单个井圈数量
	③号筋（$\phi6$）	kg	3.44×0.224	0.77	单个井圈数量
	④号筋（$\phi4$）	kg	15.3×0.098	1.50	单个井圈数量

续表

序号	计算部位	单位	计算式	工程量	备注
1.2	雨水口井圈	kg	（1.965+1.078+2.231+0.647+0.509）×11	70.73	11个井圈
	①号筋（φ6）	kg	0.885×10×0.222	1.965	单个井圈数量
	单根长度	m	0.81+6.25×0.006×2	0.885	
	根数		10	10	
	②号筋（φ4）	kg	1.10×10×0.098	1.078	单个井圈数量
	单根长度	m	0.20+0.26+0.16+0.15+0.08+0.20+6.25×0.004×2	1.10	
	根数		10	10	
	③号筋（φ6）	kg	1.005×10×0.222	2.231	单个井圈数量
	单根长度	m	0.93+6.25×0.006×2	1.005	
	根数		10	10	
	④号筋（φ4）	kg	1.10×6×0.098	0.647	单个井圈数量
	单根长度	m	0.20+0.26+0.16+0.15+0.08+0.20+6.25×0.004×2	1.10	
	根数		6	6	
	⑤号筋（φ4）	kg	0.865×6×0.098	0.509	单个井圈数量
	单根长度	m	0.20+0.16+0.06+0.15+0.045+0.20+6.25×0.004×2	0.865	
	根数		6	6	
2	二级钢筋	kg	117.27+48.77	166	
2.1	1100mm×1100mm检查井盖板	kg	23.454×5	117.27	
2.2	1100mm×1250mm检查井盖板	kg	24.386×2	48.77	

表1-26所示为预制构件钢筋清单工程量。

表1-26 预制构件钢筋清单工程量

项目编码	项目名称	项目特征描述	计量单位	工程量
040901002001	预制构件钢筋	圆钢 HPB300	t	0.107
040901002002	预制构件钢筋	螺纹钢 HRB335	t	0.166

2）分部分项工程项目清单列表

清单工程量计算完成后，将各项清单工程量汇总，得到分部分项工程项目清单，见表1-27。

表 1-27 分部分项工程项目清单

单位工程及专业工程名称：市政-排水工程

序号	项目编码	项目名称	项目特征描述	计量单位	工程量	综合单价/元	合价/元	其中 人工费/元	其中 机械费/元	备注
1	040101002001	挖沟槽土方	一、二类土；平均深 2m 以内	m³	1166.66					
2	040103001001	回填方	一、二类土	m³	1011.62					
3	040103002001	余方弃置	一、二类土；运距 8km	m³	3.3					
4	040501001001	混凝土管	D500 钢筋混凝土承插管	m	70					
5	040501001002	混凝土管	D800 钢筋混凝土承插管	m	35					
6	040501004001	塑料管	D225 UPVC 加筋管	m	197.45					
7	040501004002	塑料管	D400 UPVC 加筋管	m	104					
8	040504001001	砌筑井	MU10 标准砖；M10 砂浆；1100mm×1100mm	座	5					
9	040504001002	砌筑井	MU10 标准砖；M10 砂浆；1100mm×1250mm	座	2					
10	040504004001	砖砌井筒	MU10 标准砖；M10 砂浆；φ700	m	2.67					
11	040504009001	雨水口	510mm×390mm 铸铁箅子；MU10 标准砖；M10 砂浆	座	11					
12	040901001001	现浇构件钢筋	圆钢 HPB300	t	0.451					
13	040901001002	现浇构件钢筋	螺纹钢 HRB335	t	0.998					
14	040901002001	预制构件钢筋	圆钢 HPB300	t	0.107					
15	040901002002	预制构件钢筋	螺纹钢 HRB335	t	0.166					
		合计								

2. 措施项目清单编制

1）施工技术措施项目工程量清单

结合施工图与施工方案，编制施工技术措施项目工程量清单。施工技术措施项目有井字架、垫层模板、基础模板、小型构件模板等。

（1）清单工程量计算。

① 井字架。

井字架为砌筑检查井所需支架，按检查井数量计算，但井深小于 1.5m 的不计井字架，可根据表 1-19 计算结果确定井深。

表 1-28 所示为井字架清单工程量。

表 1-28 井字架清单工程量

项目编码	项目名称	项目特征描述	计量单位	工程量
041101005001	井字架	平均井深 2.5m	座	7

② 垫层模板。

根据施工图、施工方法、清单工程量计算规则，结合管道基础结构图纸结-26、检查井结构图纸结-06 等，计算垫层模板工程量。具体计算见表 1-29。

表 1-29 垫层模板工程量计算表

序号	计算部位	单位	计算式	工程量	备注
1	$D500$ 管道垫层模板	m^2	0.1×67.80×2	13.56	两侧
	基础长度	m	70−2×1.1	67.80	
	模板高度	m	0.1	0.1	
2	$D800$ 管道垫层模板	m^2	0.1×33.9×2	6.78	两侧
	基础长度	m	35−1×1.1	33.9	
	模板高度	m	0.1	0.1	
3	井垫层模板	m^2	4.48+1.852	6.332	
	1100mm×1100mm	m^2	2.24×0.1×4×5	4.48	
	1100mm×1250mm	m^2	(2.24+2.39)×2×0.1×2	1.852	
	合计	m^2		26.67	

表 1-30 所示为垫层模板清单工程量。

表 1-30 垫层模板清单工程量

项目编码	项目名称	项目特征描述	计量单位	工程量
041102001001	垫层模板	管道及井垫层；木模	m^2	26.67

③ 基础模板。

根据施工图、施工方法、清单工程量计算规则，结合管道基础结构图纸结-26、检查井结构图纸结-06 等，计算基础模板工程量。具体计算见表 1-31。

表 1-31 基础模板工程量计算表

序号	计算部位	单位	计算式	工程量	备注
1	井基础模板	m^2	8.16+3.384	11.544	
	1100mm×1100mm	m^2	2.04×0.2×4×5	8.16	
	1100mm×1250mm	m^2	(2.04+2.19)×2×0.2×2	3.384	
2	雨水口	m^2	(0.97+1.09)×2×0.1×11	4.532	
	合计	m^2		16.08	

表 1-32 所示为基础模板清单工程量。

表 1-32 基础模板清单工程量

项目编码	项目名称	项目特征描述	计量单位	工程量
041102002001	基础模板	井基础；组合钢模	m²	16.08

④ 小型构件模板。

根据施工图、施工方法、清单工程量计算规则，结合检查井结构图纸结-03、雨水口结构图纸结-31 等，计算井座模板工程量。具体计算见表 1-33。

表 1-33 小型构件模板工程量计算表

序号	计算部位	单位	计算式	工程量	备注
1	雨水口井座	m²	（0.522+0.126+0.156+0.396+0.15+0.204）×11	17.094	11 座
	外侧面	m²	0.3×0.87×2	0.522	1—1 剖面
	中侧面	m²	0.1×（0.87−0.24）×2	0.126	1—1 剖面
	内侧面	m²	0.2×（0.87−0.48）×2	0.156	1—1 剖面
	外侧面	m²	（0.3+0.1）×0.99	0.396	2—2 剖面
	中侧面	m²	（0.1+0.1）×（0.99−0.24）	0.15	2—2 剖面
	内侧面	m²	（0.2+0.2）×（0.99−0.48）	0.204	2—2 剖面
2	检查井井座	m²	（1+0.207+0.44）×7	11.529	7 座
	外侧面	m²	0.27×1.18×3.14	1.00	
	中侧面	m²	0.07×0.94×3.14	0.207	
	内侧面	m²	0.2×0.7×3.14	0.44	
	合计	m²		28.62	

表 1-34 所示为小型构件模板清单工程量。

表 1-34 小型构件模板清单工程量

项目编码	项目名称	项目特征描述	计量单位	工程量
041102021001	小型构件模板	井座、井圈；木模	m²	28.62

⑤ 管道平基模板。

根据施工图、施工方法、清单工程量计算规则，结合管道基础结构图纸结-26，计算管道平基模板工程量。具体计算见表 1-35。

表 1-35 管道平基模板工程量计算表

序号	计算部位	单位	计算式	工程量	备注
1	$D500$ 管道基础模板	m^2	0.08×67.80×2	10.848	两侧
	基础长度	m	70−2×1.1	67.80	
	模板高度	m	0.08	0.08	
2	$D800$ 管道基础模板	m^2	0.08×33.90×2	5.424	两侧
	基础长度	m	35−1×1.1	33.90	
	模板高度	m	0.08	0.08	
	合计	m^2		16.27	

表 1-36 所示为管道平基模板清单工程量。

表 1-36 管道平基模板清单工程量

项目编码	项目名称	项目特征描述	计量单位	工程量
041102031001	管道平基模板	竹胶合板	m^2	16.27

⑥ 管道管座模板。

根据施工图、施工方法、清单工程量计算规则，结合管道基础结构图纸结-26，计算管道管座模板工程量。具体计算见表 1-37。

表 1-37 管道管座模板工程量计算表

序号	计算部位	单位	计算式	工程量	备注
1	$D500$ 管道基础模板	m^2	0.208×67.80×2	28.20	两侧
	基础长度	m	70−2×1.1	67.80	
	模板高度	m	0.208	0.208	
2	$D800$ 管道基础模板	m^2	0.303×33.90×2	20.54	两侧
	基础长度	m	35−1×1.1	33.90	
	模板高度	m	0.303	0.303	
	合计	m^2		48.74	

表 1-38 所示为管道管座模板清单工程量。

表 1-38 管道管座模板清单工程量

项目编码	项目名称	项目特征描述	计量单位	工程量
041102032001	管道管座模板	竹胶合板	m^2	48.74

⑦ 井盖板模板。

根据施工图、施工方法、清单工程量计算规则，结合盖板配筋图纸结-10、结-11 等，计算井盖板模板工程量。具体计算见表 1-39。

表 1-39 井盖板模板工程量计算表

序号	计算部位	单位	计算式	工程量	备注
1	井盖板	m²	3.42+3.6	6.71	
	1100mm×1100mm	m²	[(1.45+1.4)×2+0.7×3.14]×0.12×5	4.739	
	1100mm×1250mm	m²	[(1.45+1.55)×2+0.7×3.14]×0.12×2	1.968	
	合计	m²		6.71	

表 1-40 所示为井盖板模板清单工程量。

表 1-40 井盖板模板清单工程量

项目编码	项目名称	项目特征描述	计量单位	工程量
041102033001	井盖板模板	木模	m²	6.71

⑧ 大型机械设备进出场及安拆。

根据施工方案确定大型机械设备类型与数量。

表 1-41 所示为大型机械设备进出场及安拆清单工程量。

表 1-41 大型机械设备进出场及安拆清单工程量

项目编码	项目名称	项目特征描述	计量单位	工程量
041106001001	大型机械设备进出场及安拆	反铲挖掘机等	台·次	2

本项清单工程量一般为所有定额分项工程量的总和，清单工程量可先暂估。

⑨ 排水、降水。

根据施工方案确定排水、降水方法。

表 1-42 所示为排水、降水清单工程量。

表 1-42 排水、降水清单工程量

项目编码	项目名称	项目特征描述	计量单位	工程量
041107002001	排水、降水	轻型井点	项	1

（2）施工技术措施项目清单列表。

将各项清单工程量汇总，得到施工技术措施项目清单，见表 1-43。

表 1-43　施工技术措施项目清单

单位工程及专业工程名称：市政-排水工程

序号	项目编码	项目名称	项目特征描述	计量单位	工程量	综合单价/元	合价/元	其中 人工费/元	其中 机械费/元	备注
1	041101005001	井字架	平均井深2.5m	座	7					
2	041102001001	垫层模板	管道及井垫层；木模	m²	26.67					
3	041102002001	基础模板	井基础；组合钢模	m²	16.08					
4	041102021001	小型构件模板	井座、井圈；木模	m²	28.62					
5	041102031001	管道平基模板	竹胶合板	m²	16.27					
6	041102032001	管道管座模板	竹胶合板	m²	48.74					
7	041102033001	井盖板模板	木模	m²	6.71					
8	041106001001	大型机械设备进出场及安拆	反铲挖掘机等	台·次	2					
9	041107002001	排水、降水	轻型井点	项	1					
			合计							

2）施工组织措施项目清单

结合施工图、施工方案、施工地点及时间等，编制施工组织措施项目清单。施工组织措施项目清单见表 1-44。

表 1-44　施工组织措施项目清单

单位工程及专业工程名称：市政-排水工程

序号	项目编码	项目名称	计算基数	费率/（%）	金额/元	备注
1	041109001001	安全文明施工				
2	041109005001	行车、行人干扰				
		合计				

3. 其他项目清单编制

依据一般工程交易的需要，本书其他项目选取暂列金额、计日工两项进行计算。其他项目清单见表 1-45。

表 1-45　其他项目清单

单位工程及专业工程名称：市政-排水工程

序号	项目名称	单位	数量	单价/元	金额/元	备注
1	暂列金额	项	1			
2	计日工	工日				
	合计					

1.1.4 实训任务

完成配套图集设计范围内排水管道工程清单编制。

1. 实施要求

（1）雨水管道与污水管道应设置两个部分，即相同子目需按雨水、污水分设清单。

（2）雨水管道中落底检查井与非落底检查井需分设清单。

（3）项目特征应尽可能描述完整，主要特征项不可遗漏。

（4）余方弃置可以使用总量计量，但必须考虑压实系数。

（5）图纸未明确内容可以自行拟定，须在计算稿中做说明。

（6）UPVC 管建议按不同挖土深度分设清单，分界深度为 3m、4m，即最多分 3 项：$H \leqslant 3m$、$3m < H \leqslant 4m$、$H > 4m$。

（7）取消二级井筒，全部做一级井筒，井筒高度设置在 0.3~1.0m。

（8）砌筑井筒可以不单设清单。

（9）除安全文明施工外，其他施工组织措施项目的选用应说明拟定的施工条件或合同条款。

（10）出水口墙施工可考虑围堰，采用截流式。

2. 指导说明

（1）原地面覆土高度小于 0.5m 的管段，应考虑先将该管段原地面填至覆土高度不小于 1.2m，然后开挖；该段开挖前填方暂不考虑。

（2）W21~W21-1 段为 D600 管，坡度为 1.5。

（3）UPVC 管单节管长 6m；钢筋混凝土管道 D400 单节管长 4m，管径大于 400mm 的管道单节管长 3m。

（4）取消图纸中的混凝土井，全部改为砌筑井。

（5）井筒可以使用平均高度计算。

（6）路基土方与沟槽土方的重叠可以不考虑。

（7）出水口墙长度不超过 10m。

小 结

本任务简单而准确地阐述了市政排水管道清单项目的设置，目前常用施工工艺的清单内容、清单工程量计算规则与方法、工作内容等；重点是各清单项目工程量计算方法、项目特征、清单所需工作内容，以及施工组织措施项目的选择。要注意结合计量单位与计算方法来理解项目特征的描述要求。

思考练习题

1. 清单项目中的"挖沟槽土方""挖基坑土方""挖一般土方"应如何区分？
2. 沟槽回填方计算中，何种情况需要考虑原地面标高至设计标高间土体的体积？如何计算？
3. 如何区分施工组织措施项目与施工技术措施项目？
4. 雨水口连接管的开挖与回填是否应计入挖沟槽土方、回填方工程量中？为什么？
5. 施工降水如使用昼夜为计量单位，工程量应如何计算？
6. 对于招标项目，若给定的其他项目清单中未列总承包服务费，投标人是否可以增补计费？

任务 1.2　市政排水管道工程计价清单编制

1.2.1　任务导入

工作任务

排水管道工程计价清单编制

完成配套图集《市政工程施工图案例图集》项目三排水及排水结构工程施工图纸中雨水、污水管道工程计价清单编制。

具体任务如下。

（1）根据配套图集及工程量清单，编制雨水、污水管道分部分项工程清单与计价表。
（2）根据配套图集及工程量清单，编制雨水、污水管道措施项目清单与计价表。
（3）根据配套图集及工程量清单，编制雨水、污水管道其他项目计价表。
（4）根据配套图集及工程量清单，编制单位工程招标控制价（报价）汇总表。

工作手段

《建设工程工程量清单计价规范》（GB 50500—2013）、《市政工程工程量计算规范》（GB 50857—2013）、《浙江省市政工程预算定额》（2018 版）、计算器等。

项目 1 市政排水工程计量与计价

成果与检测

（1）根据管段划分，给每位学生布置工作任务，每个小组编制完成一份完整的清单计价表。

（2）采用教师评价和学生互评的方式打分。

1.2.2 相关知识

排水管道工程计价表按照《建设工程工程量清单计价规范》(GB 50500—2013)规定的清单计价的统一格式与内容，工程量清单，以及《浙江省建设工程计价规则》(2018 版)进行编制，其内容主要是分部分项工程清单与计价表、措施项目清单与计价表、其他项目计价表、招标控制价（报价）汇总表。

1. 分部分项工程清单与计价表编制

排水管道工程分部分项工程清单与计价表应根据分部分项工程项目清单、清单项目所对应的定额分项以及《浙江省市政工程预算定额》(2018 版)规定的计费方法进行编制。

分部分项工程清单与计价表编制的步骤如下：确定各清单项目对应的定额分项工作内容（定额分项）→定额分项工程量计算→套取预算定额，计算清单项目综合单价→分部分项工程清单与计价表列表。

1）确定定额分项

应依据《市政工程工程量计算规范》(GB 50857—2013)规定的清单项目，结合施工图、施工方案，同时依据《浙江省市政工程预算定额》(2018 版)划分的定额分项，确定定额分项名称和定额编号。

编制分部分项工程清单与计价表，必须详细了解预算定额的项目划分，结合分项工程施工方法，按照分项工程的施工工序流程，逐个列出各清单项目所对应的定额分项。

市政排水管道工程分部分项清单与对应定额分项见表 1-46，表中可组定额分项依据相关规范列取，在实际施工中仅作参考，本表后的定额分项工程量计算中的一般组价项为实际施工中常用的定额分项，与规范并不完全一致。

表 1-46 市政排水管道工程分部分项清单与对应定额分项

项目编码	项目名称	工作内容	可组定额分项	对应定额编号
040101002	挖沟槽土方	1.排地表水； 2.土方开挖； 3.围护及拆除； 4.基底钎探； 5.场内运输	1.人工挖沟槽土方	1-13～1-24
			2.机械挖沟槽土方	1-68～1-73
			3.打拔工具桩	1-421～1-470
			4.木、竹、钢挡板	1-471～1-484
			5.人工装、运土方	1-37～1-43
			6.推土机推土	1-56～1-67
			7.装载机装松散土、装运土方	1-88～1-93
			8.自卸汽车运土	1-94～1-95

续表

项目编码	项目名称	工作内容	可组定额分项	对应定额编号
040101005	挖淤泥	1.开挖； 2.运输	1.人工挖淤泥	1-44
			2.机械挖淤泥	1-96～1-103
			3.人工运淤泥	1-45～1-46
040103001	回填方	1.运输； 2.回填； 3.压实	1.人工装、运土方	1-37～1-43
			2.装载机装松散土、装运土方	1-88～1-93
			3.自卸汽车运土	1-94～1-95
			4.明挖石碴运输	1-143～1-148
			5.挖掘机挖石碴	1-153～1-154
			6.自卸汽车运石碴	1-155～1-156
			7.人工填土、夯实	1-52～1-55
			8.机械填土碾压	1-110～1-112
			9.机械填土夯实	1-115～1-116
			10.路基填筑砂、塘渣、粉煤灰	2-67～2-70
040103002	余方弃置	余方点装料运输至弃置点	1.人工装、运土方	1-37～1-43
			2.推土机推土	1-56～1-67
			3.装载机装松散土、装运土方	1-88～1-93
			4.自卸汽车运土	1-94～1-95
			5.明挖石碴运输	1-143～1-148
			6.挖掘机挖石碴	1-153～1-154
			7.自卸汽车运石碴	1-155～1-156
040501001	混凝土管	1.垫层、基础铺筑及养护； 2.模板制作、安装、拆除； 3.混凝土拌和、运输、浇筑、养护； 4.预制枕基安装； 5.管道铺设； 6.管道接口； 7.管道检验及试验	1.垫层铺筑	6-284～6-295
			2.平基、负拱基础施工	6-296～6-301
			3.混凝土枕基预制、安装	6-302～6-303, 6-1170
			4.混凝土管座浇筑	6-304
			5.给水管道铺设、接口	5-68～5-79
			6.排水管道铺设	6-1～6-51
			7.排水管道接口	6-60～6-205
			8.管道闭水试验	6-225～6-241
			9.管道试压	5-155～5-172
			10.管道消毒冲洗	5-173～5-190

续表

项目编码	项目名称	工作内容	可组定额分项	对应定额编号
040501002	钢管	1.垫层、基础铺筑及养护； 2.模板制作、安装、拆除； 3.混凝土拌和、运输、浇筑、养护； 4.管道铺设； 5.管道检验及试验； 6.集中防腐运输	1.垫层铺筑	6-284~6-295
			2.平基、负拱基础施工	6-296~6-301
			3.混凝土枕基预制、安装	6-302~6-303，6-1170
			4.混凝土管座浇筑	6-304
			5.钢管安装	5-1~5-26，7-1~7-24，7-53~7-118
040501003	铸铁管		6.铸铁管安装	5-27~5-67
			7.管道防腐	5-191~5-230
			8.管道试压	5-155~5-172
			9.管道消毒冲洗	5-173~5-190
			10.燃气管道强度试验	7-844~7-865
			11.燃气管道气密性试验	7-866~7-878
			12.燃气管道吹扫	7-879~7-890
040501004	塑料管	1.垫层、基础铺筑及养护； 2.模板制作、安装、拆除； 3.混凝土拌和、运输、浇筑、养护； 4.管道铺设； 5.管道检验及试验	1.垫层铺筑	6-284~6-295
			2.平基、负拱基础施工	6-296~6-301
			3.混凝土枕基预制、安装	6-302~6-303，6-1170
			4.给水管道铺设、接口	5-80~5-109
			5.排水管道铺设	6-52~6-59
			6.排水管道接口	6-206~6-224
			7.燃气管道铺设、接口	7-130~7-135
			8.管道闭水试验	6-225~6-241
			9.管道试压	5-155~5-172
			10.管道消毒冲洗	5-173~5-190
			11.燃气管道强度试验	7-844~7-865
			12.燃气管道气密性试验	7-866~7-878
			13.燃气管道吹扫	7-879~7-890
040501008	水平导向钻进	1.设备安装、拆除； 2.定位、成孔； 3.管道接口； 4.拉管； 5.纠偏、监测； 6.泥浆制作、注浆；	1.塑料管道铺设、接口	6-52~6-59，6-214~6-224
			2.塑料管定向钻牵引	6-611~6-617
			3.泥浆外运	3-152~3-153
			4.管外注浆	1-204~1-205
			5.管道闭水试验	6-225~6-241

续表

项目编码	项目名称	工作内容	可组定额分项	对应定额编号
040501008	水平导向钻进	7.管道检验及试验; 8.集中防腐运输; 9.泥浆、土方外运	6.管道试压	5-155～5-172
			7.管道消毒冲洗	5-173～5-190
			8.燃气管道强度试验	7-844～7-865
			9.燃气管道气密性试验	7-866～7-878
			10.燃气管道吹扫	7-879～7-890
040501010	顶(夯)管工作坑	1.支撑、围护; 2.模板制作、安装、拆除; 3.混凝土拌和、运输、浇筑、养护; 4.工作坑内设备、工作台安装及拆除	1.打拔钢板桩	1-425～1-440, 1-445～1-448
			2.支撑安拆	1-471～1-490
			3.垫层及基础浇筑	6-244～6-250
			4.基础垫层模板	6-1090
			5.工作坑挖土	6-477～6-479
			6.工作坑回填	1-53,1-55
			7.安拆顶进后座及坑内平台	6-480～6-484
			8.安拆敞开式顶管设备及附属设施	6-485～6-493
040501012	顶管	1.管道顶进; 2.管道接口; 3.中继间、工具管及附属设备安装拆除; 4.管内挖土、运土及土方提升; 5.机械顶管设备调向; 6.纠偏、监测; 7.触变泥浆制作、注浆; 8.洞口止水; 9.管道检验及试验; 10.集中防腐运输; 11.泥浆、土方外运	1.安拆顶进后座及坑内平台	6-480～6-484
			2.安拆顶管设备及附属设施	6-485～6-513
			3.管道顶进	6-514～6-544
			4.中继间安拆	6-545～6-557
			5.触变泥浆减阻及封拆	6-558～6-571
			6.洞口止水处理	6-572～6-584
			7.泥浆外运	3-152～3-153
			8.自卸汽车运土	1-94～1-95
			9.管道防腐	5-191～5-230
			10.管道闭水试验	6-225～6-241
			11.管道试压	5-155～5-172
040501016	砌筑方沟	1.模板制作、安装、拆除; 2.混凝土拌和、运输、浇筑、养护; 3.砌筑; 4.抹灰、勾缝; 5.盖板安装; 6.防水、止水; 7.混凝土构件运输	1.垫层铺筑	6-284～6-295
			2.平基、负拱基础施工	6-296～6-301
			3.墙身砌筑	6-312～6-314
			4.抹灰、勾缝	6-326～6-337
			5.盖板预制安装	6-346～6-362
			6.盖板运输	1-597～1-603
			7.沉降缝	6-338～6-345
			8.方沟闭水试验	6-474～6-476

续表

项目编码	项目名称	工作内容	可组定额分项	对应定额编号
040501017	混凝土方沟	1.模板制作、安装、拆除；2.混凝土拌和、运输、浇筑、养护；3.盖板安装；4.防水、止水；5.混凝土构件运输	1.垫层铺筑	6-284～6-295
			2.现浇混凝土方沟	6-318～6-320
			3.抹灰	6-326～6-330
			4.盖板预制安装	6-346～6-362
			5.盖板运输	1-597～1-603
			6.沉降缝	6-338～6-345
			7.方沟闭水试验	6-474～6-476
040501018	砌筑渠道	1.模板制作、安装、拆除；2.混凝土拌和、运输、浇筑、养护；3.渠道砌筑；4.抹灰、勾缝；5.防水、止水	1.垫层铺筑	6-284～6-295
			2.渠道基础浇筑	6-296～6-299
			3.墙身砌筑	6-312～6-314
			4.拱盖砌筑	6-315～6-317
			5.墙帽砌筑	6-323～6-325
			6.抹灰、勾缝	6-326～6-337
			7.盖板预制安装	6-346～6-362
			8.盖板运输	1-597～1-603
			9.沉降缝	6-338～6-345
			10.渠道闭水试验	6-474～6-476
040501019	混凝土渠道	1.模板制作、安装、拆除；2.混凝土拌和、运输、浇筑、养护；3.防水、止水；4.混凝土构件运输	1.垫层铺筑	6-284～6-295
			2.现浇混凝土渠道	6-318～6-320
			3.模板	6-1145～6-1146
			4.抹灰、勾缝	6-326～6-337
			5.盖板预制安装	6-346～6-362
			6.盖板运输	1-597～1-603
			7.沉降缝	6-338～6-345
			8.渠道闭水试验	6-474～6-476
040503001	砌筑支墩	1.模板制作、安装、拆除；2.混凝土拌和、运输、浇筑、养护；3.砌筑；4.抹灰、勾缝	1.垫层铺筑	6-244～6-249
			2.墙身砌筑	6-312～6-314
			3.抹灰、勾缝	6-327～6-328
040503002	混凝土支墩	1.模板制作、安装、拆除；2.混凝土拌和、运输、浇筑、养护；3.预制混凝土支墩安装；4.混凝土构件运输	1.垫层铺筑	6-244～6-249
			2.现浇支墩浇筑	5-551～5-554
			3.预制混凝土支墩	6-714，6-1170
			4.支墩安装	6-720

续表

项目编码	项目名称	工作内容	可组定额分项	对应定额编号
040504001	砌筑井	1.垫层铺筑； 2.模板制作、安装、拆除； 3.混凝土拌和、运输、浇筑、养护； 4.砌筑、抹灰、勾缝； 5.井圈、井盖安装； 6.盖板安装； 7.踏步安装； 8.防水、止水	1.垫层、基础铺筑	6-244~6-250
			2.砌体	6-251~6-254
			3.流槽浇筑	6-255,6-258
			4.过梁预制	6-351,6-352, 6-1170
			5.过梁安装	6-370,6-371
			6.抹灰、勾缝	6-259~6-265
			7.混凝土井圈、井盖制作	6-271~6-274, 6-1167~6-1168
			8.井盖、井座安装	6-275~6-278
			9.踏步安装	1-279
040504002	混凝土井	1.垫层铺筑； 2.模板制作、安装、拆除； 3.混凝土拌和、运输、浇筑、养护； 4.井圈、井盖安装； 5.盖板安装； 6.踏步安装； 7.防水、止水	1.垫层、基础铺筑	6-244~6-250
			2.混凝土底板浇筑	6-624~6-625
			3.井壁浇筑	6-256~6-257
			4.顶板浇筑	6-626
			5.井壁模板	6-1104~6-1108
			6.顶板模板	6-1147~6-1148
			7.踏步安装	1-279
			8.流槽浇筑	6-258
			9.混凝土井圈、井盖制作	6-271~6-274, 6-1167~6-1168
			10.井盖、井座安装	6-275~6-278
040504004	砖砌井筒	1.砌筑、抹灰、勾缝； 2.踏步安装	1.砌体	6-251~6-254
			2.踏步安装	1-279
			3.抹灰、勾缝	6-259~6-265
040504006	砌体出水口	1.垫层铺筑； 2.模板制作、安装、拆除； 3.混凝土拌和、运输、浇筑、养护； 4.砌筑、抹灰、勾缝	定型出水口		6-372~6-473
			非定型出水口	1.垫层铺筑	6-244~6-249
				2.混凝土基础	6-296~6-299
				3.墙身砌筑	6-312~6-314
				4.抹灰、勾缝	6-326~6-337
040504007	混凝土出水口	1.垫层铺筑； 2.模板制作、安装、拆除； 3.混凝土拌和、运输、浇筑、养护	1.垫层铺筑	6-244~6-249
			2.混凝土基础	6-296~6-299
			3.混凝土浇筑	6-318~6-320

续表

项目编码	项目名称	工作内容	可组定额分项	对应定额编号
040504009	雨水口	1.垫层铺筑; 2.模板制作、安装、拆除; 3.混凝土拌和、运输、浇筑、养护; 4.砌筑、抹灰、勾缝; 5.井箅安装	1.垫层铺筑	6-244～6-248
			2.混凝土基础浇筑	6-249～6-250
			3.砌体	6-251～6-254
			4.过梁预制	6-351,6-352, 6-1170
			5.过梁安装	6-370,6-371
			6.抹灰、勾缝	6-259～6-265
			7.混凝土井圈、井盖制作	6-271～6-274, 6-1167～6-1168
			8.井箅安装	6-279～6-282
040901001	现浇构件钢筋	1.制作; 2.运输; 3.安装	现浇混凝土钢筋	1-268～1-269
040901002	预制构件钢筋	1.制作; 2.运输; 3.安装	预制混凝土钢筋	1-268～1-269

对于招标项目,在计价过程中,对给定的分部分项工程项目清单内容不能做任何修改。

2)定额分项工程量计算

根据预算定额的工程量计算规则,逐一对表1-46中清单项目进行定额工程量计算,这里仅采用表1-46中的清单项目名称,清单项目的一般组价项依据工程实际列取,与表1-46中的可组定额分项不再对应。

| ◎ | 040101002 | 挖沟槽土方 | 计量单位/m³ |

说明:上方条目为清单项目,条目下方为本清单项目对应的一般组价项及该组价项的工程量计算。其他条目与本条目相同。

(1)一般组价项。

人工挖沟槽土方:人工辅助开挖、切边、修底等作业。

机械挖沟槽土方:挖掘机开挖沟槽土方。

装载机装运土方:场内土方调运所需的装运土作业。

(2)工程量计算规则。

工程量按施工图规定的开挖断面,以体积计算。

(3)工程量计算方法。

由于定额计算规则与清单计算规则相同,挖沟槽土方定额工程量与清单工程量相等,即人工挖沟槽土方与机械挖沟槽土方的合计应等于挖沟槽土方清单工程量。

人工挖沟槽土方,其体积以人工实际开挖深度计算,实际开挖深度一般按20cm考虑。

机械挖沟槽土方,其体积以机械实际开挖深度(总挖深减去人工开挖深度)计算。

图 1.2 所示为沟槽开挖示意图。

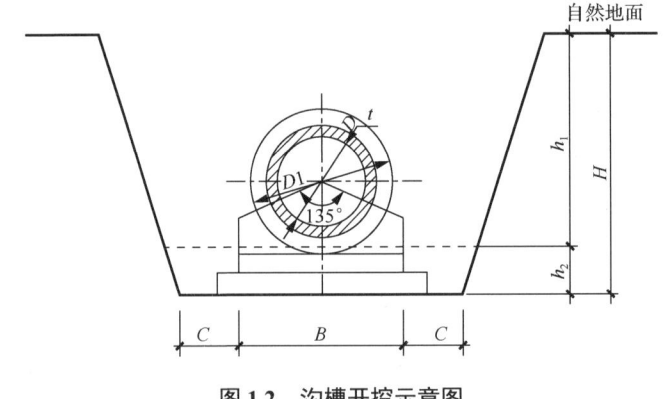

图 1.2　沟槽开挖示意图

注：h_2 为人工开挖深度，h_1 为机械开挖深度，$\frac{1}{m}$ 为坡度；机械开挖工程量独立计算时，开挖底面宽度为 $(B+2C+2mh_2)$。

装载机装运土方，其工程量为施工方案确定的调运数量。

| ◎ | 040101005 | 挖淤泥 | 计量单位/m³ |

（1）一般组价项。

机械挖淤泥：挖掘机挖淤泥作业。

抽水：明水排除作业（可列入施工技术措施项目）。

自卸汽车运土：淤泥外运作业。

（2）工程量计算规则。

机械挖淤泥：按图示或实测尺寸以体积计算。

抽水：按实际需要的排水量计算。

自卸汽车运土：按实际需要外运的淤泥量计算。

（3）工程量计算方法。

机械挖淤泥：定额计算规则与清单计算规则相同。

抽水：按水面面积乘以水深计算。

自卸汽车运土：一般与挖淤泥工程量相等。

| ◎ | 040103001 | 回填方 | 计量单位/m³ |

（1）一般组价项。

机械填土夯实：沟槽回填土作业。

外购土：土壤购买。

自卸汽车运土：外购土运输作业。

（2）工程量计算规则。

回填方的工程量为沟槽挖方总量减去垫层、基础、管道、构筑物等的体积。

计算时要注意回填方应按压实后体积计算。

（3）工程量计算方法。

由于定额计算规则与清单计算规则相同，沟槽回填方定额工程量与清单工程量相等。

机械填土夯实：其工程量为回填方总量，应等于回填方清单工程量。

外购土：其工程量为回填土数量不足时，需外购的数量。

自卸汽车运土：其工程量等于外购土工程量，若外购土已是到场价格，则无运土作业。

| ◎ | 040103002 | 余方弃置 | 计量单位/m³ |

（1）一般组价项。

自卸汽车运土：余土外运作业。

装载机装松散土：需外运土方装车作业。

（2）工程量计算规则。

余方弃置的工程量为沟槽挖方总量减去回填总量。

余方弃置工程量计算时要注意余方体积应按天然密实体积计算。

（3）工程量计算方法。

由于定额计算规则与清单计算规则相同，余方弃置的定额工程量与清单工程量相等，计算方法可见任务 1.1 相关内容。

| ◎ | 040501001 | 混凝土管 | 计量单位/m |

（1）一般组价项。

混凝土管道铺设：下管、稳管、安管作业。

接口：管道接口制作。

垫层：各类垫层作业。

基础：各类基础作业。

管座：各类管座作业。

基础沉降缝：基础沉降设置。

管道闭水试验：管道闭水作业。

（2）工程量计算规则。

混凝土管道铺设：按检查井之间的中心线长度计算，并扣除检查井长度，以 m 计算。

检查井扣除长度：矩形检查井按管线方向井内径计算扣除长度；圆形检查井按管线方向井内径每侧减 15cm 计算；雨水口井所占长度不扣。

接口：按实际接口个数计算。

垫层：按图示尺寸以体积计算。

基础：按图示尺寸以体积计算。

管座：按图示尺寸以体积计算。

基础沉降缝：按图示尺寸以断面积计算。

管道闭水试验：以实际闭水长度计算，不扣除各类井所占长度。

混凝土管道计价

（3）工程量计算方法。

混凝土管道铺设按式（1-15）计算工程量。

$$L = \sum (L_i - A_i / 2 - A_{i+1} / 2) \tag{1-15}$$

式中　L——某管径管道定额铺设长度，m；
　　　L_i——某管径管道第 i 管段铺设长度，即井中至井中的中心线长度，m；
　　　A_i——第 i 号检查井内径尺寸（管道纵向），m；
　　　A_{i+1}——第 $i+1$ 号检查井内径尺寸（管道纵向），m。

接口按式（1-16）计算工程量，计算结果取整。

$$n = \sum (L_i / l_i - 1) \tag{1-16}$$

式中　L_i——某管径管道第 i 管段定额铺设长度，m；
　　　l_i——某管径管道单节长度，m。

垫层：按截面积乘以管道铺设长度 L 计算。
基础：按截面积乘以管道铺设长度 L 计算。
管座：按截面积乘以管道铺设长度 L 计算。
基础沉降缝：按单条缝面积计算，即缝深乘以缝长。
管道闭水试验：按管道铺设长度计算。

| ◎ | 040501002 | 钢管 | 计量单位/m |
| ◎ | 040501003 | 铸铁管 | 计量单位/m |

（1）一般组价项。
钢管安装：下管、稳管、安管作业。
铸铁管安装：下管、稳管、安管作业。
垫层：各类垫层作业。
管枕制作：混凝土管枕预制作业。
管枕安装：混凝土管枕安装作业。
基础：各类基础作业。
管座：各类管座作业。
管道防腐：管内壁防腐作业。
管道消毒冲洗：管内消毒冲洗作业。
管道试压：管道压力试验。

（2）工程量计算规则。
钢管安装：按图示中心线长度计算，不扣除管件、阀门等所占长度。
铸铁管安装：按图示中心线长度计算，不扣除管件、阀门等所占长度。
垫层：按图示尺寸以体积计算。
管枕制作：按图示尺寸以体积计算。
管枕安装：按图示尺寸以体积计算。
基础：按图示尺寸以体积计算。
管座：按图示尺寸以体积计算。
管道防腐：按图示中心线长度计算，不扣除管件、阀门等所占长度。
管道消毒冲洗：按图示中心线长度计算，不扣除管件、阀门等所占长度。
管道试压：按图示中心线长度计算，不扣除管件、阀门等所占长度。

(3)工程量计算方法。

钢管安装：按同管径管道各节点间图示长度累加计算。

铸铁管安装：按同管径管道各节点间图示长度累加计算。

垫层：按截面积乘以管道铺设长度 L 计算。

管枕制作：按平面投影面积乘以厚度计算。

管枕安装：按平面投影面积乘以厚度计算，与管枕制作工程量相等。

基础：按截面积乘以管道铺设长度 L 计算。

管座：按截面积乘以管道铺设长度 L 计算。

管道防腐：同管道安装工程量。

管道消毒冲洗：同管道安装工程量。

管道试压：同管道安装工程量。

| ◎ | 040501004 | 塑料管 | 计量单位/m |

（1）一般组价项。

塑料管道铺设：下管、稳管、安管作业。

接口：管道接口制作。

垫层：各类垫层作业。

塑料管道计价

基础：各类基础作业。

管座：各类管座作业。

管道闭水试验：管道闭水作业。

（2）工程量计算规则。

塑料管工程量计算规则同混凝土管工程量计算规则。

（3）工程量计算方法。

塑料管工程量计算方法同混凝土管工程量计算方法。

| ◎ | 040501008 | 水平导向钻进 | 计量单位/m |

（1）一般组价项。

管道定向牵引：钻孔、布管、回拖作业。

泥浆外运：泥浆运输作业。

管外注浆：管外压密注浆作业。

管道闭水试验：管道闭水作业。

（2）工程量计算规则。

管道定向牵引：按图示中心线长度计算，不扣除井所占长度。

泥浆外运：按外运泥浆体积计算。

管外注浆：按设计加固范围以体积计算。

管道闭水试验：按图示中心线长度计算，不扣除井所占长度。

（3）工程量计算方法。

管道定向牵引：按同管径管道各井点间图示长度累加计算。

泥浆外运：按管外径体积乘以 0.67 计算。

管外注浆：按图示加固体积计算。
管道闭水试验：按管道铺设长度计算。

| ◎ | 040501010 | 顶（夯）管工作坑 | 计量单位/座 |

（1）一般组价项。
打拔钢板桩：工作坑壁维护板桩作业。
支撑安拆：工作坑支撑作业。
垫层：各类垫层作业。
基础：各类基础作业。
安拆顶进后座及坑内平台：后座制作及安拆、操作平台搭拆作业。
安拆顶管设备：顶进设备、千斤顶、吊装门架等安装转移作业。

（2）工程量计算规则。
打拔钢板桩：按搭设钢板桩质量计算。
支撑安拆：按实际支撑面积计算。
垫层：按图示尺寸以体积计算。
基础：按图示尺寸以体积计算。
安拆顶进后座及坑内平台：按实际安拆工作坑数量计算。
安拆顶管设备：按实际安拆设备数量计算。

（3）工程量计算方法。
打拔钢板桩工程量按式（1-17）计算。

$$Q = (L/W_l) \cdot l \cdot Q_p \tag{1-17}$$

式中　Q——钢板桩总质量，kg；
　　　L——搭设总长度，m；
　　　W_l——单根钢板桩有效宽度，m；
　　　l——单根钢板桩长度，m；
　　　Q_p——钢板桩单位质量，kg/m。

支撑安拆：按支撑平面长度乘以支撑高度计算。
垫层：按平面投影面积乘以厚度计算。
基础：按平面投影面积乘以厚度计算。
安拆顶进后座及坑内平台：按工作坑数量计算。
安拆顶管设备：按安拆顶进设备数量计算。

| ◎ | 040501012 | 顶管 | 计量单位/m |

（1）一般组价项。
管道顶进：安拆掘进附属设备、顶进、泥浆处理等作业。
中继间安拆：安装中继间、拆除中继间出井作业。
泥浆减阻：泥浆制备及压注作业。
洞口处理：洞口止水作业。
泥浆外运：泥浆运输作业。

管道闭水试验：管道闭水作业。

（2）工程量计算规则。

管道顶进：按顶进长度计算。

中继间安拆：按不同管径以套计算。

泥浆减阻：按两井间净距计算。

洞口处理：按洞口数量计算。

泥浆外运：按泥浆运输体积计算。

管道闭水试验：按图示中心线长度计算，不扣除井所占长度。

（3）工程量计算方法。

管道顶进：按同管径两井之间顶进长度累计计算。

中继间安拆：按不同管径实际安装中继间数量计算。

泥浆减阻：按同管径两井之间净距累计计算。

洞口处理：按同管径井数量计算。

泥浆外运：按管外径截面积乘以顶进长度的2～5倍估算。

管道闭水试验：按图示中心线长度计算。

◎	040501016	砌筑方沟	计量单位/m
◎	040501017	混凝土方沟	计量单位/m
◎	040501018	砌筑渠道	计量单位/m
◎	040501019	混凝土渠道	计量单位/m

（1）一般组价项。

垫层：各类垫层作业。

基础：各类基础作业。

砌筑沟渠（方沟、渠道）：沟渠砌体作业。

混凝土沟渠：沟渠混凝土作业。

抹灰、勾缝：砌体抹灰或勾缝作业。

盖板预制：盖板预制作业。

盖板安装：盖板安装作业。

沉降缝：沟渠沉降缝作业。

沟渠闭水试验：沟渠闭水作业。

（2）工程量计算规则。

垫层：按图示尺寸以体积计算。

基础：按图示尺寸以体积计算。

砌筑沟渠：按图示尺寸以体积计算。

混凝土沟渠：按图示尺寸以体积计算。

抹灰、勾缝：按图示尺寸以面积计算。

盖板预制：按图示尺寸以体积计算。

盖板安装：按图示尺寸以体积计算。

沉降缝：按缝接触面积或缝长度计算。

沟渠闭水试验：按沟渠闭水试验用水量以体积计算。

（3）工程量计算方法。

垫层：截面积乘以沟渠长度 L。

基础：截面积乘以沟渠长度 L。

砌筑沟渠：沟渠截面积乘以沟渠长度 L。

混凝土沟渠：沟渠截面积乘以沟渠长度 L。

抹灰、勾缝：沟渠内外侧立面高度乘以沟渠长度 L。

盖板预制：平面投影面积乘以厚度。

盖板安装：平面投影面积乘以厚度，与预制工程量相等。

沉降缝：缝深乘以缝长。

沟渠闭水试验：沟渠过水截面积乘以沟渠闭水长度。

◎	040503001	砌筑支墩	计量单位/m³
◎	040503002	混凝土支墩	计量单位/m³

（1）一般组价项。

垫层：各类垫层作业。

砌体支墩：支墩砌筑作业。

混凝土支墩：支墩混凝土作业。

抹灰：砌体面抹灰作业。

（2）工程量计算规则。

垫层：按图示尺寸以体积计算。

砌体支墩：按图示尺寸以体积计算。

混凝土支墩：按图示尺寸以体积计算。

抹灰：按图示尺寸以面积计算。

（3）工程量计算方法。

垫层：按平面投影面积乘以厚度计算。

砌体支墩：按图示尺寸以体积计算。

混凝土支墩：按图示尺寸以体积计算。

抹灰：按图示尺寸以面积计算。

◎	040504001	砌筑井	计量单位/座

（1）一般组价项。

垫层：各类垫层作业。

基础：各类基础作业。

井室砌体：砌体作业。

井壁抹灰：抹面作业。

井底抹灰：抹面作业。

流槽抹灰：抹面作业。

盖板制作：混凝土盖板作业。

盖板安装：盖板安装作业。

井盖、井座安装：井盖、井座安装作业。

（2）工程量计算规则。

垫层：按图示尺寸以体积计算。

基础：按图示尺寸以体积计算。

井室砌体：按图示尺寸以体积计算；不扣除 $D500$ 以内管道体积。

井壁抹灰：按图示尺寸以面积计算。

井底抹灰：按图示尺寸以面积计算。

流槽抹灰：按图示尺寸以面积计算。

盖板制作：按图示尺寸以体积计算。

盖板安装：按图示尺寸以体积计算。

井盖、井座安装：按安装数量计算。

（3）工程量计算方法。

垫层：平面投影面积乘以厚度。

基础：平面投影面积乘以厚度。

井室砌体工程量按式（1-18）计算。

$$V_s = n(C_{s1}h_s + C_{s2}) \tag{1-18}$$

式中　V_s——某尺寸检查井砌体体积，m^3；

C_{s1}——某尺寸检查井每米高度砌体体积，m^3/m；

C_{s2}——某尺寸检查井单个流槽体积，m^3；

h_s——某尺寸检查井平均井室砌体高度，m；

n——某尺寸检查井数量，座。

井壁抹灰工程量按式（1-19）计算。

$$A_s = nC_{s3}h_s \tag{1-19}$$

式中　A_s——某尺寸检查井抹灰面积，m^2；

C_{s3}——某尺寸检查井每米高度抹灰面积，m^2/m；

h_s——某尺寸检查井平均井室砌体高度，m；

n——某尺寸检查井数量，座。

井底抹灰：井内径长度乘以宽度。

流槽抹灰：按图示尺寸以面积计算。

盖板制作：平面投影面积乘以厚度。

盖板安装：平面投影面积乘以厚度，与盖板制作相同。

井盖、井座安装：按检查井数量计算。

| ◎ | 040504002 | 混凝土井 | 计量单位/座 |

（1）一般组价项。

垫层：各类垫层作业。

基础：各类基础作业。

砌筑井计价

混凝土井壁：井壁浇筑作业。
混凝土顶板：井顶板浇筑作业。
混凝土流槽：流槽浇筑作业。
混凝土井圈预制：预制井圈作业。
混凝土井圈安装：安装井圈作业。
井盖、井座安装：井盖、井座安装作业。

（2）工程量计算规则。

垫层：按图示尺寸以体积计算。
基础：按图示尺寸以体积计算。
混凝土井壁：按图示尺寸以体积计算，不扣除单孔 $0.3m^2$ 以内的孔洞体积。
混凝土顶板：按图示尺寸以体积计算，不扣除单孔 $0.3m^2$ 以内的孔洞体积。
混凝土流槽：按图示尺寸以体积计算。
混凝土井圈预制：按图示尺寸以体积计算。
混凝土井圈安装：按图示尺寸以体积计算。
井盖、井座安装：按安装数量计算。

（3）工程量计算方法。

垫层：平面投影面积乘以厚度。
基础：平面投影面积乘以厚度。
混凝土井壁：平面投影面积乘以高度。
混凝土顶板：平面投影面积乘以厚度。
混凝土流槽：流槽截面积乘以长度。
混凝土井圈预制：平面投影面积乘以厚度。
混凝土井圈安装：平面投影面积乘以厚度，与混凝土井圈预制工程量相等。
井盖、井座安装：按检查井数量计算。

◎	040504004	砖砌井筒	计量单位/m

（1）一般组价项。

砌体：砌体作业。
抹灰：抹灰作业。
井圈制作：混凝土井圈预制作业。
井圈安装：混凝土井圈安装作业。

（2）工程量计算规则。

砌体：按图示尺寸以体积计算。
抹灰：按图示尺寸以面积计算。
井圈预制：按图示尺寸以体积计算。
井圈安装：按图示尺寸以体积计算。

（3）工程量计算方法。

砌体：平面投影面积乘以高度。

抹灰：内外壁平面周长乘以高度。
井圈预制：平面投影面积乘以厚度。
井圈安装：平面投影面积乘以厚度，与井圈预制工程量相等。

| ◎ | 040504006 | 砌体出水口 | 计量单位/座 |

（1）一般组价项。
垫层：各类垫层作业。
基础：各类基础作业。
砌体：砌体作业。
勾缝：勾缝作业。
过梁制作：管顶过梁预制作业。
过梁安装：管顶过梁安装作业。
压顶：墙顶混凝土浇筑。
（2）工程量计算规则。
垫层：按图示尺寸以体积计算。
基础：按图示尺寸以体积计算。
砌体：按图示尺寸以体积计算，不扣除 $D500$ 以内管道体积。
勾缝：按图示尺寸以面积计算。
过梁制作：按图示尺寸以体积计算。
过梁安装：按图示尺寸以体积计算。
压顶：按图示尺寸以体积计算。
（3）工程量计算方法。
垫层：平面投影面积乘以厚度。
基础：平面投影面积乘以厚度。
砌体：截面积乘以长度。
勾缝：迎水面墙线长度乘以出水口长度。
过梁制作：平面投影面积乘以厚度。
过梁安装：平面投影面积乘以厚度，与过梁制作相同。
压顶：截面积乘以出水口长度。

| ◎ | 040504007 | 混凝土出水口 | 计量单位/座 |

（1）一般组价项。
垫层：各类垫层作业。
基础：各类基础作业。
混凝土墙体：墙体混凝土浇筑。
（2）工程量计算规则。
垫层：按图示尺寸以体积计算。
基础：按图示尺寸以体积计算。
混凝土墙体：按图示尺寸以体积计算，不扣除单孔 $0.3m^2$ 以内的孔洞体积。

（3）工程量计算方法。

垫层：平面投影面积乘以厚度。

基础：平面投影面积乘以厚度。

混凝土墙体：截面积乘以出水口长度。

| ◎ | 040504009 | 雨水口 | 计量单位/座 |

（1）一般组价项。

垫层铺筑：各类垫层作业。

基础浇筑：各类基础作业。

井室砌体：砌体作业。

井壁抹灰：抹灰作业。

井底抹灰：抹灰作业。

井圈制作：混凝土井圈作业。

井圈安装：井圈安装作业。

井箅安装：井箅安装作业。

（2）工程量计算规则。

垫层铺筑：按图示尺寸以体积计算。

基础浇筑：按图示尺寸以体积计算。

井室砌体：按图示尺寸以体积计算。

井壁抹灰：按图示尺寸以面积计算。

井底抹灰：按图示尺寸以面积计算。

井圈制作：按图示尺寸以体积计算。

井圈安装：按图示尺寸以面积计算。

井箅安装：按雨水口数量计算。

（3）工程量计算方法。

垫层铺筑：平面投影面积乘以厚度。

基础浇筑：平面投影面积乘以厚度。

井室砌体工程量按式（1-20）计算。

$$V_k = n C_{k1} h_k \tag{1-20}$$

式中　V_k——某尺寸雨水口砌体体积，m^3；

　　　C_{k1}——某尺寸雨水口每米高度砌体体积，m^3/m；

　　　h_k——某尺寸雨水口平均井室砌体高度，m；

　　　n——某尺寸雨水口数量，座。

井壁抹灰工程量按式（1-21）计算。

$$A_k = n C_{k2} h_k \tag{1-21}$$

式中　A_k——某尺寸雨水口抹灰面积，m^2；

　　　C_{k2}——某尺寸雨水口每米高度抹灰面积，m^2/m；

　　　h_k——某尺寸雨水口平均井室砌体高度，m；

　　　n——某尺寸雨水口数量，座。

雨水口计价

井底抹灰：井内径长度乘以宽度。
井圈制作：平面投影面积乘以厚度。
井圈安装：平面投影面积乘以厚度，与井圈制作相同。
井箅安装：按雨水口数量计算。

| ◎ | 040901001 | 现浇构件钢筋 | 计量单位/t |
| ◎ | 040901002 | 预制构件钢筋 | 计量单位/t |

（1）一般组价项。

圆钢制作：钢筋加工、安装作业。

螺纹钢制作：钢筋加工、安装作业。

（2）工程量计算规则。

圆钢制作：按设计图示尺寸以质量计算。

螺纹钢制作：按设计图示尺寸以质量计算。

（3）工程量计算方法。

由于定额计算规则与清单计算规则相同，现浇构件钢筋和预制构件钢筋定额工程量与清单工程量相等。

3）企业管理费、利润计取

企业管理费与利润为费率计价，费率可依据《浙江省建设工程计价规则》（2018版）选取或由企业自行确定。

4）分部分项工程清单与计价表

定额工程量计算完成后，应依据《浙江省市政工程预算定额》（2018版），使用计价软件编制分部分项工程清单与计价表。分部分项工程清单与计价表的形成须通过计价软件。

2. 措施项目清单与计价表编制

措施项目清单与计价表应根据给定的清单子目及施工图、施工方案等，确定措施项工作内容，分列定额分项，并依据《浙江省建设工程计价规则》（2018版）计算定额分项工程量、选用定额分项、选取费率等。

1）施工技术措施项目

施工技术措施项目与分部分项工程项目均采用综合单价计价，因此施工技术措施项目清单与计价表编制步骤与分部分项工程清单与计价表相同。

（1）确定定额分项。

应依据《市政工程工程量计算规范》（GB 50857—2013）规定的清单项目工作内容，结合施工图、施工方案，同时依据《浙江省市政工程预算定额》（2018版）划分的分项工程，确定定额分项名称和定额编号。

编制施工技术措施项目清单与计价表，必须详细了解预算定额的项目划分，结合施工技术措施项目的施工方法，按照施工工序流程，逐个列出各清单项目所需的定额分项。

市政排水管道工程施工技术措施项目清单与对应定额分项见表1-47。

表 1-47　市政排水管道工程施工技术措施项目清单与对应定额分项

项目编码	项目名称	工作内容	可组定额分项	对应定额编号
041101004	沉井脚手架	1.清理现场； 2.搭设、拆除脚手架、安全网； 3.材料场内外运输	金属脚手架	4-382
041101005	井字架	1.清理现场； 2.搭、拆井字架； 3.材料场内外运输	钢管井字架	6-1171～6-1175
041102001	垫层模板	1.模板制作、安装、拆除、整理、堆放； 2.模板黏结物及模内杂物清理、刷隔离剂； 3.模板场内外运输及维修	垫层模板	6-1090
041102002	基础模板		1.基础模板	6-1141～6-1142
			2.杯形基础模板	6-1091～6-1092
			3.设备基础模板	6-1093～6-1096
041102021	小型构件模板		小型构件模板	6-1150
041102028	沉井井壁（隔墙）模板		1.刃脚模板	4-378
			2.框架模板	4-379
			3.井壁、隔墙模板	4-380
041102029	沉井顶板模板		顶板模板	6-1147～6-1148
041102030	沉井底板模板		底板模板	4-381
041102031	管道平基模板		管道平基模板	6-1141～6-1142
041102032	管道管座模板		管道管座模板	6-1143～6-1144
041102033	井盖板模板		井盖板模板	6-1167
041102037	其他现浇构件模板		1.池槽模板	6-1135～6-1140
			2.渠直墙模板	6-1145～6-1146
			3.顶板模板	6-1147～6-1148
			4.流槽模板	6-1149
041106001	大型机械设备进出场及安拆	1.安拆费包括施工机械、设备在现场进行安拆所需人工、材料、机械和试运转费用，以及机械辅助设施的折旧、搭设、拆除等费用； 2.进出场费包括施工机械、设备整体或部分自停放地点运至施工现场，或由一施工地点运至另一施工地点所发生的运输、装卸、辅助材料等费用	1.塔式起重机、施工电梯基础费用	1001～1002
			2.大型机械设备安装、拆卸费用	2001～2019
			3.大型机械设备场外费用	3001～3032
041107002	排水、降水	1.管道安装、拆除，场内搬运等； 2.抽水、值班、降水设备维修等	1.轻型井点	1-518～1-520
			2.喷射井点	1-521～1-535
			3.大口径井点	1-536～1-541
			4.湿土排水	1-552
			5.抽水	1-553

对于招标项目，在计价过程中对给定的施工技术措施项目清单内容，可依据投标企业自身的技术水平做适当增加，但不能减少；若投标企业认为给定的施工技术措施项目清单中某些项目为不必发生的，可报零价。

（2）定额分项工程量计算。

根据预算定额的工程量计算规则，逐一对表1-43中的清单项目的定额工程量进行计算。

| ◎ | 041101004 | 沉井脚手架 | 计量单位/m² |

①一般组价项。

金属脚手架：钢制脚手架安拆作业。

②工程量计算规则。

金属脚手架：按搭设面积计算。

③工程量计算方法。

金属脚手架：井壁中心线周长与隔墙长度之和乘以井高。

| ◎ | 041101005 | 井字架 | 计量单位/座 |

①一般组价项。

钢管井字架：钢管井字架安拆作业。

②工程量计算规则。

钢管井字架：按搭设数量计算。

③工程量计算方法。

钢管井字架：以需搭设井字架的构筑物数量计算。

◎	041102001	垫层模板	计量单位/m²
◎	041102002	基础模板	计量单位/m²
◎	041102021	小型构件模板	计量单位/m²
◎	041102028	沉井井壁（隔墙）模板	计量单位/m²
◎	041102029	沉井顶板模板	计量单位/m²
◎	041102030	沉井底板模板	计量单位/m²
◎	041102031	管道平基模板	计量单位/m²
◎	041102032	管道管座模板	计量单位/m²
◎	041102033	井盖板模板	计量单位/m²
◎	041102037	其他现浇构件模板	计量单位/m²

①一般组价项。

垫层（基础）模板：现浇构件模板安拆作业。

小型构件模板：现浇（预制）构件模板安拆作业。

管道平基模板：现浇构件模板安拆作业。

管道管座模板：现浇构件模板安拆作业。

井盖板模板：预制构件模板安拆作业。

②工程量计算规则。

垫层（基础）模板：按接触面积计算。

小型构件模板：按构件体积计算。
管道平基模板：按接触面积计算。
管道管座模板：按接触面积计算。
井盖板模板：按构件体积计算。
③工程量计算方法。
垫层（基础）模板：构件周长乘以厚度。
小型构件模板：与构件浇筑体积相等。
管道平基模板：管纵向基础长乘以厚度（单侧）。
管道管座模板：管纵向管座长乘以厚度（单侧）。
井盖板模板：与预制构件体积相等。
特别提示：模板清单工程量均按接触面积计算；排水管道工程模板定额工程量中现浇混凝土构件模板按构件混凝土的接触面积计算，小型构件模板与预制混凝土构件模板按构件的实体体积计算。

| ◎ | 041106001 | 大型机械设备进出场及安拆 | 计量单位/（台·次） |

①一般组价项。
大型机械设备安拆：大型机械设备安装、拆卸及试车作业。
大型机械设备场外运输：大型机械设备进出场作业。
②工程量计算规则。
大型机械设备安拆：按安装拆卸次数计算。
大型机械设备场外运输：按进出场次数计算。
③工程量计算方法。
大型机械设备安拆：累计同一种机械设备数量及安拆次数；一般情况下，一台机械设备不能多次安拆。
大型机械设备场外运输：累计同一种机械设备数量及进出场次数；一般情况下，一台机械设备不能多次进出场。

| ◎ | 041107002 | 排水、降水 | 计量单位/昼夜 |

①一般组价项。
轻型井点安装：轻型井点安装作业。
轻型井点拆除：轻型井点拆除作业。
轻型井点使用：轻型井点抽水作业。
喷射井点安装：喷射井点安装作业。
喷射井点拆除：喷射井点拆除作业。
喷射井点使用：喷射井点抽水作业。
大口径井点安装：大口径井点安装作业。
大口径井点拆除：大口径井点拆除作业。
大口径井点使用：大口径井点抽水作业。
湿土排水：泥浆泵抽水作业。

抽水：清水泵抽水作业。

②工程量计算规则。

轻型井点安装：按轻型井点管数量计算。
轻型井点拆除：按轻型井点管数量计算。
轻型井点使用：按使用时间计算。
喷射井点安装：按喷射井点管数量计算。
喷射井点拆除：按喷射井点管数量计算。
喷射井点使用：按使用时间计算。
大口径井点安装：按大口径井点管数量计算。
大口径井点拆除：按大口径井点管数量计算。
大口径井点使用：按使用时间计算。
湿土排水：按湿土体积计算。
抽水：按抽水量计算。

③工程量计算方法。

轻型井点安装工程量按式（1-22）计算，单位为根，轻型井点管间距为1.2m。

$$轻型井点安装工程量=布设长度/1.2 \tag{1-22}$$

轻型井点拆除：与轻型井点安装工程量相等。

轻型井点使用工程量按下列步骤进行。

轻型井点管50根为一套。

$$轻型井点管使用套数=轻型井点安装工程量/50 \tag{1-23}$$

$$轻型井点使用工程量=轻型井点管使用套数×每套使用天数 \tag{1-24}$$

井点管使用套数尾数不足0.5套的按0.5套计算，超过0.5套的按一套计算。

每套使用天数由施工方案确定，未知时可按表1-48估算。

施工降排水
计量与计价

表1-48 井点管使用时间（混凝土管）

管径/mm（以内）	使用时间/（天/套）	管径/mm（以内）	使用时间/（天/套）
$D600$	10	$D1500$	16
$D800$	12	$D1800$	18
$D1000$	13	$D2000$	20
$D1200$	14		

注：井点管为塑料管时，井点管使用时间可按上表乘0.7计取。

喷射井点安装工程量按式（1-25）计算，单位为根，喷射井点管间距为2.5m。

$$喷射井点安装工程量=布设长度/2.5 \tag{1-25}$$

喷射井点拆除：与喷射井点安装工程量相等。

喷射井点使用工程量按下列步骤进行。

喷射井点管30根为一套，尾数不足一套的按一套计算。

$$喷射井点管使用套数=喷射井点安装工程量/30 \tag{1-26}$$

$$喷射井点使用工程量=喷射井点管使用套数×每套使用天数 \tag{1-27}$$

每套使用天数由施工方案确定。

大口径井点安装工程量按式（1-28）计算，单位为根，大口径井点管间距为10m。

$$大口径井点安装工程量=布设长度/10 \quad (1-28)$$

大口径井点拆除：与大口径井点安装工程量相等。

大口径井点使用：大口径井点管以10根为一套，尾数不足一套的按一套计算。

$$大口径井点管使用套数=大口径井点安装工程量/10 \quad (1-29)$$

$$大口径井点使用工程量=大口径井点管使用套数×每套使用天数 \quad (1-30)$$

每套使用天数由施工方案确定。

湿土排水：按实际未排水开挖土方数量计算。

抽水：按实际抽水体积计算。

（3）施工技术措施项目清单与计价表。

定额工程量计算完成后，应依据《浙江省市政工程预算定额》（2018版），使用计价软件编制施工技术措施项目清单与计价表。

2）施工组织措施项目

施工组织措施项目费采用总额计价方式，按《建设工程工程量清单计价规范》（GB 50500—2013）规定的计费方式或企业自身确定的费率计取。

（1）确定组价内容。

应依据施工图、施工方案及项目建设场地的特征，确定组价内容。

市政排水管道工程施工组织措施项目清单与对应定额分项见表1-49。

表1-49 市政排水管道工程施工组织措施项目清单与对应定额分项

项目编码	项目名称	工作内容	对应定额编号
041109001	安全文明施工	1.环境保护：施工现场为达到环保部门要求所需要的各项措施。包括施工现场为保持工地清洁、控制扬尘、废弃物与材料运输的防护、保证排水设施通畅、设置密闭式垃圾站、实现施工垃圾与生活垃圾分类存放等环保措施；其他环境保护措施。 2.文明施工：根据相关规定在施工现场设置企业标志、工程项目简介牌、工程项目责任人员姓名牌、安全六大纪律牌、安全生产记数牌、十项安全技术措施牌、防火须知牌、卫生须知牌及工地施工总平面布置图、安全警示标志牌、施工现场围挡以及为符合场容场貌、材料堆放、现场防火等要求采取的相应措施；其他文明施工措施。 3.安全施工：根据相关规定设置安全防护设施、现场物料提升架与卸料平台的安全防护设施、垂直交叉作业与高空作业安全防护设施、现场设置安防监控系统设施、现场机械设备（包括电动工具）的安全保护与作业场所和临时安全疏散通道的安全照明与警示设施等；其他安全防护措施。 4.临时设施：施工现场临时宿舍、文化福利及公用事业房屋与构筑物、仓库、办公室、加工厂、工地实验室以及规定范围内的道路、水、电、管线等临时设施和小型临时设施等的搭设、维修、拆除、周转；其他临时设施搭设、维修、拆除	CJ3-1

续表

项目编码	项目名称	工作内容	对应定额编号
ZB	标化工地增加费	标化工地施工费的基本内容已在安全文明施工费中综合考虑,但获得国家、省、设区市、县市区级安全文明施工标准化工地的,应计算标化工地增加费	CJ3-2
041109002	夜间施工	1.夜间固定照明灯具和临时可移动照明灯具的设置、拆除。 2.夜间施工时,施工现场交通标志、安全标牌、警示灯等的设置、移动、拆除。 3.夜间照明设备及照明用电、施工人员夜班补助、夜间施工劳动效率降低等	不单独计算
041109003	二次搬运	由于施工场地条件限制而发生的材料、成品、半成品一次运输不能到达堆积地点,必须进行的二次或多次搬运	CJ3-4
041109004	冬雨季施工	1.冬雨季施工时增加的临时设施(防寒保温、防雨设施)的搭设、拆除。 2.冬雨季施工时,对砌体、混凝土等采用的特殊加温、保温和养护措施。 3.冬雨季施工时,施工现场的防滑处理、对影响施工的雨雪的清除。 4.冬雨季施工时,增加的临时设施的摊销、施工人员的劳动保护用品、冬雨季施工劳动效率降低等	CJ3-5
041109005	行车、行人干扰	1.由于施工受行车、行人干扰的影响,导致人工、机械效率降低而增加的措施。 2.为保证行车、行人的安全,现场增设维护交通与疏导人员而增加的措施	CJ3-6
041109006	地上、地下设施,建筑物的临时保护设施	在工程施工过程中,对已建成的地上、地下设施和建筑物进行的遮盖、封闭、隔离等必要保护措施所发生的人工和材料	按实际发生计
041109007	已完工程及设备保护	对已完工程及设备采取的覆盖、包裹、封闭、隔离等必要保护措施所发生的人工和材料	不单独计算
Z041109008	提前竣工措施	因缩短工期,要求增加的施工措施,包括夜间施工、周转材料加大投入量等	CJ3-3
Z041109009	工程定位复测	工程施工过程中,进行的全部施工测量放线和复测	不单独计算
Z041109010	特殊地区施工增加措施	工程在沙漠或其边缘、高海拔、高寒、原始森林等特殊地区施工增加的措施	按实际发生计
Z041109011	优质工程增加措施	施工企业在生产合格建筑产品的基础上,为生产优质工程而增加的措施	C4-1

对于招标项目,在计价过程中,对给定的施工组织措施项目清单内容,可依据投标企业自身的管理水平做适当增加,但不能减少;若投标企业认为给定的施工组织措施项目清单中某些项目为不必发生的,可报零价。

(2) 计价方法。

施工组织措施项目一般为费率计价,无具体工程数量。其费率可在基准费率中选取,也可依据项目特性与企业状况确定。下面依据项目编码,对表 1-49 中的项目进行计价。

◎	041109001	安全文明施工	计量单位/项
◎	041109002	夜间施工	计量单位/项
◎	041109003	二次搬运	计量单位/项
◎	041109004	冬雨季施工	计量单位/项
◎	041109005	行车、行人干扰	计量单位/项
◎	041109007	已完工程及设备保护	计量单位/项
◎	Z041109008	提前竣工措施	计量单位/项
◎	Z041109009	工程定位复测	计量单位/项
◎	Z041109011	优质工程增加措施	计量单位/项

以上所列施工组织措施项目均为费率计价。其中安全文明施工不能自行确定费率,必须按照行业主管部门或招标人要求的费率计取。

| ◎ | 041109006 | 地上、地下设施,建筑物的临时保护设施 | 计量单位/项 |
| ◎ | Z041109010 | 特殊地区施工增加措施 | 计量单位/项 |

以上两项施工组织措施项目为按实际计价,企业可依据自身水平确定计算基数与计算费率,也可以按具体细项工作计算(估算)费用,直接给出总额。

(3) 施工组织措施项目清单与计价表。

依据以上计价方法,完成上述项目的价格计算后,应依据《建设工程工程量清单计价规范》(GB 50500—2013),使用计价软件编制施工组织措施项目清单与计价表。

3. 其他项目计价表编制

1) 确定组价内容

其他项目定额分项计价内容设置表见表 1-50。

表 1-50 其他项目定额分项计价内容设置表

序号	项目名称	工作内容	计取方式
1	暂列金额	因不可预见因素造成的费用增加的预留金,常见的不可预见因素包括工程量增加、物价上涨、必要的规模扩大或提高标准等	总额
2	暂估价	未确定标准的材料、设备等的暂估价格	总额/单价
3	计日工	合同以外的不可预见的零星工作	单价
4	总承包服务费	总承包人为配合发包人分包,对发包人自行采购的设备和材料提供保管等相关服务和施工现场管理等所需的费用	费率

2) 计价方法

依据相关标准,对表 1-50 中相关项目进行计价。

| ◎ | 1 | 暂列金额 | 计量单位/项 |

暂列金额由招标人计列，一般为除暂列金额外工程总价的 5%～10%，投标企业只能按招标人确定的金额计入总价。

| ◎ | 2 | 暂估价 | 计量单位/项 |

暂估价一般由招标人计列，按某一暂定标准计算该暂定项目总价或单价，投标企业只能按招标人确定的总价或单价计入。

| ◎ | 3 | 计日工 | 计量单位/工日 |

计日工为投标人报价，一般按市场零工日工资单价计。

| ◎ | 4 | 总承包服务费 | 计量单位/项 |

总承包服务费一般为投标人报价，总承包人为发包人自行采购的其他专业工程提供配合时，其金额一般为该专业工程总价的 1.5%；总承包人为发包人自行采购的材料、设备提供配合时，其金额一般为该材料、设备总额的 1%。

3）其他项目计价表

费率选定或金额计算完成后，应依据《建设工程工程量清单计价规范》（GB 50500—2013），使用计价软件，编制其他项目计价表。

4. 规费、税金项目计价

1）确定组价内容

规费、税金项目的计价内容是不变的，它是国家强制计费的内容，任何项目都要准确且完整地计取全部规费和税金。规费、税金定额分项的计价内容设置表见表1-51。

表1-51 规费、税金定额分项的计价内容设置表

序号	项目名称	工作内容	计取方式
1	规费		总额
1.1	社会保险费		总额
（1）	养老保险费	按国家规定，为职工缴纳的基本养老保险费	费率
（2）	失业保险费	按国家规定，为职工缴纳的失业保险费	费率
（3）	医疗保险费	按国家规定，为职工缴纳的医疗保险费	费率
（4）	工伤保险费	按国家规定，为职工缴纳的工伤保险费	费率
（5）	生育保险费	按国家规定，为职工缴纳的生育保险费	费率
1.2	住房公积金	按国家规定，为职工缴纳的住房公积金	费率
2	税金	按税法和地方法规要求缴纳的增值税销项税额、地方水利建设基金	费率

2）计价方法

规费与税金均为费率计价，其费率可在基准费率中选取。企业不能自行确定费率，费率必须按照法律、法规的要求计取。

3）规费、税金项目计价表

规费与税金项目可不做单独计价表，在单位工程招标控制价（报价）汇总表中出现。单位工程招标控制价（报价）汇总表应使用计价软件进行编制。

1.2.3 任务分析与实施

案例

完成配套图集中管道工程雨水管道 Y1～Y5 计价表编制。

施工条件设置：①本项目采用反铲挖掘机开挖沟槽，沿槽向作业；②采用轻型井点降水，沟槽不设支撑；③钢筋混凝土管道为 3m 一节，UPVC 塑料管为 6m 一节；④本项目混凝土均采用非泵送商品混凝土；⑤安装管道时均使用 16t 汽车式起重机下管；⑥沟槽挖方考虑全部利用，若有余土则外运 6km；⑦本项目假定为独立排水工程，不考虑道路施工。

1. 分部分项工程清单与计价表编制

1）计价工程量计算

依据施工图与《浙江省市政工程预算定额》（2018 版）列取定额分项，计算定额分项的工程量。

| ◎ | 040101002001 | 挖沟槽土方 | m³ | 1166.66 |

说明：上方条目为清单工程量，数据来自任务 1.1.3，下文叙述为定额分项工程量计算过程。本任务其他条目均按本说明进行。

（1）人工挖沟槽土方：1-13（定额编号）。

根据定额计算规则，人工挖沟槽土方挖深按 0.2m 考虑，计算方法与清单工程量计算方法相同，人工挖沟槽土方工程量计算表见表 1-52。

表 1-52 人工挖沟槽土方工程量计算表

管段	管径（管材）/mm	管沟槽长 L/m	原地面高程/m	管内底标高/m	平均地面高程/m	平均管内底高程/m	管底增量/m	平均挖深 H/m	结构宽度 B/m	挖方 $V_{挖}$ [$V_{挖}$= $(B+2C+mH) \cdot LH$] /m³
Y1	D400 (UPVC 管)	32	3.695	2.300	3.113	2.267	0.225	0.2	0.9	5.90
Y2			2.530	2.233						
Y2	D500（钢筋混凝土管）	35	2.530	2.133	3.042	2.105	0.320	0.2	0.88	13.49
Y3			3.554	2.077						
Y3	D500（钢筋混凝土管）	35	3.554	2.077	3.626	2.049	0.320	0.2	0.88	14.21
Y4			3.697	2.021						
Y4	D800（钢筋混凝土管）	35	3.697	1.250	3.774	1.231	0.332	0.2	1.204	16.53
Y5			3.850	1.212						
Y4-1	D400 (UPVC 管)	36	3.697	1.826	3.697	1.788	0.225	0.2	0.9	14.76
Y4			3.697	1.750						

续表

管段	管径（管材）/mm	管沟槽长 L/m	原地面高程/m	管内底标高/m	平均地面高程/m	平均管内底高程/m	管底增量/m	平均挖深 H/m	结构宽度 B/m	挖方 $V_{挖}$ [$V_{挖}$=$(B+2C+mH)\cdot LH$]/m³
Y4	D400（UPVC 管）	36	3.697	1.650	3.697	1.688	0.225	0.2	0.9	14.76
Y4-2			3.697	1.726						
合计										79.65

注：1. 管底增量指管内底到沟槽底部的距离，管底增量=（管外径-内径）/2+基础厚度+垫层厚度。
2. 平均挖深 H=平均地面高程-平均管内底高程+管底增量。
3. 结构宽度指管道最大结构宽度，本表数据参见配套图集管道基础结构图纸结-25、结-26。

（2）机械挖沟槽土方：1-68。

挖沟槽土方定额计算规则与清单计算规则相同，挖沟槽土方定额工程量与清单工程量相等，由表1-13可知，挖沟槽土方工程量为1166.66m³，其定额分项机械挖沟槽土方的工程量计算方法如下。

机械挖沟槽土方工程量=挖沟槽土方工程量-人工挖沟槽土方工程量
=1166.66m³-79.65m³=1087.01m³。

◎	040103001001	回填方	m³	1011.62

机械填土夯实：1-116。

由表1-15可知，清单项目回填方工程量为1011.62m³。定额项目机械填土夯实工程量与清单项目回填方工程量相等，为1011.62m³。

◎	040103002001	余方弃置	m³	3.3

（1）自卸汽车运土：1-94、1-95。

定额项目自卸汽车运土工程量与清单项目余方弃置工程量相等，为3.3m³。

（2）装载机装松散土：1-88。

定额项目装载机装松散土工程量与清单项目余方弃置工程量相等，为3.3m³。

◎	040501001001	混凝土管	m	70

依据定额计算规则与图纸结-26等，计算各定额分项工程量。

（1）D500 钢筋混凝土承插管铺设：6-34。

Y2～Y3：35-1.1/2-1.1/2=33.9（m）。

Y3～Y4：35-1.1/2-1.1/2=33.9（m）。

D500 钢筋混凝土承插管铺设工程量为67.8m。

（2）D500 混凝土管道胶圈接口：6-188。

Y2～Y3：33.9/3-1=10.3（个），接口数量必为整数，取整为11个。

Y2～Y3：33.9/3-1=10.3（个），接口数量必为整数，取整为11个。

D500 混凝土管道胶圈接口合计22个。

（3）C10 混凝土垫层：6-292。

（0.88+0.1×2）×0.1×67.8=7.32（m³）。

（4）C20 混凝土平基：6-299。

0.88×0.08×67.8=4.77（m³）。

（5）C20 混凝土管座：6-304。

[（0.208+0.78/2）×0.88/2/2×2-0.61×0.61/4×3.14×135/360]×67.8=10.41（m³）。

（6）基础伸缩缝（每 20m 设一道）：1-201。

Y2～Y3 设 1 道，Y3～Y4 设 1 道。

0.88×0.08×2=0.14（m²）。

（7）D500 管道闭水试验：6-227。

定额项目 D500 管道闭水试验工程量与清单项目混凝土管工程量相等，为 70m。

| ◎ | 040501001002 | 混凝土管 | m | 35 |

依据定额计算规则与图纸结-26 等，计算各定额分项工程量。

（1）D800 钢筋混凝土承插管铺设：6-37。

Y4～Y5：35-1.1/2-1.1/2=33.9（m）。

D800 钢筋混凝土承插管铺设工程量为 33.9m。

（2）D800 混凝土管道胶圈接口：6-191。

Y4～Y5：33.9/3-1=10.3（个），接口数量必为整数，取整为 11 个。

（3）C10 混凝土垫层：6-292。

（1.204+0.1×2）×0.1×33.9=4.76（m³）。

（4）C20 混凝土平基：6-299。

1.204×0.08×33.9=3.27（m³）。

（5）C20 混凝土管座：6-304。

（0.356-1.204×0.08）×33.9=8.80（m³）。

（6）基础沉降缝（每 20m 设一道）：1-201。

Y4～Y5 之间设 1 道。

1.204×0.08×1=0.10（m²）。

（7）D800 管道闭水试验：6-229。

定额项目 D800 管道闭水试验工程量与清单项目混凝土管工程量相等，为 35m。

| ◎ | 040501004001 | 塑料管 | m | 197.45 |

依据定额计算规则与图纸结-25 等，计算各定额分项工程量。

（1）D225 UPVC 加筋管铺设：6-53。

表 1-53 所示为雨水口连接管扣除长度计算表。

表 1-53 雨水口连接管扣除长度计算表

雨水管	单侧雨水口连接管应扣长度	扣除数量/个
Y1	1.1m/2=0.55m	3
Y2	1.1m/2=0.55m	2
Y3	1.1m/2=0.55m	2
Y4	1.25m/2=0.625m	2
Y5	1.25m/2=0.625m	2

$D225$ UPVC 加筋管铺设工程量为 197.45-0.55×（3+2+2）-0.625×（2+2）=191.1（m）。

（2）$D225$ 塑料管道胶圈接口：6-207。

Y1：（17-0.06-0.39/2-0.55）/6-1=1.7（个），取整计 2 个，两个管段合计 4 个。

交叉口内雨水口连接管有 30/6-1=4（个）。

Y2：（17-0.06-0.39/2-0.55）/6-1=1.7（个），取整计 2 个，两个管段合计 4 个。

Y3：（17-0.06-0.39/2-0.55）/6-1=1.7（个），取整计 2 个，两个管段合计 4 个。

Y4：（17-0.06-0.39/2-0.625）/6-1=1.7（个），取整计 2 个，两个管段合计 4 个。

Y5：（17-0.06-0.39/2-0.625）/6-1=1.7（个），取整计 2 个，两个管段合计 4 个。

$D225$ 塑料管道胶圈接口共计 24 个。

（3）砂石垫层：6-288。

0.65×0.1×191.1=12.42（m³）。

（4）砂基础：6-290。

0.65×0.05×191.1=6.21（m³）。

（5）砂管座（砂回填）：6-306。

[0.65×（0.25+0.1）-0.25×0.25/4×3.14]×191.1=34.10（m³）。

| ◎ | 040501004002 | 塑料管 | m | 104 |

依据定额计算规则与图纸结-25 等，计算各定额分项工程量。

（1）$D400$ UPVC 加筋管铺设：6-55。

Y1~Y2：32-1.1/2-1.1/2=30.9（m）。

Y4-1~Y4：36-1.1/2-1.25/2=34.825（m）。

Y4-2~Y4：36-1.1/2-1.25/2=34.825（m）。

$D400$ UPVC 加筋管铺设工程量为 30.9+34.825+34.825=100.55（m）。

（2）$D400$ 塑料管道胶圈接口：6-209。

Y1~Y2：30.9/6-1=5（个）。

Y4-1~Y4：34.825/6-1=5（个）。

Y4-2~Y4：34.825/6-1=5（个）。

塑料管道胶圈接口共有 15 个。

（3）砂石垫层：6-288。

0.9×0.15×100.55=13.57（m³）。

（4）砂基础：6-290。

0.9×0.05×100.55=4.52（m³）。

（5）砂管座（砂回填）：6-306。

[0.9×（0.45+0.1）-0.45×0.45/4×3.14]×100.55=33.79（m³）。

（6）$D400$ 管道闭水试验：6-226。

定额项目 $D400$ 管道闭水试验工程量与清单项目塑料管工程量相等，为 104m。

| ◎ | 040504001001 | 砌筑井 | 座 | 5 |

依据定额计算规则与图纸结-04、结-05、结-09、结-10 等，计算各定额分项工程量。

（1）C10 混凝土垫层：6-249。

$2.24×2.24×0.1×5=2.51$（m³）。

（2）C20 混凝土基础：6-250。

$2.04×2.04×0.2×5=4.16$（m³）。

（3）井室砌体：依据表 1-20，1100mm×1100mm 井室高合计为 7.674m，则井室砌体高度为 7.674m；6-252。

$7.674×2.18+0.35×5=18.48$（m³）。

（4）井壁抹灰：6-260。

$7.674×11.76-0.61×0.61/4×3.14×2×7=86.16$（m²）。

注：须扣除 0.3 m² 以上孔洞面积。

（5）流槽抹灰：6-262。

$2.14×5=10.7$（m²）。

（6）C20 混凝土盖板制作：6-354。

$0.197×5=0.99$（m³）。

（7）C20 混凝土盖板安装：6-365。

C20 混凝土盖板安装工程量与 C20 混凝土盖板制作工程量相等，为 0.99m³。

（8）ϕ700 铸铁井盖、井座安装：6-275。

ϕ700 铸铁井盖、井座安装工程量为 5 套。

| ◎ | 040504001002 | 砌筑井 | 座 | 2 |

依据定额计算规则与图纸结-04、结-05、结-09、结-10 等，计算各定额分项工程量。

（1）C10 混凝土垫层：6-249。

$2.24×2.39×0.1×2=1.07$（m³）。

（2）C20 混凝土基础：6-250。

$2.04×2.19×0.2×2=1.79$（m³）。

（3）井室砌体：依据表 1-20，1100mm×1250mm 井室高合计为 4.4m，则井室砌体高度为 4.4m；6-252。

$4.4×2.29+0.58×1-0.93×0.93/4×3.14×0.37×3=9.90$（m³）。

注：须扣除 D500 以上管道在井壁内的体积。

（4）井壁抹灰：6-260。

$4.4×12.36-0.93×0.93/4×3.14×2×3=50.31$（m²）。

注：须扣除 0.3m² 以上孔洞面积。

（5）井底抹灰：6-261。

$1.1×1.25=1.38$（m²）。

（6）流槽抹灰：6-262。

$2.76×1=2.76$（m²）。

（7）C20 混凝土盖板制作：6-354。

$0.224×2=0.45$（m³）。

（8）C20 混凝土盖板安装：6-365。

C20 混凝土盖板安装工程量与 C20 混凝土盖板制作工程量相等，为 0.45m³。

（9）ϕ700 铸铁井盖、井座安装：6-272。

ϕ700 铸铁井盖、井座安装工程量为 2 套。

| ◎ | 040504004001 | 砖砌井筒 | m | 2.67 |

依据定额计算规则与图纸结-04、结-05、结-09、结-10 等，计算各定额分项工程量。

（1）井筒砌体：6-251。

由表 1-21 可知，ϕ700 砖砌井筒高度为 2.67m。

$2.67 \times 0.71 = 1.90$（m^3）。

（2）井筒抹灰：6-260。

$2.67 \times 5.91 = 15.78$（m^2）。

（3）C30 混凝土井圈预制：6-272。

$0.182 \times 7 = 1.274$（m^3）。

（4）C30 混凝土井圈安装：6-278。

C30 混凝土井圈安装与 C30 混凝土井圈预制相等，为 1.274m^3。

| ◎ | 040504009001 | 雨水口 | 座 | 11 |

（1）碎石垫层：6-245。

$0.106 \times 11 = 1.166$（m^3）。

（2）C15 混凝土基础：6-250。

$0.106 \times 11 = 1.166$（m^3）。

（3）井室砌体：6-252。

$0.662 \times 1.2 \times 11 = 8.738$（$m^3$）。

（4）井室抹灰：6-260。

$5.52 \times 1.2 \times 11 = 72.864$（$m^2$）。

（5）井底抹灰：6-261。

$0.199 \times 11 = 2.189$（m^2）。

（6）C30 混凝土井座预制：6-272。

$0.136 \times 11 = 1.496$（m^3）。

（7）C30 混凝土井座安装：6-278。

C30 混凝土井座安装工程量与 C30 混凝土井座预制相等，为 1.496m^3。

（8）510mm×390mm 箅子安装：6-279。

定额项目 510mm×390mm 箅子安装与清单项目雨水口工程量相等，为 11 套。

| ◎ | 040901001001 | 现浇构件钢筋 | t | 0.451 |

圆钢制作安装（现浇构件）：1-268。

定额项目圆钢制作安装（现浇构件）与清单项目现浇构件钢筋（一级钢筋）工程量相等，为 0.451t。

| ◎ | 040901001002 | 现浇构件钢筋 | t | 0.998 |

螺纹钢制作安装（现浇构件）：1-269。

定额项目螺纹钢制作安装（现浇构件）与清单项目现浇构件钢筋（二级钢筋）工程量

相等，为 0.998t。

| ◎ | 040901002001 | 预制构件钢筋 | t | 0.107 |

圆钢制作安装（预制构件）：1-268。

定额项目圆钢制作安装（预制构件）与清单项目预制构件钢筋（一级钢筋）工程量相等，为 0.107t。

| ◎ | 040901002002 | 预制构件钢筋 | t | 0.166 |

螺纹钢制作安装（预制构件）：1-269。

定额项目螺纹钢制作安装（预制构件）与清单项目预制构件钢筋（二级钢筋）工程量相等，为 0.166t。

2）企业管理费、利润计取

依据《浙江省建设工程计价规则》（2018 版），本项目采用一般计税法；依据《浙江省建设工程计价规则》（2018 版）中表 4.3.1（可见本书项目 0.5 工程计价原理中二维码"市政工程施工取费费率"，后面同理），选取企业管理费费率中值为 17.04%；依据《浙江省建设工程计价规则》（2018 版）中表 4.3.2，选取利润费率中值为 9.99%。

3）分部分项工程清单与计价表

计价工程量（定额工程量）计算完成后，将各项工程量汇总，使用计价软件套取定额，选取企业管理费费率与利润费率，得到综合单价，形成分部分项工程清单与计价表，见表 1-54。

表 1-54 分部分项工程清单与计价表

单位工程及专业工程名称：市政-排水工程

序号	项目编码	项目名称	项目特征描述	计量单位	工程量	综合单价/元	合价/元	其中		备注
								人工费/元	机械费/元	
1	040101002001	挖沟槽土方	一、二类土；平均深 2m 以内	m^3	1166.66	4.02	4689.97	1878.32	1819.99	
2	040103001001	回填方	一、二类土	m^3	1011.62	13.38	13535.48	8376.21	2286.26	
3	040103002001	余方弃置	一、二类土；运距 8km	m^3	3.3	23.27	76.79	1.19	59.33	
4	040501001001	混凝土管	D500 钢筋混凝土承插管	m	70	282.99	19809.3	1952.3	203	
5	040501001002	混凝土管	D800 钢筋混凝土承插管	m	35	463.18	16211.3	1457.05	240.1	
6	040501004001	塑料管	D225 UPVC 加筋管	m	197.45	92.41	18246.35	2604.37	55.29	
7	040501004002	塑料管	D400 UPVC 加筋管	m	104	171	17784	2602.08	55.12	
8	040504001001	砌筑井	MU10 标准砖；M10 砂浆；1100mm×1100mm	座	5	3804.74	19023.7	4290.95	262.4	
9	040504001002	砌筑井	MU10 标准砖；M10 砂浆；1100mm×1250mm	座	2	4686.71	9373.42	2253.78	139.5	

续表

序号	项目编码	项目名称	项目特征描述	计量单位	工程量	综合单价/元	合价/元	其中 人工费/元	其中 机械费/元	备注
10	040504004001	砖砌井筒	MU10 标准砖；M10 砂浆；$\phi700$	m	2.67	857.49	2289.5	661.28	35.11	
11	040504009001	雨水口	510mm×390mm 铸铁箅子；MU10 标准砖；M10 砂浆	座	11	1050.76	11558.36	2896.08	134.31	
12	040901001001	现浇构件钢筋	圆钢 HPB300	t	0.451	5516.41	2487.9	482.21	18.39	
13	040901001002	现浇构件钢筋	螺纹钢 HRB335	t	0.998	4919.55	4909.71	727.57	25.72	
14	040901002001	预制构件钢筋	圆钢 HPB300	t	0.107	5516.41	590.26	114.4	4.36	
15	040901002002	预制构件钢筋	螺纹钢 HRB335	t	0.166	4919.55	816.65	120.66	4.26	
		合计					141402.7	30418.45	5343.14	

2.措施项目清单与计价表编制

1）施工技术措施项目清单与计价表编制

（1）计价工程量计算。

依据施工图与《浙江省市政工程预算定额》（2018 版），列取定额分项，计算计价工程量（定额分项工程量）。

◎	041101005001	井字架	座	7

钢管井字架：6-1172。

定额项目钢管井字架工程量与清单项目井字架工程量相等，为 7 座。

◎	041102001001	垫层模板	m²	26.67

混凝土基础（垫层）模板：6-1090。

定额项目混凝土基础（垫层）模板与清单项目垫层模板工程量相等，为 26.67m²。

◎	041102002001	基础模板	m²	16.08

混凝土基础（垫层）模板：6-1142。

定额项目混凝土基础（垫层）模板工程量与清单项目基础模板工程量相等，为 16.08m²。

◎	041102021001	小型构件模板	m²	28.62

井圈木模：6-1168。

定额项目井圈木模工程量与井圈预制工程量相等，为 1.274m³。

◎	041102031001	管道平基模板	m²	16.27

平基模板：6-1141。

定额项目平基模板工程量与清单项目管道平基模板工程量相等，为 16.27m²。

| ◎ | 041102032001 | 管道管座模板 | m² | 48.74 |

管座模板：6-1143。

定额项目管座模板工程量与清单项目管道管座模板工程量相等，为48.74m²。

| ◎ | 041102033001 | 井盖板模板 | m² | 6.71 |

盖板模板：6-1167。

定额项目盖板模板工程量与混凝土盖板的体积相等，盖板模板工程量计算公式为 0.99+0.45=1.44（m³）。

| ◎ | 041106001001 | 大型机械设备进出场及安拆 | 台·次 | 2 |

履带式挖掘机场外运输：3001。

定额项目履带式挖掘机场外运输工程量计算时，按两台1m³单斗履带式反铲挖掘机考虑，合计2台·次。

| ◎ | 041107002001 | 排水、降水 | 项 | 1 |

① 轻型井点安装：1-518。

管道总长：70+35+104=209（m）。

井点管数量：209/1.2=174.2（根），井点管数量需要取整数，取为175根。

则定额项目轻型井点安装工程量为175根。

② 轻型井点拆除：1-519。

轻型井点拆除工程量与轻型井点安装工程量相等，为175根。

③ 轻型井点使用：1-520。

轻型井点使用工程量计算过程见表1-55。

表1-55 轻型井点使用工程量计算表

井点管管径	井点管使用情况/套	使用周期/（天/套）
D400	104/1.2/50=1.73，取为2	7
D500	70/1.2/50=1.17，取为1	10
D800	35/1.2/50=0.58，取为0.5	12
轻型井点使用工程量	2×7+1×10+0.5×12=30（套·天）	

（2）施工技术措施项目清单与计价表。

计价工程量（定额工程量）计算完成后，将各项工程量汇总，使用计价软件套取定额，得到综合单价，形成施工技术措施项目清单与计价表，见表1-56。

表 1-56 施工技术措施项目清单与计价表

单位工程及专业工程名称：市政-排水工程

序号	项目编码	项目名称	项目特征描述	计量单位	工程量	综合单价/元	合价/元	其中人工费/元	其中机械费/元	备注
1	041101005001	井字架	平均井深2.5m	座	7	188.12	1316.84	1007.37		
2	041102001001	垫层模板	管道及井垫层；木模	m²	26.67	28.44	758.49	265.37	11.2	
3	041102002001	基础模板	井基础；组合钢模	m²	16.08	47.18	758.65	354.56	27.34	
4	041102021001	小型构件模板	井座、井圈；木模	m²	28.62	50.34	1440.73	639.08	3.43	
5	041102031001	管道平基模板	竹胶合板	m²	16.27	47.18	767.62	358.75	27.66	
6	041102032001	管道管座模板	竹胶合板	m²	48.74	64.63	3150.07	1742.94	82.86	
7	041102033001	井盖板模板	木模	m²	6.71	53.02	355.76	150.98	0.54	
8	041106001001	大型机械设备进出场及安拆	反铲挖掘机等	台·次	2	3827.42	7654.84	1080	3086.58	
9	041107002001	排水、降水	轻型井点	项	1	63249.52	63249.52	22868.08	18630.2	
		合计					79452.52	28467.13	21869.81	

2）施工组织措施项目清单与计价表编制

（1）按设计要求，结合项目特点，选取施工组织措施项目；并依据《浙江省建设工程计价规则》（2018版）与企业管理水平，确定各项费率。

◎	041109001001	安全文明施工	项	1

依据《浙江省建设工程计价规则》（2018版）中表4.3.3-1，安全文明施工费费率取市区工程安全文明施工费中值费率8.51%。

◎	041109005001	行车、行人干扰	项	1

依据《浙江省建设工程计价规则》（2018版）中表4.3.3-1，行车、行人干扰费率取市区工程行车干扰费中值费率1.69%。

（2）使用计价软件，形成施工组织措施项目清单与计价表（表1-57）。

表 1-57 施工组织措施项目清单与计价表

单位工程及专业工程名称：市政-排水工程

序号	项目编码	项目名称	计算基数	费率/（%）	金额/元	备注
1	041109001001	安全文明施工	人工费+机械费	8.51	7326.98	
2	041109005001	行车、行人干扰	人工费+机械费	1.69	1455.07	
		合计			8782.05	

3. 其他项目计价表编制

（1）按招标文件要求或项目特点，确定其他项目的价格。

◎	1	暂列金额	项	1

本例计算工程总价较低，以除暂列金额外工程总价的 10% 来计价，并以万元的整数倍来取值。

◎	2	计日工	工日	

计日工单价一般以建筑劳务市场零工日工资单价为基准，如：2019 年 1 月至 12 月，杭州市区建筑劳务市场零工日工资为 250～400 元；承包人的工资标准不能是政府相关部门公布的数据，而必须是企业实际从市场招募工人的工资。

（2）使用计价软件形成其他项目计价表（表 1-58）。

表 1-58　其他项目计价表

单位工程及专业工程名称：市政-排水工程

序号	项目名称	单位	数量	单价/元	金额/元	备注
1	暂列金额	项	1	20000.00	20000.00	
2	计日工	工日		250.00		
	合计					

4. 规费、税金项目计价表编制

按招标文件要求并依据《浙江省建设工程计价规则》（2018 版），确定规费和税金的费率。

◎	1	规费	项	1

依据《浙江省建设工程计价规则》（2018 版）中表 4.3.5，规费费率取为 18.75%。

◎	2	税金	项	1

依据《财政部 税务总局 海关总署关于深化增值税改革有关政策的公告》（财政部 税务总局 海关总署公告 2019 年第 39 号），税金费率取为 9%。

使用计价软件，将计算得到的各项费用汇总，得到单位工程招标控制价（报价）汇总表（表 1-59）。

表 1-59　单位工程招标控制价（报价）汇总表

单位工程及专业工程名称：市政-排水工程

序号	费用名称	计算公式	金额/元
1	分部分项工程费	∑（分部分项工程量×综合单价）	141402.70
1.1	其中：人工费+机械费	∑分部分项（人工费+机械费）	35761.59
2	措施项目费	2.1+2.2	88234.57
2.1	施工技术措施项目费	∑（施工技术措施项目工程量×综合单价）	79452.52
2.2.1	其中：人工费+机械费	∑施工技术措施项目（人工费+机械费）	50366.94

续表

序号	费用名称	计算公式	金额/元
2.2	施工组织措施项目费	∑（人工费+机械费）×施工组织措施项目费费率	8782.05
2.2.1	安全文明施工费	（人工费+机械费）×安全文明施工费费率	7326.98
3	其他项目费	3.1+3.2+3.3+3.4	20000.00
3.1	暂列金额		20000.00
3.2	暂估价		
3.3	计日工		
3.4	总承包服务费		
4	规费	（人工费+机械费）×规费费率	16143.47
5	税金	（1+2+3+4）×税金费率	23920.27
	合计	1+2+3+4+5	289701.01

注：1. 其他项目费中的暂估价若已包含在分部分项工程费中，则本项不能重复计价，也不再重复计入工程总价。

2. 计日工为备用单价，非有效工程价格，不应计入工程总价。

3. 暂列金额也不是有效工程价格，原则上不应计取税金，但应计入工程总价。

1.2.4 实训任务

完成配套图集设计范围内排水管道工程计价清单编制。

1. 实施要求

（1）沟槽回填可不考虑土方场内运输。

（2）沟槽开挖按不装车且两侧弃土考虑。

（3）模板工程不能使用隧道或桥梁工程定额。

（4）雨水口连接管的开挖应在道路基层完成之后进行，连接管沟槽的开挖与回填作为连接管铺设的定额工作。

（5）所有施工作业均首选机械作业，若选用人工作业应说明施工条件的适用情况。

（6）不能直接使用图纸数据作为定额工程量。

（7）按一般计税法计税。

2. 指导说明

（1）管道材料预算单价中已包含接口橡胶圈。

（2）施工降排水方案建议选用轻型井点，按单级单排设置，槽深超过 5m 时按单级双排设置。

（3）混凝土井圈、盖板按预制施工，其他混凝土构造按现浇施工。

（4）不考虑原状地面处理以及地表排水。

（5）风险费费率建议不超过 3%。

（6）非落地雨水检查井可不设置流槽。

学习启示

党的二十大报告指出，必须坚持守正创新。工程量清单细目的设置与清单细目工作内容的选择并不是一尘不变的；清单规范与预算定额只保证其最大限度的通用性，在具体的工程实践中我们需要保证计量计价成果最大程度的体现具体项目的特性。影响排水管道工程施工的不确定条件非常多，那么我们应该选取怎样的工作顺序与方法才能使得计量和计价成果能反映工程项目的特点，保证其科学性和严谨性呢？

小 结

本任务介绍了市政排水工程清单计价的过程，包括清单项目定额工作的确定、定额工程量计算规则与方法、费率选取、综合单价计算等；重点是定额工程量计算、费率选取，施工技术措施项目的确定。要注意施工工艺与施工技术对清单工作的影响，预算阶段的计价工作难点在于清单工作与定额工作的匹配。

思考练习题

1. 挖沟槽土方项目中，如何考虑土方内运与外运中推土机和装载机等机械的使用？
2. 施工图中若有多级井筒，各级井筒工程量应合并计算还是分设清单？
3. 什么情况下应考虑夜间施工增加费？
4. 计日工价格为什么不能是政府相关部门公布的工资数据？
5. 依据《市政工程工程量计算规范》（GB 50857—2013），模板按构件类型分类，可分近40项清单细目；若为简化清单设置，将模板清单细目合并，按什么方法合并比较合理？

在线答题

项目 2 市政道路工程计量与计价

教学目标

1. 能依据相关规范,设置道路工程分部分项工程项目清单及计算清单工程量;
2. 能使用 CAD 图纸进行工程量辅助计算;
3. 能使用 EXCEL 进行纵向分层、横向分幅辅助计算;
4. 能依据预算定额,设置道路工程清单项目的定额分项,并计算清单项目综合单价;
5. 能依据相关规范设置道路工程措施项目清单及计算措施项目费;
6. 能合理选取费率,计算工程总价。

项目导读

本项目从分部分项工程项目清单设置开始,分别介绍清单项目选取原则、清单工程量计算规则、定额分项选取原则、定额分项工程量计算规则、施工技术措施项目费计算方法、费率选取等;由浅入深分类介绍一个完整的计量与计价的真实案例。

本项目选取典型工程案例进行编写,强化实践性,遵循"做中学,学中做",融理实为一体。

任务 2.1 市政道路工程量清单编制

2.1.1 任务导入

工作任务

道路工程量清单编制

完成配套图集《市政工程施工图案例图集》项目一道路工程施工图纸中道路工程工程量清单编制。

具体任务如下。

(1)根据配套图集,编制道路工程分部分项工程项目清单。
(2)根据配套图集,编制道路工程措施项目清单。

（3）根据配套图集，编制道路工程其他项目清单。

工作手段

《建设工程工程量清单计价规范》(GB 50500—2013)、《市政工程工程量计算规范》(GB 50857—2013)、计算器等。

成果与检测

（1）根据道路里程划分，给每位学生布置工作任务，每个小组编制完成一份完整的工程量清单。

（2）采用教师评价和学生互评的方式打分。

2.1.2 相关知识

道路工程量清单按照《建设工程工程量清单计价规范》(GB 50500—2013)规定的工程量清单统一格式进行编制，其内容主要是分部分项工程项目清单、措施项目清单、其他项目清单。

1. 分部分项工程项目清单编制

道路工程分部分项工程项目清单应根据《市政工程工程量计算规范》(GB 50857—2013)规定的项目编码、项目名称、计量单位、工程量计算规则进行编制。

分部分项工程项目清单编制的步骤如下：清单项目列项、编码→清单项目工程量计算→分部分项工程项目清单列表。

1）清单项目列项、编码

应依据《市政工程工程量计算规范》(GB 50857—2013)规定的清单项目名称及其编码，根据招标文件的要求，结合施工图、施工方案等进行道路工程清单项目列项，确定项目名称、项目编码。

编制分部分项工程项目清单，必须认真阅读全套施工图纸，了解工程的总体情况，明确各部分的工程构造，并结合工程施工方法，按照工程的施工工序，逐个列出工程清单项目。

道路工程一般涉及土石方工程、路基处理、道路基层、道路面层、人行道及其他等。

道路工程分部分项工程项目清单设置表见表2-1。

表2-1 道路工程分部分项工程项目清单设置表

项目编码	项目名称	项目特征	计量单位
040101001	挖一般土方	1.土壤类别；2.挖土深度	m^3
040102001	挖一般石方	1.岩石类别；2.开凿深度	m^3
040103001	回填方	1.密实度要求；2.填方材料品种；3.填方粒径要求；4.填方来源、运距	m^3

续表

项目编码	项目名称	项目特征	计量单位
040103002	余方弃置	1.废弃料品种；2.运距	m³
040201001	预压地基	1.排水竖井种类、断面尺寸、排列方式、间距、深度；2.预压方法；3.预压荷载、时间；4.砂垫层厚度	m²
040201004	掺石灰	含灰量	m³
040201005	掺干土	1.密实度；2.掺土率	m³
040201006	掺石	1.材料品种、规格；2.掺石率	m³
040201007	抛石挤淤	材料品种、规格	m³
040201009	塑料排水板	材料品种、规格	m
040201013	深层水泥搅拌桩	1.地层情况；2.空桩长度、桩长；3.桩截面尺寸；4.水泥强度等级、掺量	m
040201014	粉喷桩	1.地层情况；2.空桩长度、桩长；3.桩径；4.粉体种类、掺量；5.水泥强度等级、石灰粉要求	m
040201015	高压水泥旋喷桩	1.地层情况；2.空桩长度、桩长；3.桩截面；4.旋喷类型、方法；5.水泥强度等级、掺量	m
040201016	石灰桩	1.地层情况；2.空桩长度、桩长；3.桩径；4.成孔方法；5.掺和料种类、配合比	m
040201017	灰土（土）挤密桩	1.地层情况；2.空桩长度、桩长；3.桩径；4.成孔方法；5.灰土级配	m
040201019	地基注浆	1.地层情况；2.成孔深度、间距；3.浆液种类及配合比；4.注浆方法；5.水泥强度等级、用量	1.m 2.m³
040201021	土工合成材料	1.材料品种、规格；2.搭接方式	m²
040201022	排水沟、截水沟	1.断面尺寸；2.基础、垫层：材料品种、厚度；3.砌体材料；4.砂浆强度等级；5.伸缩缝填塞；6.盖板材质、规格	m
040201023	盲沟	1.材料品种、规格；2.断面尺寸	m
040202001	路床整形	1.部位；2.范围	m²
040202002	石灰稳定土	1.含灰量；2.厚度	m²
040202003	水泥稳定土	1.水泥含量；2.厚度	m²
040202004	石灰、粉煤灰、土	1.配合比；2.厚度	m²
040202005	石灰、碎石、土	1.配合比；2.碎石规格；3.厚度	m²
040202006	石灰、粉煤灰、碎（砾）石	1.配合比；2.碎（砾）石规格；3.厚度	m²
040202007	粉煤灰	厚度	m²
040202009	砂砾石	1.石料规格；2.厚度	m²
040202010	卵石	1.石料规格；2.厚度	m²
040202011	碎石	1.石料规格；2.厚度	m²
040202012	块石	1.石料规格；2.厚度	m²

续表

项目编码	项目名称	项目特征	计量单位
040202013	山皮石	1.石料规格；2.厚度	m²
040202014	粉煤灰三渣	1.配合比；2.厚度	m²
040202015	水泥稳定碎（砾）石	1.水泥含量；2.石料规格；3.厚度	m²
040202016	沥青稳定碎石	1.沥青品种；2.石料规格；3.厚度	m²
040203001	沥青表面处治	1.沥青品种；2.层数	m²
040203002	沥青贯入式	1.沥青品种；2.石料规格；3.厚度	m²
040203003	透层、黏层	1.材料品种；2.喷油量	m²
040203004	封层	1.材料品种；2.喷油量；3.厚度	m²
040203006	沥青混凝土	1.沥青品种；2.沥青混凝种类；3.石料粒径；4.掺和料；5.厚度	m²
040203007	水泥混凝土	1.混凝土强度等级；2.掺和料；3.厚度；4.嵌缝材料	m²
040203008	块料面层	1.块料品种、规格；2.垫层：材料品种、厚度、强度等级	m²
040204001	人行道整形碾压	1.部位；2.范围	m²
040204002	人行道块料铺设	1.块料品种、规格；2.基础、垫层：材料品种、厚度；3.图形	m²
040204003	现浇混凝土人行道及进口坡	1.混凝土强度等级；2.厚度；3.基础、垫层：材料品种、厚度	m²
040204004	安砌侧（平、缘）石	1.材料品种、规格；2.基础、垫层：材料品种、厚度	m
040204005	现浇侧（平、缘）石	1.材料品种；2.尺寸；3.形状；4.混凝土强度等级；5.基础、垫层：材料品种、厚度	m
040204007	树池砌筑	1.材料品种、规格；2.树池尺寸；3.树池盖面材料品种	个
040901001	现浇构件钢筋	1.钢筋种类；2.钢筋规格	t
040901002	预制构件钢筋	1.钢筋种类；2.钢筋规格	t

2）分部分项工程清单工程量计算

根据《市政工程工程量计算规范》（GB 50857—2013）中道路清单项目的设置顺序及其计量规则，逐一对表2-1中所列项目进行清单工程量计算。

◎	040101001	挖一般土方	计量单位/m³
◎	040102001	挖一般石方	计量单位/m³
◎	040103001	回填方	计量单位/m³

（1）工程量计算规则：按设计图示尺寸，以体积计算。

计算时注意挖方均应按天然密实体积计算，填方应按压实后体积计算；同时注意与挖沟槽、基坑等项目的区别。

（2）工程量计算方法。

以上项目的工程量即为道路工程土方工程量，其计算方法为平均断面法。平均断面法：一般道路工程土方工程量计算时，根据施工横断面图，得到挖、填断面的面积，结合两断面间的距离，计算出该距离段间的挖、填方工程量。道路工程土方表见表2-2。

表 2-2 道路工程土方表

桩号	填方横断面面积/m²	挖方横断面面积/m²	填方工程量/m³	挖方工程量/m³
A	B	C	J	K
D	E	F		
G	H	I	L	M
…	…	…	…	…

$$J = (B + E) \div 2 \times (D - A)$$
$$K = (C + F) \div 2 \times (D - A)$$
$$L = (E + H) \div 2 \times (G - D)$$
$$M = (F + I) \div 2 \times (G - D)$$
$$V_{总填} = (J + L + \cdots)$$
$$V_{总挖} = (K + M + \cdots)$$

(2-1)

注：挖方工程量计算时，当开挖深度不同时，以最深部分挖深为起算点。

如图 2.1 所示，其三类土开挖深度为 6.50m-5.20m=1.30m；其一类土虽然开挖厚度只有 5.20m-4.55m=0.65m，但其挖土深度应为 6.50m-4.55m=1.95m。而由于市政道路为线性道路设计，挖深断面不能一一分列，一般我们定义开挖深度界限时，采用区间段归纳分列（如开挖深度 1.5m 以内、开挖深度 2.0m 以内等）。

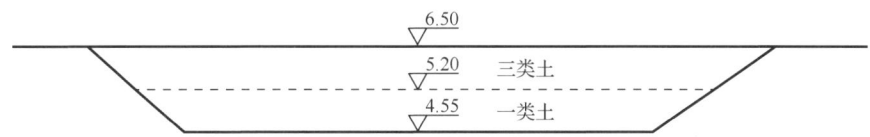

图 2.1 挖方计算开挖深度示意

（3）项目特征。

上述项目的特征中，**土壤类别或填方材料品种**为基本特征，必须描述；不同挖方土壤类别必须分列清单项目（如一类土、二类土、普坚石等），不同材料的项目也必须分列清单项目（如素土回填、塘渣回填、碎石回填等）。

◎	040103002	余方弃置	计量单位/m³

（1）工程量计算规则：按挖方清单项目工程量减利用回填方体积（正数）计算。

计算时注意土方均应按天然密实体积计算。

（2）工程量计算方法。

$$V_{余} = V_{挖} - 1.15 \times V_{填} \tag{2-2}$$

式中　$V_{余}$——余方弃置工程量，m³；

　　　$V_{挖}$——需挖除的土方体积，m³；

　　　$V_{填}$——可利用的回填方体积，m³；

　　　1.15——压实后体积与天然密实体积换算系数。

> **特别提示**
>
> 一般道路工程表层会有部分不能满足填方要求的腐殖土、生活垃圾土、淤泥等存在，可根据规范和施工图计算出该部分的工程量，剩余的满足填筑要求的土（石）方才能归入可利用的填方量，进行土方平衡处理。

（3）项目特征。

本项目两个特征中，**运距**为基本特征，必须描述；不同运距的余方弃置必须分设清单。

知识延伸

路基土石方工程中，填方材料的来源分两类：一是可以作为填料的挖方，称为利用方；二是外部购买或可以从外部取得的填料，称为借方。

借方＝填方（压实后体积）－利用方（压实后体积），借方时应考虑运输损耗系数；

弃方＝挖方（天然密实体积）－利用方（天然密实体积）。

◎	040201001	预压地基	计量单位/m^2

（1）工程量计算规则：按设计图示尺寸，以加固面积计算。

（2）工程量计算方法。

依据规范和施工图，计算加固区域的水平投影面积。

加固面积=加固宽度×里程长度

加固宽度：设计有规定时按设计规定取，设计未规定时按底基层底宽取。

（3）项目特征。

本项目两个特征中，**预压方法与预压荷载**为基本特征，必须描述；不同的预压方法与预压荷载的项目，必须分设清单。

◎	040201004	掺石灰	计量单位/m^3
◎	040201005	掺干土	计量单位/m^3
◎	040201006	掺石	计量单位/m^3

（1）工程量计算规则：按设计图示尺寸，以体积计算。

（2）工程量计算方法。

依据施工图所示或实测范围，计算处理的土石方体积，一般按处理范围水平投影面积乘以处理深度来计算。

（3）项目特征。

上述3项目的特征中，**含灰量、掺土率、掺石率**为基本特征，必须描述；不同**含灰量、掺土率、掺石率**的项目必须分设清单。

◎	040201007	抛石挤淤	计量单位/m^3

（1）工程量计算规则：按设计图示尺寸，以体积计算。

(2)工程量计算方法。

依据施工图或实测范围,计算淤泥处理的体积,一般按处理范围水平投影面积乘以处理深度来计算。

(3)项目特征。

本项目的特征中,**材料品种**为基本特征,必须描述;不同材料品种的项目必须分设清单。

| ◎ | 040201009 | 塑料排水板 | 计量单位/m |

(1)工程量计算规则:按设计图示尺寸,以长度计算。

(2)工程量计算方法。

$$L = n \cdot l_i \tag{2-3}$$

式中 L——某规格塑料排水板总长度,m;

l_i——某规格塑料排水板第 i 根打设长度,m;

n——某规格塑料排水板打设根数。

(3)项目特征。

本项目的特征中,**材料品种、规格**为基本特征,必须描述;不同材料品种、规格的项目必须分设清单。

◎	040201013	深层水泥搅拌桩	计量单位/m
◎	040201014	粉喷桩	计量单位/m
◎	040201015	高压水泥旋喷桩	计量单位/m
◎	040201016	石灰桩	计量单位/m
◎	040201017	灰土(土)挤密桩	计量单位/m

(1)工程量计算规则:按设计图示,以长度计算。

(2)工程量计算方法。

以上项目的工程量依据施工图,按各处理桩的单桩长度乘以根数计算,可采用式(2-3)计算。

(3)项目特征。

本项目的特征中,**桩长、桩径、水泥掺量**为基本特征,必须描述;不同桩长、桩径及水泥掺量的项目必须分设清单。

| ◎ | 040201019 | 地基注浆 | 计量单位/m或m^3 |

(1)工程量计算规则:按设计图示尺寸,以深度或加固体积计算。

(2)工程量计算方法。

① 深度一般以施工图所示的处理深度来计算;

② 加固体积一般以处理范围水平投影面积乘以处理深度来计算。

注:依据不同的注浆方法,选择不同的工程量计算方法,计量单位也不一样,计量单位应能准确反映该项施工作业的特性。

(3) 项目特征。

本项目的特征中**浆液种类、注浆方法**为基本特征,必须描述;不同浆液种类与注浆方法的项目必须分设清单。

| ◎ | 040201021 | 土工合成材料 | 计量单位/m² |

(1) 工程量计算规则:按设计图示尺寸,以面积计算。

(2) 工程量计算方法。

依据施工图,计算铺设的土工合成材料的水平投影面积。

(3) 项目特征。

本项目的特征中,**材料品种、规格**为基本特征,必须描述;不同材料品种、规格的项目必须分设清单。

| ◎ | 040201022 | 排水沟、截水沟 | 计量单位/m |

(1) 工程量计算规则:按设计图示尺寸,以长度计算。

(2) 工程量计算方法。

依据施工图,计算排水沟、截水沟设置长度。

(3) 项目特征。

本项目的特征中,**断面尺寸、砌体材料**为基本特征,必须描述;不同断面尺寸、砌体材料的项目必须分设清单。

| ◎ | 040201023 | 盲沟 | 计量单位/m |

(1) 工程量计算规则:按设计图示尺寸,以长度计算。

(2) 工程量计算方法。

依据施工图,计算盲沟设置长度。

(3) 项目特征。

本项目的特征中,**断面尺寸**为基本特征,必须描述;不同断面尺寸的项目必须分设清单。

| ◎ | 040202001 | 路床整形 | 计量单位/m² |

(1) 工程量计算规则:按设计道路底基层图示尺寸,以面积计算,不扣除各类井所占面积。

(2) 工程量计算方法。

依据施工图,计算路床的水平投影面积,水平投影面积按下列两种情况计算。

① 无交叉口路段(一般路段)面积=路床宽度×道路中心线长度;

② 有交叉口路段面积=一般路段路床面积+交叉口范围路床面积。

交叉口范围路床面积计算示意图如图 2.2 所示。

交叉口范围路床面积可划分为全宽部分面积与转角部分面积两部分。

全宽部分面积=路幅宽度×里程长度;

转角部分面积 $F=R^2[\tan(\alpha/2)-0.00873\alpha]$

其中 α 为道路斜交的夹角，以角度计。

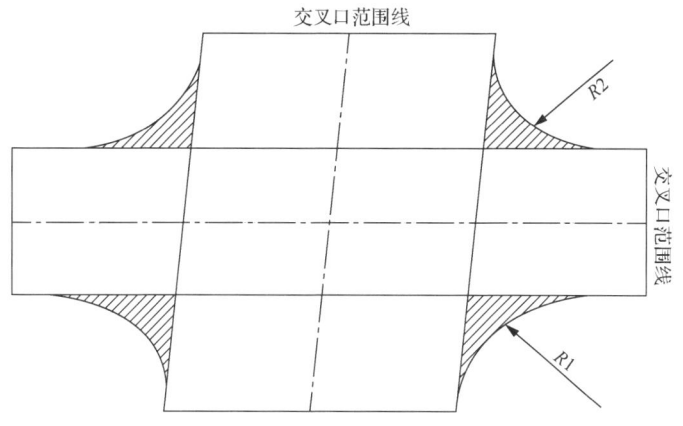

图 2.2 交叉口范围路床面积计算示意图

（3）项目特征。

本项目无基本特征。

◎	040202002	石灰稳定土	计量单位/m²
◎	040202003	水泥稳定土	计量单位/m²

（1）工程量计算规则：按设计图示尺寸，以面积计算，不扣除各类井所占面积。

（2）工程量计算方法。

依据施工图，计算各垫层的水平投影面积，水平投影面积按下列两种情况计算。

① 无交叉口路段面积=垫层宽度×道路中心线长度；

② 有交叉口路段面积=一般路段垫层面积+交叉口范围垫层面积。

（3）项目特征。

上述项目的特征中，**含灰量、水泥含量、厚度**为基本特征，必须描述；不同含灰量、水泥含量及厚度的项目必须分设清单。

◎	040202004	石灰、粉煤灰、土	计量单位/m²
◎	040202005	石灰、碎石、土	计量单位/m²
◎	040202006	石灰、粉煤灰、碎（砾）石	计量单位/m²

（1）工程量计算规则：按设计图示尺寸，以面积计算，不扣除各类井所占面积。

（2）工程量计算方法。

依据施工图，计算各基层的水平投影面积，水平投影面积按下列两种情况计算。

① 无交叉口路段面积=基层宽度×道路中心线长度；

② 有交叉口路段面积=一般路段基层面积+交叉口范围基层面积。

（3）项目特征。

上述项目的特征中，**配合比、厚度**为基本特征，必须描述；不同配合比及厚度的项目必须分设清单。

	040202007	粉煤灰	计量单位/m²
	040202009	砂砾石	计量单位/m²
	040202010	卵石	计量单位/m²
	040202011	碎石	计量单位/m²
	040202012	块石	计量单位/m²
	040202013	山皮石	计量单位/m²

（1）工程量计算规则：按设计图示尺寸，以面积计算，不扣除各类井所占面积。
（2）工程量计算方法。
依据施工图，计算各基层的水平投影面积，水平投影面积按下列两种情况计算。
① 无交叉口路段面积=基层宽度×道路中心线长度；
② 有交叉口路段面积=一般路段基层面积+交叉口范围基层面积。
（3）项目特征。
上述项目的特征中，**厚度**为基本特征，必须描述；不同厚度的项目必须分设清单。

	040202014	粉煤灰三渣	计量单位/m²
	040202015	水泥稳定碎（砾）石	计量单位/m²
	040202016	沥青稳定碎石	计量单位/m²

（1）工程量计算规则：按设计图示尺寸，以面积计算，不扣除各类井所占面积。
（2）工程量计算方法。
依据施工图，计算各基层的水平投影面积，水平投影面积按下列两种情况计算。
① 无交叉口路段面积=基层宽度×道路中心线长度；
② 有交叉口路段面积=一般路段基层面积+交叉口范围基层面积。
（3）项目特征。
上述项目的特征中，**配合比、水泥含量、沥青品种、厚度**为基本特征，必须描述；不同配合比、水泥含量、沥青品种及厚度的项目必须分设清单。

	040203001	沥青表面处治	计量单位/m²
	040203002	沥青贯入式	计量单位/m²

（1）工程量计算规则：按设计图示尺寸，以面积计算，不扣除各类井所占面积，带平石的面层应扣除平石所占面积。
（2）工程量计算方法。
依据施工图，计算各面层的水平投影面积，水平投影面积按下列两种情况计算。
① 无交叉口路段面积=面层宽度×道路中心线长度；
② 有交叉口路段面积=一般路段面层面积+交叉口范围面层面积。
（3）项目特征。
上述项目的特征中，**沥青品种、厚度**为基本特征，必须描述；不同沥青品种及厚度的项目必须分设清单。

	040203003	透层、黏层	计量单位/m²
	040203004	封层	计量单位/m²

（1）工程量计算规则：按设计图示尺寸，以面积计算，不扣除各类井所占面积，带平石的面层应扣除平石所占面积。

（2）工程量计算方法。

依据施工图，计算各层的水平投影面积，水平投影面积按下列两种情况计算。

① 无交叉口路段面积=面层宽度×道路中心线长度；

② 有交叉口路段面积=一般路段面层面积+交叉口范围面层面积。

（3）项目特征。

上述项目的特征中，**材料品种**为基本特征，必须描述；不同材料品种的项目必须分设清单。

◎	040203006	沥青混凝土	计量单位/m²
◎	040203007	水泥混凝土	计量单位/m²
◎	040203008	块料面层	计量单位/m²

（1）工程量计算规则：按设计图示尺寸，以面积计算，不扣除各类井所占面积，带平石的面层应扣除平石所占面积。

（2）工程量计算方法。

依据施工图，计算各面层的水平投影面积，水平投影面积按下列两种情况计算。

① 无交叉口路段面积=面层宽度×道路中心线长度；

② 有交叉口路段面积=一般路段面层面积+交叉口范围面层面积。

（3）项目特征。

上述项目的特征中，**沥青品种、沥青混凝土种类、混凝土强度等级、块料品种、厚度**为基本特征，必须描述；不同沥青品种、沥青混凝土种类、混凝土强度等级、块料品种、厚度的项目必须分设清单。

| ◎ | 040204001 | 人行道整形碾压 | 计量单位/m² |

（1）工程量计算规则：按设计人行道图示尺寸，以面积计算，不扣除侧石、树池和各类井所占面积。

（2）工程量计算方法。

依据施工图，计算人行道路床的水平投影面积；路床的水平投影面积一般为人行道路床宽度乘以人行道纵向中心线长度。

（3）项目特征。

本项目无基本特征。

| ◎ | 040204002 | 人行道块料铺设 | 计量单位/m² |
| ◎ | 040204003 | 现浇混凝土人行道及进口坡 | 计量单位/m² |

（1）工程量计算规则：按设计图示尺寸，以面积计算，不扣除各类井所占面积，但应扣除侧石、树池所占面积。

（2）工程量计算方法。

依据施工图，计算各层水平投影面积；各层水平投影面积一般为人行道各层宽度乘以人行道纵向中心线长度。

（3）项目特征。

上述项目的特征中，**块料品种**、**混凝土强度等级**、**厚度**为基本特征，必须描述；不同块料品种、混凝土强度等级、厚度的项目必须分设清单。

◎	040204004	安砌侧（平、缘）石	计量单位/m
◎	040204005	现浇侧（平、缘）石	计量单位/m

（1）工程量计算规则：按设计图示中心线，以长度计算。

（2）工程量计算方法。

依据施工图所示中心线计算。

（3）项目特征。

上述项目的特征中，**材料品种**、**规格**、**混凝土强度等级**为基本特征，必须描述；不同材料品种、规格、混凝土强度等级的项目必须分设清单。

◎	040204007	树池砌筑	计量单位/个

（1）工程量计算规则：按设计图示数量计算。

（2）工程量计算方法。

依据施工图，确定各树池的类型、尺寸，分别计算各类型、尺寸树池的数量。

（3）项目特征。

上述项目的特征中，**材料品种**、**规格**、**树池尺寸**为基本特征，必须描述；不同材料品种、规格、树池尺寸的项目必须分设清单。

◎	040901001	现浇构件钢筋	计量单位/t
◎	040901002	预制构件钢筋	计量单位/t

（1）工程量计算规则：按设计图示尺寸，以质量计算。

（2）工程量计算方法。

依据式（1-12），对该项目工程量进行计算。

（3）项目特征。

上述项目的两个特征中，**钢筋种类**为基本特征，必须描述；当钢筋种类不同时，项目必须分设清单。

3）分部分项工程项目清单列表

清单工程量计算完成后，应依据《建设工程工程量清单计价规范》（GB 50500—2013）编制分部分项工程项目清单，见表2-3，可使用计价软件进行编制。

表 2-3 分部分项工程项目清单

单位工程及专业工程名称：市政-道路工程

序号	项目编码	项目名称	项目特征描述	计量单位	工程量	综合单价/元	合价/元	其中 人工费/元	其中 机械费/元	备注
1	040101001001	挖一般土方	三类土	m³	1					
2	040102001001	挖一般石方	次坚石	m³	1					
3	040103001001	回填方	三类土	m³	1					
4	040103002001	余方弃置	运距为 3km	m³	1					
5	040201001001	预压地基	预压方式为超载预压	m²	1					
6	040201004001	掺石灰	含灰量为 3%	m³	1					
7	040201005001	掺干土	掺土率为 6%	m³	1					
8	040201006001	掺石	掺石率为 8%	m³	1					
9	040201007001	抛石挤淤	材料品种为块石	m³	1					
10	040201009001	塑料排水板	SPB-A 型塑料排水板	m	1					
11	040201013001	深层水泥搅拌桩	桩径为 $D600$，桩长为 6.5m，水泥强度等级为 42.5	m	1					
12	040201014001	粉喷桩	桩径为 $D500$，桩长为 6.5m，水泥强度等级为 32.5，水泥掺量为 50kg/m	m	1					
13	040201015001	高压水泥旋喷桩	桩径为 $D800$，桩长为 15m，水泥强度等级为 42.5	m	1					
14	040201016001	石灰桩	桩径为 $D400$，桩长为 2.5m	m	1					
15	040201017001	灰土（土）挤密桩	桩径为 $D400$，桩长为 5m，灰土级配为 2：8	m	1					
16	040201019001	地基注浆	水灰比为 0.5，注浆方法为压密注浆	m³	1					
17	040201021001	土工合成材料	600g/m² 长纤土工布	m²	1					
18	040201022001	排水沟、截水沟	断面尺寸 0.6m×0.3m，M7.5 浆砌片石	m	1					
19	040201023001	盲沟	断面尺寸 2m×1m，粗砂	m	1					
20	040202001001	路床整形	路床碾压与检验（含非机动车道）	m²	1					

续表

序号	项目编码	项目名称	项目特征描述	计量单位	工程量	综合单价/元	合价/元	其中 人工费/元	其中 机械费/元	备注
21	040202002001	石灰稳定土	水泥含量10%，厚度20cm	m²	1					
22	040202003001	水泥稳定土	水泥含量6%，厚度30cm	m²	1					
23	040202004001	石灰、粉煤灰、土	石灰、粉煤灰、土配合比（质量比）15∶30∶55，厚度20cm	m²	1					
24	040202005001	石灰、碎石、土	石灰、碎石、土配合比（体积比）1∶3∶6，厚度18cm	m²	1					
25	040202006001	石灰、粉煤灰、碎（砾）石	石灰、粉煤灰、碎（砾）石配合比（体积比）8∶12∶80，厚度35cm	m²	1					
26	040202007001	粉煤灰	厚度12cm	m²	1					
27	040202009001	砂砾石	厚度15cm	m²	1					
28	040202010001	卵石	厚度18cm	m²	1					
29	040202011001	碎石	厚度15cm	m²	1					
30	040202012001	块石	厚度30cm	m²	1					
31	040202013001	山皮石	厚度25cm	m²	1					
32	040202014001	粉煤灰三渣	熟石灰、粉煤灰、碎石配合比（质量比）1∶1.3∶2.4，厚度40cm	m²	1					
33	040202015001	水泥稳定碎（砾）石	水泥含量5%，厚度30cm	m²	1					
34	040202016001	沥青稳定碎石	石油沥青，厚度12cm	m²	1					
35	040203001001	沥青表面处治	石油沥青	m²	1					
36	040203002001	沥青贯入式	石油沥青，厚度8cm	m²	1					
37	040203003001	透层、黏层	石油沥青	m²	1					
38	040203004001	封层	乳化沥青	m²	1					
39	040203006001	沥青混凝土	SMA-13 沥青混凝土，厚度3cm	m²	1					
40	040203007001	水泥混凝土	C30 混凝土，厚度22cm	m²	1					
41	040203008001	块料面层	块料规格1m×1m×0.03m，高湖石	m²	1					
42	040204001001	人行道整形碾压	人行道碾压与检验	m²	1					

续表

序号	项目编码	项目名称	项目特征描述	计量单位	工程量	综合单价/元	合价/元	其中 人工费/元	其中 机械费/元	备注
43	040204002001	人行道块料铺设	块料规格 0.6m×0.6m×0.02m，花岗岩	m²	1					
44	040204003001	现浇混凝土人道及进口坡	C20 混凝土，厚度 12cm	m²	1					
45	040204004001	安砌侧（平、缘）石	块料规格 1m×0.5m×0.2m，花岗岩	m	1					
46	040204005001	现浇侧（平、缘）石	C25 混凝土，平石	m	1					
47	040204007001	树池砌筑	树池尺寸 1.2m×1.5m，花岗岩	个	1					
48	040901001001	现浇构件钢筋	HPB300 圆钢	t	1					
49	040901002001	预制构件钢筋	HRB335 螺纹钢	t	1					
合计										

2. 措施项目清单编制

1）施工技术措施项目

（1）清单项目列项、编码。

道路工程施工技术措施项目清单设置表见表 2-4。

检查与报表

表 2-4 道路工程施工技术措施项目清单设置表

项目编码	项目名称	项目特征	计量单位
041102017	挡墙模板	1.构件类型；2.支模高度	m²
041102018	压顶模板	构件类型	m²
041102021	小型构件模板	构件类型	m²
041102037	其他现浇构件模板	构件类型	m²
041104001	便道	1.结构类型；2.材料种类；3.宽度	m²
041106001	大型机械设备进出场及安拆	1.机械设备名称；2.机械设备规格型号	台·次
041107002	排水、降水	1.机械规格型号；2.降排水管规格	昼夜

（2）施工技术措施项目清单工程量计算。

依据施工方案，对表 2-4 所示项目清单工程量逐一进行讲解。

◎	041102017	挡墙模板	计量单位/m²
◎	041102018	压顶模板	计量单位/m²
◎	041102021	小型构件模板	计量单位/m²
◎	041102037	其他现浇构件模板	计量单位/m²

① 工程量计算规则：按混凝土与模板接触面的面积计算。

② 工程量计算方法。

混凝土与模板接触面的面积=构件两侧立面高度×构件长度+截面积×2。

注：预制构件模板也可以按体积（m³）计量，以预制构件混凝土工程量计算。

③ 项目特征。

本项目无基本特征。

◎	041104001	便道	计量单位/m²

① 工程量计算规则：按设计图示（施工方案）尺寸，以面积计算。

② 工程量计算方法。

便道工程量=依据设计要求或施工方案确定的便道顶面宽度×便道里程长度。

③ 项目特征。

本项目 3 个特征中，**结构类型、材料种类**为基本特征，必须描述；不同结构类型、材料种类的项目必须分设清单。

◎	041106001	大型机械设备进出场及安拆	计量单位/（台·次）

① 工程量计算规则：按使用机械设备的数量计算。

② 工程量计算方法：依据设计要求或施工方案确定的机械设备数量进行计算。

注：同一工程（单个施工合同）使用的机械设备原则上不能多次进出场，即一台机械设备进出场为一个台次。

③ 项目特征。

本项目无基本特征，但进出场与安拆应分设两个清单。

◎	041107002	排水、降水	计量单位/昼夜

① 工程量计算规则：按降排水日历天数计算。

② 工程量计算方法：依据施工方案确定的降排水作业时间来进行计算，计算时取整。

③ 项目特征。

本项目无基本特征，但应依据不同的降排水方法分设清单。

（3）施工技术措施项目清单列表。

清单工程量计算完成后，应依据《建设工程工程量清单计价规范》（GB 50500—2013）编制施工技术措施项目清单，见表 2-5，可使用计价软件进行编制。

表 2-5 施工技术措施项目清单

单位工程及专业工程名称：市政-道路工程

序号	项目编码	项目名称	项目特征描述	计量单位	工程量	综合单价/元	合价/元	其中		备注
								人工费/元	机械费/元	
1	041102017001	挡墙模板	木模	m²	1					
2	041102018001	压顶模板	木模	m²	1					
3	041102021001	小型构件模板	木模	m²	1					
4	041102037001	其他现浇构件模板	复合模板	m²	1					
5	041104001001	便道	井圈	m²	1					
6	041106001001	大型机械设备进出场	履带式推土机 105kW	项	1					
7	041106001002	大型机械设备安拆	三轴搅拌机 TSM-200	项	1					
8	041107002001	排水、降水	明沟	项	1					
		合计								

注：当部分施工技术措施项目的计量单位与工程量不能直接反映工作内容与数量时，可以将其设置为总额计价项目，计量单位为项，工程量为1。大型机械设备进出场及安拆，排水、降水可设置为总额计价项目。

2）施工组织措施项目

市政道路工程的施工组织措施项目与市政排水工程的施工组织措施项目内容相同，具体可见本书任务 1.1 中施工组织措施项目相关内容。

3. 其他项目清单编制

其他项目并不是每个工程必有的工作，是依据每个工程的特殊要求计列的项目。

1）招标人部分：暂列金额、暂估价

暂列金额、暂估价是总额计价的项目，计量单位为"项"，工程量为1。

2）投标人部分：总承包服务费、计日工

总承包服务费也是总额计价的项目，计量单位为"项"，工程量为1。

计日工在清单编制时，无法判断该工作是否发生，数量有多少，是预判项目，因此无工程量或暂定工程量为1；计日工的计量单位为"工日"。

表格导入

3）其他项目清单列表

按照《建设工程工程量清单计价规范》（GB 50500—2013）规定的统一的格式，编制其他项目清单表，见表 2-6。

表 2-6 其他项目清单表

单位工程及专业工程名称：市政-道路工程

序号	项目名称	单位	数量	单价/元	金额/元	备注
1	暂列金额	项	1			
2	暂估价	项	1			
2.1	材料暂估价					
2.2	专业工程暂估价	项	1			
3	计日工	工日	1			
4	总承包服务费	项	1			
	合计					

注：材料暂估单价列入清单项目的综合单价中，本表中不做汇总。

2.1.3 任务分析与实施

案例

完成配套图集中道路工程 K3+460～K3+800 段工程量清单编制。

1. 分部分项工程项目清单编制

1）清单工程量计算

依据施工图与《市政工程工程量计算规范》（GB 50857—2013）列取清单项目，计算工程量。

（1）挖一般土方、回填方。

道路工程土方工程量计算采用平均断面法（即横截面法）或相似棱体法，多使用平均断面法。

首先，根据施工图绘制各桩（间隔 20～50m）横断面，需包括路基线与路面线；其次，根据地形图或实测，取得各桩原地面数据，在设计横断面中绘制原地面线，得到道路施工横断面图；最后，采用积距法计算出各桩挖、填横断面面积，挖、填横断面面积以 A_w 和 A_t 标注。图 2.3 所示为道路施工横断面图。

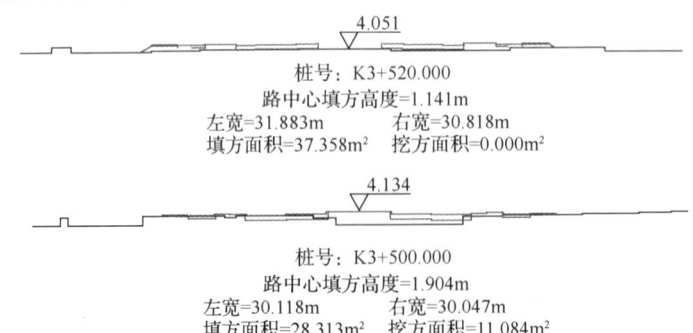

图 2.3 道路施工横断面图

该区段挖、填方工程量可依据式（2-1）进行计算。

依据配套图集内的道路施工横断面图，计算挖、填方工程量，具体可见表2-7。

表 2-7 道路工程土方表（K3+460～K3+800）

桩号	填方横断面面积/m²	挖方横断面面积/m²	填方工程量/m³	挖方工程量/m³
K3+460	18.981	4.623		
			874.890	50.250
K3+480	68.508	0.402		
			968.210	114.860
K3+500	28.313	11.084		
			656.710	110.840
K3+520	37.358	0.000		
			1081.590	0.000
K3+540	70.801	0.000		
			1476.140	0.000
K3+560	76.813	0.000		
			1589.830	0.000
K3+580	82.170	0.000		
			1712.110	0.000
K3+600	89.041	0.000		
			1626.470	0.000
K3+620	73.606	0.000		
			1234.960	17.340
K3+640	49.890	1.734		
			1202.640	42.130
K3+660	70.374	2.479		
			1394.860	55.040
K3+680	69.112	3.025		
			1547.320	30.250
K3+700	85.620	0.000		
			1574.360	0.000
K3+720	71.816	0.000		
			1138.100	69.860
K3+740	41.994	6.986		
			752.680	145.390
K3+760	33.274	7.553		
			638.570	184.600
K3+780	30.583	10.907		
			668.420	264.720
K3+800	36.259	15.565		
合计			20137.860	1085.280

由表2-7可知，填方工程量为20137.860m³，挖方工程量为1085.280m³。本段挖方利用后，不足部分为缺方，缺方工程量为19052.580m³，采用外购土方式增补填方清单项。挖一般土方、回填方、外购土清单工程量见表2-8，表中工程量保留两位小数点。

表2-8 挖一般土方、回填方、外购土清单工程量

项目编码	项目名称	项目特征描述	计量单位	工程量
040101001001	挖一般土方	一、二类土	m³	1085.28
040103001001	回填方	一、二类土	m³	20137.86
040103001002	外购土	一、二类土；运距16km	m³	19052.58

注：本例中回填方已经包含路基填方的填筑与压实等全部场内作业，外购土仅可计借方填料来源价值，也可以设置回填方（利用方）与回填方（借方）两个清单分别计价。

（2）余方弃置。

按全断面清表30cm（即0.3m）来考虑，清表土方工程量即余方弃置工程量，为（800-460）×60×0.3=6120（m³）。

表2-9所示为余方弃置清单工程量。

表2-9 余方弃置清单工程量

项目编码	项目名称	项目特征描述	计量单位	工程量
040103002001	余方弃置	耕植土；运距10km	m³	6120.00

注：施工图说明道路工程土方表中未包含清表挖方，本案例道路施工横断面图中，原地面线设为清表后地面线，即挖一般土方项目中的挖方与清表挖方不重叠，但清表回填已包含在回填方项目中。

土方工程量计算完成后，路床整形、山皮石等项目清单工程量的计算都需要路面结构工程量基础数据，表2-10所示为路面结构工程量基础数据表。

> **特别提示**
>
> 路面各结构层工程量均为水平投影面积，长度相同，仅宽度不同；路面各结构层宽度一般为由上至下逐层变宽；计算各结构层工程量时，可先计算面层面积，以下各层面积计算只需调整宽度即可，这样可减少计算工作量。

表2-10 路面结构工程量基础数据表

序号	计算部位	单位	计算式	工程量	备注
	面层基础数据				
1	快车道一般路段	m²	（800-460）×12×2	8160.00	
2	中央绿化带开口	m²	（545-500）×10-5×5×3.14	371.50	
3	机非分隔带开口	m²	52×(5+4)	468.00	含慢车道开口
4	农居点横向出入口（图2.4）	m²	16×9	144.00	
5	转角	m²	2×9×9×[tan(90/2×3.14159/180)-0.00873×90]	34.72	
6	慢车道	m²	340×4×2-52×4	2512.00	
	侧石基础数据				

续表

序号	计算部位	单位	计算式	工程量	备注
1	中央绿化带侧石	m	（800-545+500-460）×2+10×3.14159	621.42	
2	机非分隔带内侧石	m	（800-460）×2-52+3.14159×9/2+5×2	652.14	
3	机非分隔带外侧石	m	（800-460）×2-52	628.00	
4	人车分隔带侧石	m	（800-460）×2-9×2-16	646.00	
5	边侧石	m	（800-460）×2-16-1.52×2	660.96	1.52为直线与圆弧交点外距
6	平石	m	（800-545+500-460）×2+10×3.14159+（800-460）×2-52+3.14159×9/2	1263.55	

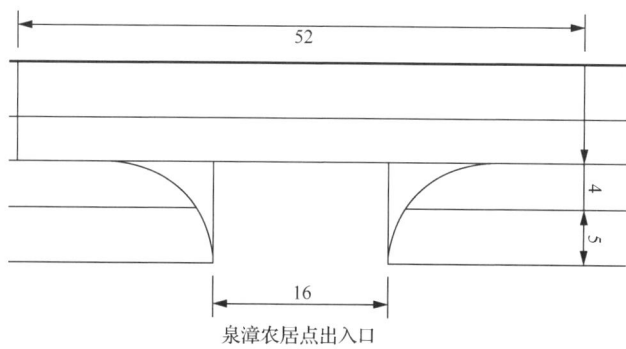

图 2.4 农居点出入口施工图（单位：m）

（3）路床整形。

本项清单设置为车行道路床整形，应包含快车道路床与慢车道路床，但不包括绿化带。表 2-11 所示为路床整形计算表，表 2-12 所示为路床整形清单工程量。

表 2-11 路床整形计算表

序号	计算部位	单位	计算式	工程量	备注
1	快车道	m²	8160+466.07+423.89	9049.96	
	一般路段面层	m²	8160	8160.00	
	左侧加宽宽度	m	0.25+0.1+0.1+0.3	0.75	
	右侧加宽宽度	m	0.15+0.1+0.1+0.3	0.65	
	左侧加宽面积	m²	0.75×621.42	466.07	
	右侧加宽面积	m²	0.65×652.14	423.89	
2	中央绿化带开口	m²	（545-500）×10-5×5×3.14	371.50	
3	机非分隔带开口	m²	52×（5+4）	468.00	含慢车道开口
4	农居点横向出入口	m²	16×9	144.00	

续表

序号	计算部位	单位	计算式	工程量	备注
5	转角	m²	2×9×9×[tan(90/2×3.14159/180)-0.00873×90]	34.72	
6	慢车道	m²	2512+345.4+290.7	3148.10	
	一般路段面层	m²	2512	2512.00	
	左侧加宽宽度	m	0.15+0.1+0.1+0.2	0.55	
	右侧加宽宽度	m	0.15+0.1+0.2	0.45	
	左侧加宽面积	m²	0.55×628	345.40	
	右侧加宽面积	m²	0.45×646	290.70	
	合计			13216.28	

表 2-12 路床整形清单工程量

项目编码	项目名称	项目特征描述	计量单位	工程量
040202001001	路床整形	快车道、慢车道	m²	13216.28

（4）山皮石。

山皮石即为宕渣，常用于垫层，分快车道 30cm 厚与慢车道 20cm 厚两种。表 2-13 所示为山皮石计算表，表 2-14 所示为山皮石清单工程量。

表 2-13 山皮石计算表

序号	计算部位	单位	计算式	工程量	备注
	快车道 30cm 山皮石				
1	快车道	m²	8160+372.85+326.07	8858.92	
	一般路段面层	m²	8160	8160.00	
	左侧加宽宽度	m	0.25+0.1+0.1+0.15	0.60	
	右侧加宽宽度	m	0.15+0.1+0.1+0.15	0.50	
	左侧加宽面积	m²	0.6×621.42	372.85	
	右侧加宽面积	m²	0.5×652.14	326.07	
2	中央绿化带开口	m²	(545-500)×10-5×5×3.14	371.50	
3	机非分隔带开口	m²	52×(5+4)	468.00	含慢车道开口
4	农居点横向出入口	m²	16×9	144.00	
5	转角	m²	2×9×9×[tan(90/2×3.14159/180)-0.00873×90]	34.72	
	合计			9877.14	
	慢车道 20cm 山皮石				
1	慢车道	m²	2512+282.6+226.1	3020.70	

续表

序号	计算部位	单位	计算式	工程量	备注
	一般路段面层	m²	2512	2512.00	
	左侧加宽宽度	m	0.15+0.1+0.1+0.1	0.45	
	右侧加宽宽度	m	0.15+0.1+0.1	0.35	
	左侧加宽面积	m²	0.45×628	282.60	
	右侧加宽面积	m²	0.35×646	226.10	
	合计			3020.70	

表 2-14 山皮石清单工程量

项目编码	项目名称	项目特征描述	计量单位	工程量
040202013001	山皮石	快车道 30cm	m²	9877.14
040202013002	山皮石	慢车道 20cm	m²	3020.70

（5）水泥稳定碎（砾）石。

水泥稳定碎（砾）石基层分快车道 35cm 厚、慢车道 25cm 厚、人行道 15cm 厚三种。表 2-15 所示为水泥稳定碎（砾）石基层计算表，表 2-16 所示为水泥稳定碎（砾）石清单工程量。

表 2-15 水泥稳定碎（砾）石基层计算表

序号	计算部位	单位	计算式	工程量	备注
	快车道 35cm 厚水泥稳定碎（砾）石基层				
1	快车道	m²	8160+217.5+163.04	8540.54	
	一般路段面层	m²	8160	8160.00	
	左侧加宽宽度	m	0.25+0.1	0.35	
	右侧加宽宽度	m	0.15+0.1	0.25	
	左侧加宽面积	m²	0.35×621.42	217.50	
	右侧加宽面积	m²	0.25×652.14	163.04	
2	中央绿化带开口	m²	（545-500）×10-5×5×3.14	371.50	
3	机非分隔带开口	m²	52×（5+4）	468.00	含慢车道开口
4	农居点横向出入口	m²	16×9	144.00	
5	转角	m²	2×9×9×［tan（90/2×3.14159/180）-0.00873×90］	34.72	
	合计			9558.76	
	慢车道 25cm 厚水泥稳定碎（砾）石基层				

续表

序号	计算部位	单位	计算式	工程量	备注
1	慢车道	m²	2512+157	2669.00	
	一般路段面层	m²	2512	2512.00	
	左侧加宽宽度	m	0.15+0.1	0.25	
	右侧加宽宽度	m	0	0.00	
	左侧加宽面积	m²	0.25×628	157.00	
	右侧加宽面积	m²	0	0.00	
	合计			2669.00	
	人行道15cm厚水泥稳定碎（砾）石基层				
1	人行道一般路段	m²	[（800-460）×2-（9×2+16）]×(4-0.15-0.1)	2422.50	
2	转角	m²	21.05×2	42.10	转角可用CAD计算
	合计			2464.60	

表2-16 水泥稳定碎（砾）石清单工程量

项目编码	项目名称	项目特征描述	计量单位	工程量
040202015001	水泥稳定碎（砾）石	快车道35cm；水泥含量5%	m²	9558.76
040202015002	水泥稳定碎（砾）石	慢车道25cm；水泥含量5%	m²	2669.00
040202015003	水泥稳定碎（砾）石	人行道15cm；水泥含量5%	m²	2464.60

（6）透层、黏层。

透层是下面层与基层之间的层间处理，根据规范要求，沥青混凝土路面都应设置透层。黏层是上下面层之间的黏合层，如果上下面层不是连续施工就必须要喷洒，连续施工可以不喷。本案例中设定上下面层连续施工，仅设透层，不设黏层。表2-17所示为透层计算表，表2-18所示为透层清单工程量。

表2-17 透层计算表

序号	计算部位	单位	计算式	工程量	备注
1	快车道	m²	8160-310.71-326.07	7523.22	
	直线路段面层	m²	8160	8160.00	
	左侧平石宽度	m	0.5	0.50	
	右侧平石宽度	m	0.5	0.50	
	左侧平石面积	m²	0.5×621.42	310.71	
	右侧平石面积	m²	0.5×652.14	326.07	
2	中央绿化带开口	m²	（545-500）×10-5×5×3.14	371.50	

续表

序号	计算部位	单位	计算式	工程量	备注
3	机非分隔带开口	m²	52×（5+4）	468.00	含慢车道开口
4	农居点横向出入口	m²	16×9	144.00	
5	转角	m²	2×9×9×[tan（90/2×3.14159/180）-0.00873×90]	34.72	
6	慢车道	m²	2512	2512.00	
	合计			11053.44	

表 2-18 透层清单工程量

项目编码	项目名称	项目特征描述	计量单位	工程量
040203003001	透层、黏层	石油沥青透层	m²	11053.44

（7）沥青混凝土。

快车道沥青混凝土有三层，各层工程量相等；慢车道沥青混凝土有两层，各层工程量相等。五层沥青混凝土共四种沥青材料，其中快车道与慢车道的上面层材料厚度均相同，可以合并计量，也可以分项计量。交叉口及开口部位一般应按快车道结构层施工。表 2-19 所示为沥青混凝土计算表，表 2-20 所示为沥青混凝土清单工程量。

表 2-19 沥青混凝土计算表

序号	计算部位	单位	计算式	工程量	备注
	快车道粗粒式沥青混凝土				
1	快车道	m²	8160-310.71-326.07	7523.22	
	一般路段面层	m²	8160	8160.00	
	左侧平石宽度	m	0.5	0.50	
	右侧平石宽度	m	0.5	0.50	
	左侧平石面积	m²	0.5×621.42	310.71	
	右侧平石面积	m²	0.5×652.14	326.07	
2	中央绿化带开口	m²	（545-500)×10-5×5×3.14	371.50	
3	机非分隔带开口	m²	52×（5+4）	468.00	含慢车道开口
4	农居点横向出入口	m²	16×9	144.00	
5	转角	m²	2×9×9×[tan(90/2×3.14159/180)-0.00873×90]	34.72	
	合计			8541.44	
	快车道中粒式沥青混凝土	m²		8541.44	
	快车道细粒式沥青混凝土	m²		8541.44	
	慢车道粗粒式沥青混凝土	m²		2512.00	
	慢车道细粒式沥青混凝土	m²		2512.00	

表 2-20 沥青混凝土清单工程量

项目编码	项目名称	项目特征描述	计量单位	工程量
040203006001	快车道沥青混凝土	粗粒式；石料粒径 7cm；AC-30 II 沥青混凝土	m²	8541.44
040203006002	快车道沥青混凝土	中粒式；石料粒径 5cm；AC-20 II 沥青混凝土	m²	8541.44
040203006003	快车道沥青混凝土	细粒式；石料粒径 3cm；AC-13 I 沥青混凝土	m²	8541.44
040203006004	慢车道沥青混凝土	粗粒式；石料粒径 6cm；AC-25 I 沥青混凝土	m²	2512.00
040203006005	慢车道沥青混凝土	细粒式；石料粒径 3cm；AC-13 I 沥青混凝土	m²	2512.00

（8）人行道整形碾压。

人行道整形碾压要分层，各层宽度相等，则各层面积相等。

人行道整形碾压面积计算公式为

[（800-460）×2-（9×2+16）]×（4-0.15-0.1)+21.05×2=2464.6（m²）。

表 2-21 所示为人行道整形碾压清单工程量。

表 2-21 人行道整形碾压清单工程量

项目编码	项目名称	项目特征描述	计量单位	工程量
040204001001	人行道整形碾压	人行道	m²	2464.60

（9）人行道块料铺设。

人行道块料铺设清单工程量与人行道整形碾压清单工程量相等，为 2464.6m²。

表 2-22 所示为人行道块料铺设清单工程量。

表 2-22 人行道块料铺设清单工程量

项目编码	项目名称	项目特征描述	计量单位	工程量
040204002001	人行道块料铺设	预制块料，厚度 6cm；彩色板	m²	2464.60

（10）安砌侧（平、缘）石。

安砌侧石清单工程量数据计算详见表 2-10，其中机非分隔带侧石分内侧石和外侧石，其工程量为 1280.14m（652.14m+628.00m）。表 2-23 所示为安砌侧石清单工程量。

表 2-23 安砌侧石清单工程量

项目编码	项目名称	项目特征描述	计量单位	工程量
040204004001	安砌侧石	预制混凝土 C30；H=50cm	m	621.42
040204004002	安砌侧石	预制混凝土 C30；H=37cm	m	1280.14
040204004003	安砌侧石	预制混凝土 C30；H=30cm	m	646.00
040204004004	安砌侧石	预制混凝土 C30；H=20cm	m	660.96
040204004005	安砌平石	预制混凝土 C30；50cm×50cm×12cm	m	1263.55

2）分部分项工程项目清单

清单工程量计算完成后，将各项清单工程量汇总，得到分部分项工程项目清单，见表 2-24。

表 2-24 分部分项工程项目清单

单位工程及专业工程名称：市政-道路工程

序号	项目编码	项目名称	项目特征描述	计量单位	工程量	综合单价/元	合价/元	其中		备注
								人工费/元	机械费/元	
1	040101001001	挖一般土方	一、二类土	m³	1085.28					
2	040103001001	回填方	一、二类土	m³	20137.86					
3	040103001002	外购土	一、二类土；运距16km	m³	19052.58					
4	040103002001	余方弃置	耕植土；运距10km	m³	6120.00					
5	040202001001	路床整形	快车道、慢车道	m²	13216.28					
6	040202013001	山皮石	快车道30cm	m²	9877.14					
7	040202013002	山皮石	慢车道20cm	m²	3020.70					
8	040202015001	水泥稳定碎（砾）石	快车道35cm；水泥含量5%	m²	9558.76					
9	040202015002	水泥稳定碎（砾）石	慢车道25cm；水泥含量5%	m²	2669.00					
10	040202015003	水泥稳定碎（砾）石	人行道15cm；水泥含量5%	m²	2464.60					
11	040203003001	透层、黏层	石油沥青透层	m²	11053.44					
12	040203006001	快车道沥青混凝土	粗粒式；石料粒径7cm；AC-30Ⅱ沥青混凝土	m²	8541.44					
13	040203006002	快车道沥青混凝土	中粒式；石料粒径5cm；AC-20Ⅱ沥青混凝土	m²	8541.44					
14	040203006003	快车道沥青混凝土	细粒式；石料粒径3cm；AC-13Ⅰ沥青混凝土	m²	8541.44					
15	040203006004	慢车道沥青混凝土	粗粒式；石料粒径6cm；AC-25Ⅰ沥青混凝土	m²	2512.00					
16	040203006005	慢车道沥青混凝土	细粒式；石料粒径3cm；AC-13Ⅰ沥青混凝土	m²	2512.00					
17	040204001001	人行道整形碾压	人行道	m²	2464.60					
18	040204002001	人行道块料铺设	预制块料，厚度6cm；彩色板	m²	2464.60					
19	040204004001	安砌侧石	预制混凝土C30；H=50cm	m	621.42					
20	040204004002	安砌侧石	预制混凝土C30；H=37cm	m	1280.14					

续表

序号	项目编码	项目名称	项目特征描述	计量单位	工程量	综合单价/元	合价/元	其中 人工费/元	其中 机械费/元	备注
21	040204004003	安砌侧石	预制混凝土C30；H=30cm	m	646.00					
22	040204004004	安砌侧石	预制混凝土C30；H=20cm	m	660.96					
23	040204004005	安砌平石	预制混凝土C30；50cm×50cm×12cm	m	1263.55					
合计										

2. 措施项目清单编制

1）施工技术措施项目工程量清单

结合施工图与施工方案，编制施工技术措施项目工程量清单。本案例施工技术措施项目有其他现浇构件模板和大型机械进出场。

（1）清单工程量计算。

① 其他现浇构件模板。

根据施工图、施工方案、清单工程量计算规则，结合路面结构图路-08、路-09 等，计算侧石靠背等模板工程量。表 2-25 所示为其他现浇构件模板工程量计算表，表 2-26 所示为其他现浇构件模板清单工程量。

表 2-25 其他现浇构件模板工程量计算表

序号	计算部位	单位	计算式	工程量	备注
1	中央绿化带侧石靠背	m²	621.42×0.17	105.64	
	侧石长度	m	621.42	621.42	
	模板高度	m	0.15+0.02	0.17	
2	机非分隔带带侧石靠背	m²	1280.14×0.10	128.01	
	侧石长度	m	1280.14	1280.14	
	模板高度	m	0.10	0.10	
3	机动车道水泥稳定碎石基层模板	m²	（621.42+652.14）×0.35	445.75	
4	非机动车道水泥稳定碎石基层模板	m²	（628.00+646）×0.25	318.50	
	合计	m²	105.64+128.01+445.75+318.5	997.90	

表 2-26 其他现浇构件模板清单工程量

项目编码	项目名称	项目特征描述	计量单位	工程量
041102037001	其他现浇构件模板	复合木模	m²	997.90

② 大型机械进出场。

根据施工方案，确定大型机械类型与数量，本案例暂估其工程量为 8 台·次。表 2-27

所示为大型机械进出场清单工程量。

表 2-27 大型机械进出场清单工程量

项目编码	项目名称	项目特征描述	计量单位	工程量
041106001001	大型机械进出场	推土机、压路机等	台·次	8（暂估）

（2）施工技术措施项目清单列表。

将各项清单工程量汇总，得到施工技术措施项目清单，见表 2-28。

表 2-28 施工技术措施项目清单

单位工程及专业工程名称：市政-道路工程

序号	项目编码	项目名称	项目特征描述	计量单位	工程量	综合单价/元	合价/元	其中		备注
								人工费/元	机械费/元	
1	041102037001	其他现浇构件模板	复合木模	m²	997.90					
2	041106001001	大型机械进出场	推土机、压路机等	台·次	8（暂估）					
			合计							

2）施工组织措施项目清单

结合施工图、施工方案、施工地点及时间等，编制施工组织措施项目清单。施工组织措施项目清单见表 2-29。

表 2-29 施工组织措施项目清单

单位工程及专业工程名称：市政-道路工程

序号	项目编码	项目名称	计算基数	费率/（%）	金额/元	备注
1	041109001001	安全文明施工				
2	041109005001	行车、行人干扰				
		合计				

3. 其他项目清单编制

其他项目清单见表 2-30。

表 2-30 其他项目清单

单位工程及专业工程名称：市政-道路工程

序号	项目名称	单位	数量	单价/元	金额/元	备注
1	暂列金额	项	1			
2	计日工	工日				
		合计				

2.1.4 实训任务

完成配套图集设计范围内道路工程清单编制。

1. 实施要求

（1）快车道与慢车道相同子目应分设清单。

（2）一般路段面积计算不能使用CAD图形面积数值，交叉口面积计算可用CAD图形面积数值。

（3）项目特征尽可能描述完整，基本特征不可遗漏。

（4）池塘回填应设置挖淤泥与宕渣回填两个清单项目。

（5）必须增设路基清表清单，清表方不可利用。

2. 指导说明

（1）路基施工填方工程量中已经包含路基范围内的池塘回填工程量。

（2）清表厚度按25cm或30cm考虑。

（3）外购土材料品种不限，满足设计要求即可。

（4）路面工程是否连续施工可自行拟定。

（5）图纸填挖工程量不能直接作为清单工程量；交叉口清单工程量应单独计算，可取交叉口路基面积与交叉口范围内道路中心线填挖高度平均值的乘积。

（6）尝试使用软件，合并排水管道工程清单与道路工程清单。

小　结

本任务阐述了市政道路工程清单项目的设置，以及清单通常包含的工作内容、清单工程量计算规则与方法等；重点是各清单项目工程量计算方法、项目特征描述技巧。要结合施工方法确定道路各构造的施工分界面；使用平均断面法计算道路土石方工程量是道路计量的难点和要点，应通过大量施工实例加以训练。

思考练习题

1. 一般情况下，路基预压工程量应该如何计算？
2. 外购土若不单设清单项目，应计入哪些清单项？
3. 若需要按部位分设清单，道路工程如何划分部位？
4. 什么情况下要考虑设置冬雨季施工费？
5. 本书案例按道路全宽计算了清表工程量，但实际工作中路基清表应计算哪些部位？

任务 2.2　市政道路工程计价清单编制

2.2.1　任务导入

工作任务

道路工程计价清单编制

完成配套图集《市政工程施工图案例图集》项目一道路工程施工图纸中路基路面工程计价清单编制。

具体任务如下。

（1）根据配套图集及工程量清单，编制路基路面工程分部分项工程清单与计价表。

（2）根据配套图集及工程量清单，编制路基路面工程措施项目清单与计价表。

（3）根据配套图集及工程量清单，编制路基路面工程其他项目计价表。

（4）根据配套图集及工程量清单，编制单位工程招标控制价（报价）汇总表。

工作手段

《建设工程工程量清单计价规范》（GB 50500—2013）、《市政工程工程量计算规范》（GB 50857—2013）、《浙江省市政工程预算定额》（2018 版）、计算器等。

成果与检测

（1）根据道路里程划分，给每位学生布置工作任务，每个小组编制完成一份完整的清单计价表。

（2）采用教师评价和学生互评的方式打分。

2.2.2　相关知识

道路工程计价表按照《建设工程工程量清单计价规范》（GB 50500—2013）规定的清单计价的统一格式与内容，工程量清单，以及《浙江省建设工程计价规则》（2018 版）进行编制，其内容主要是分部分项工程清单与计价表、措施项目清单与计价表、其他项目计价表、招标控制价（报价）汇总表。

1．分部分项工程清单与计价表编制

道路工程分部分项工程清单与计价表应根据分部分项工程项目清单、清单项目所对应的定额分项、《市政工程工程量计算规范》（GB 50857—2013）以及《浙江省建设工程计价规则》（2018 版）规定的计费方法进行编制。

分部分项工程清单与计价表编制的步骤如下：确定各清单项目对应的定额分项的工作内容（定额分项）→定额分项工程量计算→套取预算定额，计算清单项目综合单价→分部分项工程清单与计价表列表。

1）确定定额分项

应依据《市政工程工程量计算规范》（GB 50857—2013）规定的清单项目，结合施工图、施工方案，并依据《浙江省市政工程预算定额》（2018版）划分的定额分项，确定定额分项名称和定额编号。

编制分部分项工程清单与计价表，必须详细了解预算定额的项目划分，结合分项工程施工方法，按照分项工程的施工工序流程，逐个列出各清单项目所对应的定额分项。

市政道路工程分部分项清单与对应的定额分项见表2-31，表中可组定额分项依据相关规范列取，在实际施工中仅作参考，本表后的定额分项工程量计算中的一般组价项为实际施工中常用的定额分项，与规范并不完全一致。

表2-31 市政道路工程分部分项清单与对应的定额分项

项目编码	项目名称	工作内容	可组定额分项	对应定额编号
040101001	挖一般土方	1.排地表水；2.土方开挖；3.围护及拆除；4.基底钎探；5.场内运输	1.人工挖土方	1-1～1-12
			2.机械挖土方	1-68～1-73
			3.打拔工具桩	1-421～1-470
			4.木、竹、钢挡土板	1-471～1-484
			5.人工装、运土方	1-37～1-43
			6.推土机推土	1-56～1-67
			7.装载机装松散土、装运土方	1-88～1-93
			8.自卸车运土	1-94～1-95
040102001	挖一般石方	1.排地表水；2.石方开凿；3.修整底、边；4.场内运输	1.人工、机械凿石	1-117～1-126
			2.明挖石方运输	1-143～1-148
			3.推土机推石碴	1-149～1-152
			4.挖掘机挖石碴	1-153～1-154
			5.自卸汽车运石碴	1-155～1-156
040103001	回填方	1.运输；2.回填；3.压实	1.人工装、运土方	1-37～1-43
			2.装载机装松散土、装运土方	1-88～1-93
			3.自卸汽车运土	1-94～1-95
			4.明挖石方运输	1-143～1-148
			5.挖掘机挖石碴	1-153～1-154
			6.自卸汽车运石碴	1-155～1-156
			7.人工填土、夯实	1-52～1-53
			8.机械填土碾压	1-110～1-112
			9.机械填土夯实	1-115～1-116
			10.路基填筑砂、塘渣、粉煤灰	2-67～2-70

续表

项目编码	项目名称	工作内容	可组定额分项	对应定额编号
040103002	余方弃置	余方点装料，运输至弃置点	1.人工装、运土方	1-37～1-43
			2.推土机推土	1-56～1-67
			3.装载机装松散土、装运土方	1-88～1-93
			4.自卸汽车运土	1-94～1-95
			5.明挖石方运输	1-143～1-148
			6.挖掘机挖石碴	1-153～1-154
			7.自卸汽车运石碴	1-155～1-156
040201001	预压地基	1.设置排水竖井、盲沟、滤水管； 2.铺设砂垫层、密封膜； 3.堆载、卸载或抽气设备安拆、抽真空； 4.材料运输	1.堆载预压	2-6～2-15
			2.真空预压	
040201004	掺石灰	1.掺石灰； 2.夯实	1.掺石灰	2-40～2-41, 2-43～2-44
			2.消解石灰	2-145～2-146
040201005	掺干土	1.掺干土； 2.夯实		企业定额
040201006	掺石	1.掺干土； 2.夯实	改换片石	2-42
040201007	抛石挤淤	1.抛石挤淤； 2.填塞垫平、压实	抛石挤淤	2-71
040201009	塑料排水板	1.安装排水板； 2.沉管插板； 3.拔管	塑料排水板	2-56～2-57
040201013	深层水泥搅拌桩	1.预搅下钻、水泥浆制作、喷浆搅拌提升成桩； 2.材料运输	水泥搅拌桩（喷浆）	1-210～1-212, 1-216
040201014	粉喷桩	1.预搅下钻、喷粉搅拌提升成桩； 2.材料运输	水泥搅拌桩（喷粉）	1-213～1-214
040201015	高压水泥旋喷桩	1.成孔； 2.水泥浆制作、高压旋喷注浆； 3.材料运输	1.钻孔	1-206
			2.喷浆	1-207～1-209
040201016	石灰桩	1.成孔； 2.混合料制作、运输、夯填	1.石灰砂桩	2-45～2-46
			2.消解石灰	2-145～2-146
040201017	灰土（土）挤密桩	1.成孔； 2.灰土拌和、运输、填充、夯实		企业定额

续表

项目编码	项目名称	工作内容	可组定额分项	对应定额编号
040201019	地基注浆	1.成孔; 2.注浆导管制作、安装; 3.浆液制作、压浆; 4.材料运输	1.分层注浆	1-202～1-203
			2.压密注浆	1-204～1-205
040201021	土工合成材料	1.基层整平; 2.铺设; 3.固定	1.土工布	2-58～2-59
			2.土工格栅	2-60～2-62
040201022	排水沟、截水沟	1.模板制作、安装、拆除; 2.基础、垫层铺筑; 3.混凝土拌和、运输、浇筑; 4.侧墙浇捣或砌筑; 5.勾缝、抹面; 6.盖板安装	1.垫层	6-284～6-295
			2.基础	6-296～6-305
			3.混凝土浇捣	6-318～6-320
			4.砌筑	6-312～6-317, 6-304～6-308
			5.抹面	6-326～6-328
			6.勾缝	6-331～6-334
			7.沉降缝	6-338～6-345
			8.盖板制作、安装	6-346～6-362
040201023	盲沟	铺筑	1.砂石盲沟	2-4
			2.滤管盲沟	2-5
040202001	路床整形	1.放样; 2.整修路拱; 3.碾压成型	路床碾压检验	2-1
040202002	石灰稳定土			企业定额
040202003	水泥稳定土		1.水泥稳定土	2-63～2-66
			2.顶层多合土养生	2-143～2-144
040202004	石灰、粉煤灰、土	1.拌和; 2.运输; 3.铺筑; 4.找平; 5.碾压; 6.养护	1.石灰、粉煤灰、土基层	2-73～2-82
			2.顶层多合土养生	2-143～2-144
040202005	石灰、碎石、土		1.石灰、碎石、土基层	2-85～2-88
			2.顶层多合土养生	2-143～2-144
040202006	石灰、粉煤灰、碎(砾)石		1.石灰、粉煤灰、碎(砾)石基层	2-83～2-84
			2.顶层多合土养生	2-143～2-144
040202007	粉煤灰			企业定额
040202009	砂砾石		砂砾石底层	2-95～2-98
040202010	卵石		卵石底层	2-99～2-102

续表

项目编码	项目名称	工作内容	可组定额分项		对应定额编号
040202011	碎石	1.拌和; 2.运输; 3.铺筑; 4.找平; 5.碾压; 6.养护	碎石底层		2-103～2-106
040202012	块石		块石底层		2-107～2-110
040202013	山皮石		塘渣底层		2-115～2-118
040202014	粉煤灰三渣		1.粉煤灰三渣基层		2-89～2-92
			2.顶层多合土养生		2-143～2-144
040202015	水泥稳定碎（砾）石		1.水泥稳定碎石基层		2-129～2-138
			2.水泥稳定碎石砂基层		2-139～2-142
			3.顶层多合土养生		2-143～2-144
040202016	沥青稳定碎石		沥青稳定碎石基层		2-127～2-128
040203001	沥青表面处治	1.喷油、布料; 2.碾压	沥青表面处治		2-149～2-154
040203002	沥青贯入式	1.摊铺碎石; 2.喷油、布料; 3.碾压	沥青贯入式路面		2-155～2-159
040203003	透层、黏层	1.清理下承面; 2.喷油、布料	1.透层		2-160～2-163
			2.黏层		2-164～2-167
040203004	封层	1.清理下承面; 2.喷油、布料; 3.压实	封层		2-168～2-171
040203006	沥青混凝土	1.清理下承面; 2.拌和、运输; 3.摊铺、整形; 4.压实	沥青混凝土路面	1.粗粒式	2-184～2-193
				2.中粒式	2-194～2-203
				3.细粒式	2-204～2-212
040203007	水泥混凝土	1.模板制作、安装、拆除; 2.混凝土拌和、运输、浇筑; 3.拉毛; 4.压痕或刻防滑槽; 5.伸缝; 6.缩缝; 7.锯缝、嵌缝; 8.路面养护	1.水泥混凝土路面		2-213～2-215
			2.伸缩缝嵌缝、锯缝		2-216～2-222
			3.混凝土路面刻防滑槽		2-223
			4.水泥混凝土路面养生		2-224～2-226
040203008	块料面层	1.铺筑垫层; 2.铺砌块料; 3.嵌缝、勾缝	1.铺筑垫层		2-230～2-231
			2.块料铺贴		2-227～2-228
040204001	人行道整形碾压	1.放样; 2.碾压	人行道整形碾压		2-2
040204002	人行道块料铺设	1.基础、垫层铺筑; 2.块料铺设	1.人行道混凝土基础		2-230～2-231
			2.人行道板安砌		2-232，2-233

续表

项目编码	项目名称	工作内容	可组定额分项	对应定额编号
040204003	现浇混凝土人行道及进口坡	1.模板制作、安装、拆除； 2.基础、垫层铺筑； 3.混凝土拌和、运输、浇筑	1.模板	2-242～2-245
			2.现浇人行道	2-257
040204004	安砌侧（平、缘）石	1.开槽； 2.基础、垫层铺筑； 3.侧（平、缘）石安砌	1.侧（平）石垫层	2-246～2-248
			2.侧（平）石安砌	2-249～2-255
040204005	现浇侧（平、缘）石	1.模板制作、安装、拆除； 2.开槽； 3.基础、垫层铺筑； 4.混凝土拌和、运输、浇筑	1.侧（平）石垫层	2-246～2-248
			2.现浇侧（平）石	2-256
040204007	树池砌筑	1.基础、垫层铺筑； 2.树池砌筑； 3.盖面材料运输、安装	1.砌筑树池	2-258～2-261
			2.树池盖制作、安装	企业定额
040901001	现浇构件钢筋	1.制作； 2.运输； 3.安装	现浇混凝土钢筋	1-268～1-271， 1-282～285
040901002	现浇构件钢筋	1.制作； 2.运输； 3.安装	预制混凝土钢筋	1-268～1-271

对于招标项目，在投标计价过程中，对给定的分部分项工程项目清单不能做任何修改。

2）定额分项工程量计算

根据预算定额的工程量计算规则，逐一对表 2-31 中清单项目进行定额工程量计算，这里仅采用表 2-31 中的清单项目名称，清单项目的一般组价项依据工程实际列取，与表 2-31 中的可组定额分项不再对应。

◎	040101001	挖一般土方	计量单位/m^3
◎	040102001	挖一般石方	计量单位/m^3

说明：上方条目为清单项目，条目下方为本清单项目对应的组价项及该组价项的工程量计算。其他条目与本条目相同。

（1）一般组价项。

人工挖土方：人工辅助开挖作业。

机械挖土方：挖掘机开挖土方作业。

机械凿石：凿岩机凿石作业。

挖掘机挖石碴：挖掘机挖石碴作业。

推土机推石碴：推土机推平、推运石碴作业。

推土机推土：推土机推平、推运土作业。

明挖石方运输：场内石方调运所需装运石方作业。

装载机装运土方：场内土方调运所需装运土方作业。

（2）工程量计算规则。

按施工图规定的开挖断面，计算体积。

（3）工程量计算方法。

本项目定额计算规则与清单计算规则相同，所以其定额工程量与清单工程量相等，即本项目多种开挖方法的定额工程量合计应等于本项目清单工程量。

各种路基开挖方法的实际挖方量依据施工方案确定。其中明挖石方运输、装载机装运土方不是开挖作业，是施工方案确定的调运数量。

| ◎ | 040103001 | 回填方 | 计量单位/m³ |

（1）一般组价项。

机械填土碾压：土方填筑碾压作业。

路基填筑塘渣：塘渣填筑碾压作业。

（2）工程量计算规则。

按设计图示尺寸，以体积计算。

计算时要注意填方应按压实后体积计算。

（3）工程量计算方法。

本项目定额计算规则与清单计算规则相同，所以其定额工程量与清单工程量相等。

知识延伸

利用方的填筑计价除回填、碾压工作外，还应考虑场内装、运工作。

借方的填筑计价应根据填料取得方式的不同，考虑填料价格、挖掘、场外运输等工作。

| ◎ | 040103002 | 余方弃置 | 计量单位/m³ |

（1）一般组价项。

自卸汽车运土：余土外运作业。

自卸汽车运石碴：多余石方外运作业。

挖掘机挖石碴：挖掘机挖石碴作业。

装载机装松散土：需外运土方装车作业。

（2）工程量计算规则：按挖方清单项目工程量减利用方工程量（正数）计算。

计算时要注意余方应按天然密实体积计算。

（3）工程量计算方法。

本项目工程量计算时，应注意清表土方不可利用，必须外运，清表土方应为设计图示清表面积乘以清表厚度（设计未规定清表厚度时，取 15～30cm）。

由于定额计算规则与清单计算规则相同，本项目定额工程量与清单工程量相等。

| ◎ | 040201001 | 预压地基 | 计量单位/m² |

（1）一般组价项。

路基预压：路基表面等载或超载的堆载、补方、卸载作业。

（2）工程量计算规则。

按设计图示尺寸以面积计算。
（3）工程量计算方法。
本项目定额工程量为加固层顶面水平投影面积（区分预压强度）。

特别提示

路基的堆载预压需要堆载材料，但堆载材料在预压完成后要全部卸完，所以一般不考虑材料费用；但可以考虑堆载材料的场内运输费用。

◎	040201004	掺石灰	计量单位/m³
◎	040201005	掺干土	计量单位/m³
◎	040201006	掺石	计量单位/m³

（1）一般组价项。

掺石灰：土壤掺石灰、夯实、整平作业。

消解石灰：石灰消解作业。

掺干土：土壤掺干土、夯实、整平作业。

改换片石：土壤掺片石、夯实、整平作业。

（2）工程量计算规则。

掺石灰：按设计图示尺寸，以体积计算。

消解石灰：按生石灰质量计算。

掺干土：按设计图示尺寸，以体积计算。

改换片石：按设计图示尺寸，以体积计算。

（3）工程量计算方法。

掺石灰工程量=垫层顶面水平投影面积×设计掺灰厚度。

消解石灰工程量为

$$W = V \times 1.95 \times i \tag{2-4}$$

式中　W——消耗生石灰质量，t；
　　　V——灰土工程量，m³；
　　　i——设计掺灰量。

掺干土工程量=垫层顶面水平投影面积×设计掺土厚度。

改换片石工程量=垫层顶面水平投影面积×设计掺片石厚度。

| ◎ | 040201007 | 抛石挤淤 | 计量单位/m³ |

（1）一般组价项。

抛石挤淤：铺筑、碾压作业。

（2）工程量计算规则。

抛石挤淤：按设计图示尺寸，以体积计算。

（3）工程量计算方法。

抛石挤淤工程量=加固区域水平投影面积×平均深度。

| ◎ | 040201009 | 塑料排水板 | 计量单位/m |

（1）一般组价项。

塑料排水板：穿板、插入作业。

（2）工程量计算规则。

塑料排水板：按设计深度，以米计算。

（3）工程量计算方法。

塑料排水板工程量=设计单板长度×根数。

◎	040201013	深层水泥搅拌桩	计量单位/m
◎	040201014	粉喷桩	计量单位/m
◎	040201015	高压水泥旋喷桩	计量单位/m

（1）一般组价项。

水泥搅拌桩（喷浆）：搅拌喷浆作业。

水泥搅拌桩（喷粉）：搅拌喷粉作业。

钻孔：钻机钻孔作业。

喷浆：高压喷浆作业。

（2）工程量计算规则。

水泥搅拌桩（喷浆）：按设计图示尺寸，以体积计算。设计无特殊规定时，桩长按以下规定计算：围护桩桩长按设计桩长计算；承重桩桩长按设计桩长增加 0.5m 计算。

水泥搅拌桩（喷粉）：按设计图示尺寸，以体积计算。设计无特殊规定时，桩长按以下规定计算：围护桩桩长按设计桩长计算；承重桩桩长按设计桩长增加 0.5m 计算。

钻孔：按原地面至设计桩底的距离，以延长米计算。

喷浆：按设计图示尺寸，以体积计算。

（3）工程量计算方法。

水泥搅拌桩（喷浆）工程量=桩截面积×桩长×桩数。

水泥搅拌桩（喷粉）工程量=桩截面积×桩长×桩数。

钻孔工程量=（原地面标高-设计桩底标高）×桩数。

喷浆工程量=桩截面积×桩长×桩数。

| ◎ | 040201016 | 石灰桩 | 计量单位/m |
| ◎ | 040201017 | 灰土（土）挤密桩 | 计量单位/m |

（1）一般组价项。

石灰砂桩：挖孔、填灰砂、夯实作业。

消解石灰：石灰消解作业。

（2）工程量计算规则。

石灰砂桩：按桩体体积计算。

消解石灰：按生石灰质量计算。

(3) 工程量计算方法。

石灰砂桩工程量=桩截面积×桩长×桩数。

消解石灰工程量可按式（2-4）计算。

| ◎ | 040201019 | 地基注浆 | 计量单位/m或m³ |

(1) 一般组价项。

钻孔：钻机钻孔作业。

喷浆：分层喷浆作业。

(2) 工程量计算规则。

钻孔：按设计规定的深度，以延长米计算。

喷浆：按设计规定的体积计算。

知识延伸

若采用压密注浆，则注浆工程量按以下规定计算。

（1）设计图纸明确加固土体体积的，按设计图纸注明的体积计算。

（2）设计图纸以布点形式图示土体加固范围的，则按两孔间距的一半作为扩散半径，以布点边线各加扩散半径，形成计算平面，计算注浆体积。

（3）如设计图纸注浆点在钻孔灌注桩之间，按两注浆孔距的一半作为每孔的扩散半径，以此圆柱体体积计算注浆体积。

(3) 工程量计算方法。

钻孔工程量=设计孔深×孔数。

喷浆工程量=加固区域水平投影面积×加固深度。

| ◎ | 040201021 | 土工合成材料 | 计量单位/m² |

(1) 一般组价项。

土工布：清理、铺筑、锚固作业。

土工格栅：清理、铺筑、固定作业。

(2) 工程量计算规则。

土工布：按图示尺寸，以面积计算。

土工格栅：按图示尺寸，以面积计算。

(3) 工程量计算方法。

土工布工程量=设计铺设宽度×长度。

土工格栅工程量=设计铺设宽度×长度。

| ◎ | 040201022 | 排水沟、截水沟 | 计量单位/m |

(1) 一般组价项。

垫层：各类垫层作业。

基础：各类基础作业。

现浇混凝土边沟：混凝土浇筑作业。
砌筑边沟：砌体砌筑作业。
抹面：砌体抹面作业。
勾缝：砌体勾缝作业。
沉降缝：边沟沉降缝设置。
盖板制作、安装：混凝土盖板预制安装作业。
（2）工程量计算规则。
垫层：按图示尺寸，以体积计算。
基础：按图示尺寸，以体积计算。
现浇混凝土边沟：按图示尺寸，以体积计算。
砌筑边沟：按图示尺寸，以体积计算。
抹面：按图示尺寸，以面积计算。
勾缝：按图示尺寸，以面积计算。
沉降缝：按图示尺寸，以面积或长度计算。
盖板制作、安装：按图示尺寸，以体积计算。
（3）工程量计算方法。
垫层工程量=截面积×长度。
基础工程量=截面积×长度。
现浇混凝土边沟工程量=截面积×长度。
砌筑边沟工程量=截面积×长度。
抹面工程量=沟体内外侧立面高度×沟长。
勾缝工程量=沟体内外侧立面高度×沟长。
沉降缝工程量=缝深×缝长，或直接取缝长。
盖板制作、安装工程量=平面投影面积×厚度×盖板数量。

| ◎ | 040201023 | 盲沟 | 计量单位/m |

（1）一般组价项。
砂石盲沟：挖沟、填实作业。
滤管盲沟：挖沟、填实作业。
（2）工程量计算规则。
砂石盲沟：按图示尺寸，以长度计算。
滤管盲沟：按图示尺寸，以长度计算。
（3）工程量计算方法。
砂石盲沟为施工图确定的盲沟长度。
滤管盲沟为施工图确定的盲沟长度。

| ◎ | 040202001 | 路床整形 | 计量单位/m² |

（1）一般组价项。
路床碾压检验：挖填找平、碾压作业。

（2）工程量计算规则。

路床碾压检验：按图示尺寸加加宽值乘里程长度，以面积计算；加宽值在设计无明确规定时，按底层两侧各加 25cm 计算。

（3）工程量计算方法。

路床碾压检验工程量=［垫层（底基层）底面宽度+加宽值］×里程长度。

◎	040202002	石灰稳定土	计量单位/m²
◎	040202003	水泥稳定土	计量单位/m²
◎	040202004	石灰、粉煤灰、土	计量单位/m²
◎	040202005	石灰、碎石、土	计量单位/m²
◎	040202006	石灰、粉煤灰、碎（砾）石	计量单位/m²
◎	040202007	粉煤灰	计量单位/m²
◎	040202009	砂砾石	计量单位/m²
◎	040202010	卵石	计量单位/m²
◎	040202011	碎石	计量单位/m²
◎	040202012	块石	计量单位/m²
◎	040202013	山皮石	计量单位/m²
◎	040202014	粉煤灰三渣	计量单位/m²
◎	040202015	水泥稳定碎（砾）石	计量单位/m²
◎	040202016	沥青稳定碎石	计量单位/m²

（1）一般组价项。

石灰稳定土：拌和、找平、碾压作业。

水泥稳定土：拌和、找平、碾压作业。

石灰、粉煤灰、土基层：铺灰、拌和、找平、碾压作业。

石灰、碎石、土基层：铺灰、铺石、拌和、找平、碾压作业。

石灰、粉煤灰、碎石基层：拌料、铺筑、找平、碾压作业。

砂砾石底层：摊铺、找平、碾压作业。

卵石底层：摊铺、找平、碾压作业。

碎石底层：摊铺、找平、碾压作业。

块石底层：摊铺、找平、碾压作业。

塘渣底层：摊铺、找平、碾压作业。

粉煤灰三渣基层：摊铺、找平、碾压作业。

水泥稳定碎石基层：拌料、摊铺、碾压作业。

水泥稳定碎石砂基层：拌料、摊铺、碾压作业。

沥青稳定碎石基层：摊铺、喷油、碾压作业。

顶层多合土养生：洒水养护作业。

（2）工程量计算规则。

按图示尺寸，以面积计算。

（3）工程量计算方法。

以上项目的定额计算规则与清单计算规则相同，所以以上各项目定额工程量与清单工程量相等。其中**顶层多合土养生**工程量为各层顶面水平投影面积。

◎	040203001	沥青表面处治	计量单位/m²
◎	040203002	沥青贯入式	计量单位/m²
◎	040203003	透层、黏层	计量单位/m²
◎	040203004	封层	计量单位/m²
◎	040203006	沥青混凝土	计量单位/m²

（1）一般组价项。

沥青表面处治：撒料、洒油、找平作业。

沥青贯入式路面：铺料、喷油、找平、碾压作业。

透层：喷油作业。

黏层：喷油作业。

封层：喷油、碾压作业。

粗粒式沥青混凝土路面：摊铺、碾压作业。

中粒式沥青混凝土路面：摊铺、碾压作业。

细粒式沥青混凝土路面：摊铺、碾压作业。

（2）工程量计算规则。

按设计图示尺寸，以面积计算，不扣除各类井所占面积，带平石的面层应扣除平石所占面积。

（3）工程量计算方法。

以上项目的定额计算规则与清单计算规则相同，所以其定额工程量与清单工程量相等。

◎	040203007	水泥混凝土	计量单位/m²

（1）一般组价项。

水泥混凝土路面：拌和、浇筑、捣固、表面处理作业。

伸缩缝嵌缝：清理、拌和、灌缝作业。

锯缝：注水锯缝作业。

刻防滑槽：注水刻缝作业。

水泥混凝土路面养生：铺膜、涂液作业。

（2）工程量计算规则。

水泥混凝土路面：按设计图示尺寸，以面积计算，不扣除各类井所占面积，带平石的面层应扣除平石所占面积。

伸缩缝嵌缝：按嵌缝面积计算。

锯缝：按缝长计算。

刻防滑槽：按刻槽面积计算。

水泥混凝土路面养生：按养护面积计算。

（3）工程量计算方法。

水泥混凝土路面的工程量与本项目的清单工程量相等。

伸缩缝嵌缝工程量=缝深×缝长。

锯缝工程量=缝长。

刻防滑槽工程量与水泥混凝土路面工程量相等。

水泥混凝土路面养生工程量与水泥混凝土路面工程量相等。

| ◎ | 040203008 | 块料面层 | 计量单位/m² |

（1）一般组价项。

人行道基础：浇筑、捣固、养护作业。

面层铺砌：清理、磨边、贴面层作业。

（2）工程量计算规则。

人行道基础：按设计图示尺寸，以面积计算。

面层铺砌：按设计图示尺寸，以面积计算，不扣除各类井所占面积，带平石的面层应扣除平石所占面积。

（3）工程量计算方法。

人行道基础：依据施工图计算各层基础的水平投影面积。

无交叉口路段（一般路段）工程量=各基础层宽度×各基础层中心线长度。

有交叉口路段工程量=一般路段各基础层面积+交叉口范围各基础层面积。

面层铺砌工程量与清单项目块料面层工程量相等。

| ◎ | 040204001 | 人行道整形碾压 | 计量单位/m² |

（1）一般组价项。

人行道整形碾压：挖填找平、碾压作业。

（2）工程量计算规则。

人行道整形碾压：按图示尺寸加加宽值乘里程长度，以面积计算；人行道加宽值按一侧加宽 25cm 计算。

（3）工程量计算方法。

人行道整形碾压工程量=［垫层（底基层）底面宽度+加宽值］×里程长度。

| ◎ | 040204002 | 人行道块料铺设 | 计量单位/m² |
| ◎ | 040204003 | 现浇混凝土人行道及进口坡 | 计量单位/m² |

（1）一般组价项。

人行道混凝土基础：浇筑、捣固、养护作业。

人行道板安砌：清理、磨边、贴面层作业。

现浇人行道面层：浇筑、找平、抹灰、压缝、养护及清理作业。

（2）工程量计算规则。

人行道混凝土基础：按设计图示尺寸以面积计算。

人行道板安砌：按设计图示尺寸以面积计算。

现浇人行道面层：按设计图示尺寸以面积计算（坡面按水平投影计算）。

（3）工程量计算方法。

人行道混凝土基础工程量=各基础层宽度×各基础层中心线长度。

人行道板安砌工程量与清单项目人行道块料铺设工程量相等。

现浇人行道面层工程量与清单项目现浇混凝土人行道及进口坡工程量相等。

◎	040204004	安砌侧（平、缘）石	计量单位/m
◎	040204005	现浇侧（平、缘）石	计量单位/m

（1）一般组价项。

侧（平）石垫层：拌和、摊铺、找平、夯实作业。

侧（平）石安砌：安砌、勾缝作业。

现浇侧（平）石：浇筑、捣固、养护作业。

（2）工程量计算规则。

侧（平）石垫层：按图示尺寸，以体积计算。

侧（平）石安砌：按图示尺寸，以长度计算。

现浇侧（平）石：按图示尺寸，以体积计算。

（3）工程量计算方法。

侧（平）石垫层工程量=截面积×侧（平）石长度。

侧（平）石安砌工程量与清单项目安砌侧（平、缘）石工程量相等。

现浇侧（平）石工程量=截面积×侧（平）石长度。

◎	040204007	树池砌筑	计量单位/个

（1）一般组价项。

砌筑树池：安砌、勾缝、夯实作业。

（2）工程量计算规则。

砌筑树池：按图示尺寸，以长度计算。

（3）工程量计算方法。

砌筑树池工程量=单个树池周长×数量。

◎	040901001	现浇构件钢筋	计量单位/t
◎	040901002	预制构件钢筋	计量单位/t

（1）一般组价项。

圆钢制作：钢筋加工、安装作业。

螺纹钢制作：钢筋加工、安装作业。

（2）工程量计算规则。

圆钢制作：按设计图示尺寸，以质量计算。

螺纹钢制作：按设计图示尺寸，以质量计算。

（3）工程量计算方法。

以上项目定额计算规则与清单计算规则相同，所以其定额工程量与清单工程量相等。

3）企业管理费、利润计取

企业管理费与利润为费率计价，费率可依据《浙江省建设工程计价规则》（2018版）选取，或由企业自行确定。

4）分部分项工程清单与计价表

定额工程量计算完成后,应依据《浙江省市政工程预算定额》(2018版),使用计价软件编制分部分项工程清单与计价表。分部分项工程清单与计价表的形成必须通过计价软件。

2. 措施项目清单与计价表的编制

措施项目清单与计价表的编制应根据给定的清单子目及施工图、施工方案等,确定措施项工作内容,分列定额分项,并依据《浙江省建设工程计价规则》(2018版)选用定额分项、计算定额分项工程量、选取费率等。

1）施工技术措施项目

施工技术措施项目与分部分项工程项目均采用综合单价计价,因此施工技术措施项目清单与计价表编制步骤与分部分项工程清单与计价表相同。

(1) 确定定额分项。

应依据《市政工程工程量计算规范》(GB 50857—2013)规定的清单项目工作内容,结合施工图、施工方案,同时依据《浙江省市政工程预算定额》(2018版)划分的分项工程,确定定额分项名称和定额编号。

编制施工技术措施项目清单与计价表,必须详细了解预算定额的项目划分,结合施工技术措施项目的施工方法,按照施工工序流程,逐个列出各清单项目所需的定额分项。

市政道路工程施工技术措施项目清单与对应定额分项见表2-32。

表2-32 市政道路工程施工技术措施项目清单与对应定额分项

项目编码	项目名称	工作内容	可组定额分项	对应定额编号
041102017	挡墙模板	1.模板制作、安装、拆除、整理、堆放; 2.模板黏结物及模内杂物清理、刷隔离剂; 3.模板场内外运输及维修	挡墙模板	1-189
041102018	压顶模板		压顶模板	1-183
041102021	小型构件模板		小型构件模板	2-257
041102037	其他现浇构件模板		水泥混凝土路面模板	2-215
041104001	便道	1.平整场地; 2.材料运输、铺设、夯实; 3.拆除、清理	1.机械挖土方	1-68～1-73
			2.自卸汽车运土	1-94～1-95
			3.塘渣填筑	2-68
			4.块石底层	2-107～2-110
			5.水泥稳定碎石基层	2-129～2-138
			6.沥青表面处治	2-149～2-154
			7.沥青混凝土路面	2-184～2-209
			8.拆除旧路	1-339～1-342

续表

项目编码	项目名称	工作内容	可组定额分项	对应定额编号
041106001	大型机械设备进出场及安拆	1.安拆费包括施工机械、设备在现场进行安拆所需人工、材料、机械和试运转费用,以及机械辅助设施的折旧、搭设、拆除等费用; 2.进出场费包括施工机械、设备整体或部分自停放地点运至施工现场,或由一施工地点运至另一施工地点,所发生的运输、装卸、辅助材料等费用	1.塔式起重机、施工电梯基础费用	1001~1002
			2.大型机械设备安装、拆卸费用	2001~2019
			3.大型机械设备场外费用	3001~3032
041107002	排水、降水	1.管道安装、拆除,场内搬运等; 2.抽水、值班、降水设备维修等	1.轻型井点	1-518~1-520
			2.喷射井点	1-521~1-535
			3.大口径井点	1-536~1-541
			4.湿土排水	1-552
			5.抽水	1-553

对于招标项目,在计价过程中对给定的施工技术措施项目清单内容,可依据投标企业自身的技术水平做适当增加,但不能减少;若投标企业认为给定的施工技术措施项目清单中某些项目为不必发生的,可报零价。

(2)定额分项工程量计算。

根据预算定额的工程量计算规则,逐一对表2-32中的清单项目对应的定额分项的工程量进行计算。

◎	041102017	挡墙模板	计量单位/m²
◎	041102018	压顶模板	计量单位/m²
◎	041102021	小型构件模板	计量单位/m²
◎	041102037	其他现浇构件模板	计量单位/m²

① 般组价项。

挡墙模板:现浇挡墙墙体模板安拆作业。

压顶模板:现浇挡墙压顶模板安拆作业。

现浇侧石模板:现浇侧石模板安拆作业。

水泥混凝土路面模板:水泥路面模板安拆作业。

② 工程量计算规则。

以上组价项工程量按混凝土与模板接触面积计算。

③ 工程量计算方法。

挡墙模板工程量=截面侧线长度×挡墙长度+挡墙截面积×施工缝数量。

压顶模板工程量=截面侧线长度×挡墙长度+挡墙截面积×施工缝数量。

现浇侧石模板工程量=截面侧线长度×挡墙长度+挡墙截面积×施工缝数量。

水泥混凝土路面模板工程量=纵缝长度×板厚×(纵缝数量+2)+单块板截面积×施工缝数量。

◎	041104001	便道	计量单位/m²

① 一般组价项。
挖一般土方：清表作业。
塘渣垫层：摊铺、找平、碾压作业。
水泥稳定碎石基层：拌料、摊铺、碾压作业。
沥青稳定碎石基层：摊铺、喷油、碾压作业。
粗粒式沥青混凝土路面：摊铺、碾压作业。
② 工程量计算规则。
挖一般土方：按施工方案确定尺寸，以体积计算。
塘渣垫层：按施工方案确定尺寸，以面积计算。
水泥稳定碎石基层：按施工方案确定尺寸，以面积计算。
沥青稳定碎石基层：按施工方案确定尺寸，以面积计算。
粗粒式沥青混凝土路面：按施工方案确定尺寸，以面积计算。
③ 工程量计算方法。
挖一般土方工程量=路基底面面积×清表厚度。
塘渣垫层工程量=施工方案确定的宽度×长度。
水泥稳定碎石基层工程量=施工方案确定的宽度×长度。
沥青稳定碎石基层工程量=施工方案确定的宽度×长度。
粗粒式沥青混凝土路面工程量=施工方案确定的宽度×长度。

◎	041106001	大型机械设备进出场及安拆	计量单位/（台·次）
◎	041107002	排水、降水	计量单位/昼夜

本清单项目的一般组价项、工程量计算规则及计算方法，在本书任务 1.2.2 中已有叙述，这里不再讲解。

特别提示

双头及单头搅拌桩机安拆费：双头搅拌桩机按 1.8t 轨道式柴油打桩机的费用乘以系数 0.7 计，单头搅拌桩机按 1.8t 轨道式柴油打桩机的费用乘以系数 0.4 计。

双头及单头搅拌桩机场外运输费：双头搅拌桩机按 5t 以内轨道式柴油打桩机的费用乘以系数 0.7 计，单头搅拌桩机按 5t 以内轨道式柴油打桩机的费用乘以系数 0.4 计。

（3）施工技术措施项目清单与计价表。

定额工程量计算完成后，应依据《浙江省市政工程预算定额》（2018 版），使用计价软件编制施工技术措施项目清单与计价表。

2）施工组织措施项目

施工组织措施项目费采用总额计价方式，按《建设工程工程量清单计价规范》（GB 50500—2013）规定的计费方式或企业自身确定的费率计取。施工组织措施项目的计价不因工程专业类别不同而不同，市政道路工程施工组织措施项目清单与计价表的编制，在本书任务 1.2.2 中已有叙述，这里不再讲解。

项目 2 市政道路工程计量与计价

3．其他项目计价表编制

其他项目的计价不因工程专业类别不同而不同，市政道路工程其他项目计价表的编制，在本书任务 1.2.2 中已有叙述，这里不再讲解。

4．规费、税金项目计价

规费、税金项目的计价不因工程专业类别不同而不同，市政道路工程规费、税金项目计价表的编制，在本书任务 1.2.2 中已有叙述，这里不再讲解。

总价计算

2.2.3 任务分析与实施

案例

完成附图中道路工程 K3+460～K3+800 段计价表编制。

1．分部分项工程清单与计价表编制

1）计价工程量计算

依据施工图与《浙江省市政工程预算定额》（2018 版）列取定额分项，计算定额分项的工程量。

| ◎ | 040101001001 | 挖一般土方 | m³ | 1085.28 |

说明：上方条目为清单工程量，数据来自任务 2.1.3，下文叙述为定额分项工程量计算过程。本任务其他条目均按本说明进行。

机械挖土方：1-68（定额编号）。

定额项目机械挖土方与清单项目挖一般土方工程量相等，为 1085.28m³。

| ◎ | 040103001001 | 回填方 | m³ | 20137.86 |

①机械填土碾压：1-112。

定额项目机械填土碾压与清单项目回填方工程量相等，为 20137.86m³。

②装载机装运土方：1-93。

定额项目装载机装运土方的工程量，等于需场内调运的挖方工程量；本例考虑将挖方全部调运，即装载机装运土方的工程量为 1085.28m³。

| ◎ | 040103001002 | 外购土 | m³ | 19052.58 |

自卸汽车运土：1-94、1-95。

外购土计价时，可直接取工程量 19052.58m³ 乘以土方到场价，若土方价格不是到场价，则其增加费用应增加到自卸汽车运土内。

| ◎ | 040103002001 | 余方弃置 | m³ | 6120.00 |

①自卸汽车运土：1-94、1-95。

定额项目自卸汽车运土与清单项目余方弃置工程量相等，为 6120.00m³。

②装载机装松散土：1-88。

定额项目装载机装松散土与清单项目余方弃置工程量相等，为 6120.00m³。

③推土机推土：1-62。

定额项目推土机推土与清单项目余方弃置工程量相等，为6120.00m³。

| ◎ | 040202001001 | 路床整形 | m² | 13216.28 |

路床碾压检验：2-1。

定额项目路床碾压检验工程量计算时，车道每侧加宽25cm，计算方法与清单项目路床整形的相同，见表2-33。

表2-33 定额项目路床碾压检验工程量计算表

序号	计算部位	单位	计算式	工程量	备注
1	快车道	m²	8160+621.42+586.93	9368.35	
	一般路段面层	m²	8160	8160.00	
	左侧加宽宽度	m	0.25+0.1+0.1+0.3+0.25	1.00	
	右侧加宽宽度	m	0.15+0.1+0.1+0.3+0.25	0.90	
	左侧加宽面积	m²	1×621.42	621.42	
	右侧加宽面积	m²	0.9×652.14	586.93	
2	中央绿化带开口	m²	（545-500）×10-5×5×3.14	371.50	
3	机非分隔带开口	m²	52×（5+4）	468.00	含慢车道开口
4	农居点横向出入口	m²	16×（9+0.25）	148.00	
5	转角	m²	2×9×9×[tan（90/2×3.14159/180）-0.00873×90]	34.72	
6	慢车道	m²	2512+502.4+452.2	3466.60	
	一般路段面层	m²	2512	2512.00	
	左侧加宽宽度	m	0.15+0.1+0.1+0.2+0.25	0.80	
	右侧加宽宽度	m	0.15+0.1+0.2+0.25	0.70	
	左侧加宽面积	m²	0.8×628	502.40	
	右侧加宽面积	m²	0.7×646	452.20	
	合计			13857.17	

由表2-33可知，定额项目路床碾压检验工程量为13857.17 m²。

| ◎ | 040202013001 | 山皮石（快车道30cm） | m² | 9877.14 |

塘渣底层：2-117、2-118。

定额项目塘渣底层与清单项目山皮石（快车道30cm）工程量相等，为9877.14m²。

| ◎ | 040202013002 | 山皮石（慢车道20cm） | m² | 3020.70 |

塘渣底层：2-117、2-118。

定额项目塘渣底层与清单项目山皮石（慢车道20cm）工程量相等，为3020.70m²。

| ◎ | 040202015001 | 水泥稳定碎（砾）石（快车道35cm） | m² | 9558.76 |

水泥稳定碎石基层：2-129～2-138。

定额项目水泥稳定碎石基层与清单项目水泥稳定碎（砾）石（快车道35cm）工程量相等，为9558.76m²。

| ◎ | 040202015002 | 水泥稳定碎（砾）石（慢车道25cm） | m² | 2669.00 |

水泥稳定碎石基层：2-129～2-138。

定额项目水泥稳定碎石基层与清单项目水泥稳定碎（砾）石（慢车道25cm）工程量相等，为2669.00m²。

| ◎ | 040202015003 | 水泥稳定碎（砾）石（人行道15cm） | m² | 2464.60 |

水泥稳定碎石基层：2-129～2-138。

定额项目水泥稳定碎石基层与清单项目水泥稳定碎（砾）石（人行道15cm）工程量相等，为2464.60m²。

| ◎ | 040203003001 | 透层、黏层 | m² | 11053.44 |

透层：2-162。

定额项目透层与清单项目透层、黏层工程量相等，为11053.44m²。

| ◎ | 040203006001 | 快车道沥青混凝土（粗粒式） | m² | 8541.44 |

粗粒式沥青混凝土路面：2-192、2-193。

定额项目粗粒式沥青混凝土路面与清单项目快车道沥青混凝土（粗粒式）工程量相等，为8541.44m²。

| ◎ | 040203006002 | 快车道沥青混凝土（中粒式） | m² | 8541.44 |

中粒式沥青混凝土路面：2-201。

定额项目中粒式沥青混凝土路面与清单项目快车道沥青混凝土（中粒式）工程量相等，为8541.44m²。

| ◎ | 040203006003 | 快车道沥青混凝土（细粒式） | m² | 8541.44 |

细粒式沥青混凝土路面：2-208。

定额项目细粒式沥青混凝土路面与清单项目快车道沥青混凝土（细粒式）工程量相等，为8541.44m²。

| ◎ | 040203006004 | 慢车道沥青混凝土（粗粒式） | m² | 2512.00 |

粗粒式沥青混凝土路面：2-192、2-193。

定额项目粗粒式沥青混凝土路面与清单项目慢车道沥青混凝土（粗粒式）工程量相等，为2512.00m²。

| ◎ | 040203006005 | 慢车道沥青混凝土（细粒式） | m² | 2512.00 |

细粒式沥青混凝土路面：2-208。

定额项目细粒式沥青混凝土路面与清单项目慢车道沥青混凝土（细粒式）工程量相等，为$2512.00m^2$。

| ◎ | 040204001001 | 人行道整形碾压 | m^2 | 2464.60 |

人行道整形碾压：2-2。

根据定额计算规则，定额项目人行道整形碾压工程量计算时，人行道单侧加宽25cm，则其工程量按下式计算。

[（800-460）×2-（9×2+16）]×（4-0.15-0.1+0.25）+21.05×2=2626.1（m^2）。

由上式计算可知，定额项目人行道整形碾压工程量为$2626.1m^2$。

| ◎ | 040204002001 | 人行道块料铺设 | m^2 | 2464.60 |

人行道板安砌：2-232、2-233。

定额项目人行道板安砌与清单项目人行道块料铺设工程量相等，为$2464.60m^2$。

| ◎ | 040204004001 | 安砌侧石（H=50cm） | m | 621.42 |

① 侧石垫层：2-248。

根据定额计算规则，定额项目侧石垫层工程量按下式计算。

0.15×0.02×621.42=1.86（m^3）。

由上式计算可知，定额项目侧石垫层工程量为$1.86m^3$。

② 现浇C20靠背石：2-256。

根据定额计算规则，定额项目现浇C20靠背石工程量按下式计算。

（0.15+0.02+0.1/2）×0.1×621.42=13.67（m^3）。

由上式计算可知，定额项目现浇C20靠背石工程量为$13.67m^3$。

③ 高侧石安砌：2-253。

定额项目高侧石安砌与清单项目安砌侧石（H=50cm）工程量相等，为621.42m。

| ◎ | 040204004002 | 安砌侧石（H=37cm） | m | 1280.14 |

① 侧石垫层：2-248。

根据定额计算规则，定额项目侧石垫层工程量按下式计算。

0.15×0.02×1280.14=3.84（m^3）。

由上式计算可知，定额项目侧石垫层工程量为$3.84m^3$。

② 现浇C20靠背石：2-256。

（0.1+0.02+0.1/2）×0.1×1280.14=21.76（m^3）。

由上式计算可知，定额项目现浇C20靠背石工程量为$21.76m^3$。

③ 侧石安砌：2-249。

定额项目侧石安砌与清单项目安砌侧石（H=37cm）工程量相等，为1280.14m。

| ◎ | 040204004003 | 安砌侧石（H=30cm） | m | 646.00 |

① 侧石垫层：2-248。

根据定额计算规则，定额项目侧石垫层工程量按下式计算。

$0.15 \times 0.04 \times 646 = 3.88$（$m^3$）。

由上式计算可知，定额项目侧石垫层工程量为3.88m^3。

② 侧石安砌：2-249。

定额项目侧石安砌与清单项目安砌侧石（H=30cm）工程量相等，为646.00m。

| ◎ | 040204004004 | 安砌侧石（H=20cm） | m | 660.96 |

① 侧石垫层：2-248。

根据定额计算规则，定额项目侧石垫层工程量按下式计算。

$0.1 \times 0.03 \times 660.96 = 1.98$（$m^3$）。

由上式计算可知，定额项目侧石垫层工程量为1.98m^3。

② 侧石安砌：2-249。

定额项目侧石安砌与清单项目安砌侧石（H=20cm）工程量相等，为660.96m。

| ◎ | 040204004005 | 安砌平石 | m | 1263.55 |

① 平石垫层：2-248。

根据定额计算规则，定额项目平石垫层工程量按下式计算。

$0.5 \times 0.03 \times 1263.55 = 18.95$（$m^3$）。

由上式计算可知，定额项目平石垫层工程量为18.95m^3。

② 平石安砌：2-251。

定额项目平石安砌与清单项目安砌平石工程量相等，为1263.55m。

2）企业管理费、利润计取

依据《浙江省建设工程计价规则》（2018版），本项目采用一般计税法；依据《浙江省建设工程计价规则》（2018版）中表4.3.1，选取企业管理费费率中值为17.04%；依据《浙江省建设工程计价规则》（2018版）中表4.3.2，选取利润费率中值为9.99%。

3）分部分项工程清单与计价表

计价工程量（定额工程量）计算完成后，将各项工程量汇总，使用计价软件套取定额，选取企业管理费费率与利润费率，得到综合单价，形成分部分项工程清单与计价表，见表2-34。

表2-34 分部分项工程清单与计价表

单位工程及专业工程名称：市政-道路工程

序号	项目编码	项目名称	项目特征描述	计量单位	工程量	综合单价/元	合价/元	其中		备注
								人工费/元	机械费/元	
1	040101001001	挖一般土方	一、二类土	m^3	1085.28	2.57	2789.17	390.70	1812.42	
2	040103001001	回填方	一、二类土	m^3	20137.86	3.24	65246.67	7652.39	43900.53	
3	040103001002	外购土	一、二类土；运距16km	m^3	19052.58	27.00	514419.70			

续表

序号	项目编码	项目名称	项目特征描述	计量单位	工程量	综合单价/元	合价/元	其中		备注
								人工费/元	机械费/元	
4	040103002001	余方弃置	耕植土；运距10km	m³	6120.00	29.89	182926.80	2203.20	141984.00	
5	040202001001	路床整形	快车道、慢车道	m²	13216.28	1.73	22864.16	3700.56	14273.58	
6	040202013001	山皮石	快车道30cm	m²	9877.14	26.58	262534.40	12148.88	25581.79	
7	040202013002	山皮石	慢车道20cm	m²	3020.70	17.03	51442.52	2114.49	3926.91	
8	040202015001	水泥稳定碎（砾）石	快车道35cm；水泥含量5%	m²	9558.76	83.73	800355.00	81058.28	13286.68	
9	040202015002	水泥稳定碎（砾）石	慢车道25cm；水泥含量5%	m²	2669.00	61.03	162889.10	17588.71	3709.91	
10	040202015003	水泥稳定碎（砾）石	人行道15cm；水泥含量5%	m²	2464.60	36.19	89193.90	9212.18	1686.05	
11	040203003001	透层、黏层	石油沥青透层	m²	11053.44	4.04	44655.90	1547.48	994.81	
12	040203006001	快车道沥青混凝土	粗粒式；石料粒径7cm；AC-30 II 沥青混凝土	m²	8541.44	56.03	478576.90	7601.88	17509.95	
13	040203006002	快车道沥青混凝土	中粒式；石料粒径5cm；AC-20 II 沥青混凝土	m²	8541.44	40.95	349772.00	5893.59	12470.50	
14	040203006003	快车道沥青混凝土	细粒式；石料粒径3cm；AC-13 I 沥青混凝土	m²	8541.44	29.77	254278.70	5295.69	11872.60	
15	040203006004	慢车道沥青混凝土	粗粒式；石料粒径6cm；AC-25 I 沥青混凝土	m²	2512.00	48.02	120626.20	1884.00	4396.00	
16	040203006005	慢车道沥青混凝土	细粒式；石料粒径3cm；AC-13 I 沥青混凝土	m²	2512.00	29.77	74782.24	1557.44	3491.68	
17	040204001001	人行道整形碾压	人行道	m²	2464.60	1.89	4658.09	3302.56	369.69	
18	040204002001	人行道块料铺设	预制块料，厚度6cm；彩色板	m²	2464.60	68.84	169663.10	35687.41	369.69	
19	040204004001	安砌侧石	预制混凝土C30；H=50cm	m	621.42	58.47	36334.43	8252.46	49.71	
20	040204004002	安砌侧石	预制混凝土C30；H=37cm	m	1280.14	55.66	71252.59	10727.57	89.61	
21	040204004003	安砌侧石	预制混凝土C30；H=30cm	m	646.00	48.29	31195.34	4593.06	83.98	
22	040204004004	安砌侧石	预制混凝土C30；H=20cm	m	660.96	46.52	30747.86	4481.31	46.27	

序号	项目编码	项目名称	项目特征描述	计量单位	工程量	综合单价/元	合价/元	其中		备注
								人工费/元	机械费/元	
23	040204004005	安砌平石	预制混凝土C30；50cm×50cm×12cm	m	1263.55	53.63	67764.19	10247.39	404.34	
		合计					3888968.74	237141.23	302310.70	

2.措施项目清单与计价表编制

1）施工技术措施项目清单与计价表编制

（1）计价工程量计算。

依据施工图与《浙江省市政工程预算定额》（2018版），列取定额分项，计算计价工程量（定额分项工程量）。

◎	041102037001	其他现浇构件模板	m²	997.90

① 现浇侧石靠背模板：2-257。

本项仅为中央隔离带侧石靠背和绿化带侧石靠背现浇混凝土模板：105.64+128.01=233.65（m²）（数据见表2-25）。

② 道路模板：2-129~2-132。

本项仅为机动车道和非机动车道水泥稳定碎石基层模板：445.75+318.50=764.25（m²）（数据见表2-25）。

◎	041106001001	大型机械进出场	台·次	8

① 履带式挖掘机场外运输：3001。

按两台单斗1m³履带式反铲挖掘机考虑，合计2台·次。

② 履带式推土机场外运输：3003。

按一台90kW履带式推土机考虑，合计1台·次。

③ 压路机场外运输：3010。

按4台压路机考虑，合计4台·次。

④ 沥青摊铺机场外运输：3012。

按1台沥青摊铺机考虑，合计1台·次。

（2）施工技术措施项目清单与计价表。

计价工程量（定额工程量）计算完成后，将各项工程量汇总，使用计价软件套取定额，得到综合单价，形成施工技术措施项目清单与计价表，见表2-35。

表 2-35 施工技术措施项目清单与计价表

单位工程及专业工程名称：市政-道路工程

序号	项目编码	项目名称	项目特征描述	计量单位	工程量	综合单价/元	合价/元	其中		备注
								人工费/元	机械费/元	
1	041102037001	其他现浇构件模板	复合木模	m²	997.90	57.66	57538.91	33469.57	3293.07	
2	041106001001	大型机械进出场	推土机、压路机等	台·次	8	3643.69	29149.52	4050.00	12107.20	
			合计				86688.43	37519.57	15400.27	

2）施工组织措施项目清单与计价表编制

（1）按设计要求，结合项目特点，选取施工组织措施项目；并依据《浙江省建设工程计价规则》（2018 版）与企业管理水平，确定各项费率。

◎	041109001001	安全文明施工	项	1

依据《浙江省建设工程计价规则》（2018 版）中表 4.3.3-1，安全文明施工费费率取市区工程安全文明施工费中值费率 8.51%。

◎	041109005001	行车、行人干扰	项	1

依据《浙江省建设工程计价规则》（2018 版）中表 4.3.3-1，行车、行人干扰费率取市区工程行车干扰费中值费率 1.69%。

（2）使用计价软件，形成施工组织措施项目清单与计价表（表 2-36）。

表 2-36 施工组织措施项目清单与计价表

单位工程及专业工程名称：市政-道路工程

序号	项目编码	项目名称	计算基数	费率/(%)	金额/元	备注
1	041109001001	安全文明施工	人工费+机械费	8.51	50410.84	
2	041109005001	行车、行人干扰	人工费+机械费	1.69	10011.08	
		合计			60421.92	

3．其他项目计价表编制

（1）按招标文件要求或项目特点，确定其他项目的价格。

◎	1	暂列金额	项	1

本例计算工程总价较低，以除暂列金额外工程总价的 10%来计价，并以万元的整数倍来取值。

◎	2	计日工	工日	

计日工单价一般以建筑劳务市场零工日工资单价为基准，如：2019 年 1 月至 12 月，

人材机调差

杭州市区建筑劳务市场零工日工资为250~400元；承包人的工资标准不能是政府相关部门公布的数据，而必须是企业实际从市场招募工人的工资。

（2）使用计价软件形成其他项目计价表（表2-37）。

表2-37 其他项目计价表

单位工程及专业工程名称：市政-道路工程

序号	项目名称	单位	数量	单价/元	金额/元	备注
1	暂列金额	项	1	400000.00	400000.00	
2	计日工	工日		350.00		
合计						

4．规费、税金项目计价表编制

按招标文件要求并依据《浙江省建设工程计价规则》（2018版），确定规费和税金的费率。

◎	1	规费	项	1

依据《浙江省建设工程计价规则》（2018版）中表4.3.5，规费费率取为18.75%。

◎	2	税金	项	1

依据《财政部 税务总局 海关总署关于深化增值税改革有关政策的公告》（财政部 税务总局 海关总署公告2019年第39号），税金费率取为9%。

使用计价软件，将计算得到的各项费用汇总，得到单位工程招标控制价（报价）汇总表（表2-38）。

表2-38 单位工程招标控制价（报价）汇总表

单位工程及专业工程名称：市政-道路工程

序号	费用名称	计算公式	金额/元
1	分部分项工程费	∑（分部分项工程量×综合单价）	3888968.74
1.1	其中：人工费+机械费	∑分部分项（人工费+机械费）	539451.93
2	措施项目费	2.1+2.2	147110.35
2.1	施工技术措施项目费	∑（施工技术措施项目工程量×综合单价）	86688.43
2.1.1	其中：人工费+机械费	∑施工技术措施项目（人工费+机械费）	52919.84
2.2	施工组织措施项目费	∑（人工费+机械费）×施工组织措施项目费费率	60421.92
2.2.1	安全文明施工费	（人工费+机械费）×安全文明施工费费率	50410.84
3	其他项目费	3.1+3.2+3.3+3.4	400000.00
3.1	暂列金额		400000.00
3.2	暂估价		
3.3	计日工		

续表

序号	费用名称	计算公式	金额/元
3.4	总承包服务费		
4	规费	（人工费+机械费）×规费费率	11069.71
5	税金	（1+2+3+4）×税金费率	409243.39
	合计	1+2+3+4+5	4956392.19

注：1. 其他项目费中的暂估价若已包含在分部分项工程费中，则本项不能重复计价，也不再重复计入工程总价。

2. 计日工为备用单价，非有效工程价格，不应计入工程总价。

3. 暂列金额也不是有效工程价格，原则上不应计取税金，但应计入工程总价。

2.4.4 实训任务

完成配套图集设计范围内道路工程计价清单编制。

1. 实施要求

（1）路基填方材料可自行拟定，外购可按自采、原料、运输等工序组合选择。

（2）水泥稳定碎石基层与沥青混凝土路面均按厂拌考虑。

（3）基层施工均不设模板。

（4）按一般计税法计税。

2. 指导说明

（1）清表定额计算宽度应比清单计算宽度每侧多 0.25～0.5m。

（2）可不考虑土方场内调配。

（3）池塘清淤中不考虑排水。

（4）透层喷洒量为 $0.9 kg/m^2$。

（5）路面工程是否连续施工可自行拟定。

（6）尝试在软件中调整预算总价。

> 学习启示

党的二十大报告提出，加强城市基础设施建设，打造宜居、韧性、智慧城市。推动能源清洁低碳高效利用，推进工业、建筑、交通等领域清洁低碳转型。近 10 年来我国建筑业在技术、材料，施工、管理等多方面发生了巨大的变化，新型的现代建筑生产方式已现雏形。而城市道路等基础设施作为城市骨架，其建造生产的先进性一定程度上反映了我们整个城市建设水平。道路工程计量与计价工作是工程管理中极重要的环节，我们确定的施工方法、选施工机械、材料等必须要符合行业的发展，切实反映资源节约、环境保护、智能高效等城市道路建设新趋势。

小 结

本任务阐述了市政道路工程常用清单项目的计价过程与方法，包括清单项目定额工作的确定、定额工程量计算规则与方法、费率选取、综合单价计算等；重点是根据拟定施工方案确定清单工作并匹配定额项目；难点是路基土石方与道路土石方的分界和对施工图未能明确表示的构造与工作进行计价。

思考练习题

1. 路基填方中如果需要考虑场内运输，工程量如何计算？
2. 什么情况下路基填筑山皮石等材料不能以面积为单位套用结构层铺筑定额，而是以体积为单位套用路基填筑定额？
3. 大型机械进出场中压路机数量的确定应考虑哪些因素？
4. 若一个合同中既有道路工程又有排水工程，则费率项目应如何取值？
5. 对于招标项目，分部分项工程费中可包含风险费，风险费考虑的原则是什么？你认为目前工程计价体制下承包人的风险如何变化？

在线答题

项目 3　市政桥梁工程计量与计价

教学目标

1. 能依据相关规范，设置桥梁工程分部分项工程项目清单及计算清单工程量；
2. 能用几何公式计算棱柱、棱台体积；
3. 能依据预算定额，设置桥梁工程清单项目的定额分项，并计算清单项目综合单价；
4. 能根据拟定施工方案设置定额项目；
5. 能依据相关规范设置桥梁工程措施项目清单及计算措施项目费；
6. 能依据拟定施工方案，调整施工技术措施项目；
7. 能合理选取费率，计算工程总价。

项目导读

本项目从分部分项工程项目清单设置开始，分别介绍清单项目选取原则、清单工程量计算规则、清单项目对应的定额分项的选取原则、定额分项工程量计算规则、施工技术措施项目费计算方法、费率选取等；由浅入深分类介绍一个完整的计量与计价的真实案例。

本项目选取典型工程案例进行编写，强化实践性，遵循"做中学，学中做"，融理实为一体。

任务 3.1　市政桥梁工程量清单编制

3.1.1　任务导入

工作任务

桥梁工程量清单编制

完成配套图集《市政工程施工图案例图集》项目二桥梁工程施工图纸中 1 号港桥工程量清单编制。

具体任务如下。

（1）根据配套图集，编制1号港桥分部分项工程项目清单。
（2）根据配套图集，编制1号港桥措施项目清单。
（3）根据配套图集，编制1号港桥其他项目清单。

工作手段

《建设工程工程量清单计价规范》（GB 50500—2013）、《市政工程工程量计算规范》（GB 50857—2013）、计算器等。

成果与检测

（1）每位学生的工作任务相同，均编制完成一份完整的工程量清单。
（2）采用教师评价和学生互评的方式打分。

3.1.2 相关知识

桥梁工程量清单按照《建设工程工程量清单计价规范》（GB 50500—2013）规定的工程量清单统一格式进行编制，其内容主要是分部分项工程项目清单、措施项目清单、其他项目清单。

1. 分部分项工程项目清单编制

桥梁工程分部分项工程项目清单应根据《市政工程工程量计算规范》（GB 50857—2013）规定的项目编码、项目名称、计量单位、工程量计算规则进行编制。

分部分项工程项目清单编制的步骤如下：清单项目列项、编码→清单项目工程量计算→分部分项工程项目清单列表。

1）清单项目列项、编码

应依据《市政工程工程量计算规范》（GB 50857—2013）规定的清单项目及其编码，根据招标文件的要求，结合施工图、施工方案等进行桥梁工程清单项目列项，确定项目名称、项目编码。

编制分部分项工程项目清单，必须认真阅读全套施工图纸，了解工程的总体情况，明确各部分的工程构造，并结合工程施工方法，按照工程的施工工序，逐个列出工程清单项目。

桥梁工程分部分项工程项目清单设置表见表3-1。

表3-1 桥梁工程分部分项工程项目清单设置表

项目编码	项目名称	项目特征	计量单位
040101003	挖基坑土方	1.土壤类别；2.挖土深度	m^3
040103001	回填方	1.密实度要求；2.填方材料品种；3.填方粒径要求；4.填方来源、运距	m^3
040103002	余方弃置	1.废弃料种类；2.运距	m^3

续表

项目编码	项目名称	项目特征	计量单位
040301002	预制钢筋混凝土管桩	1.地层情况；2.送桩深度、桩长；3.桩外径、壁厚；4.桩倾斜度；5.桩尖设置及类型；6.混凝土强度等级；7.填充材料种类	1.m 2.m³ 3.根
040301003	钢管桩	1.地层情况；2.送桩深度、桩长；3.材质；4.管径、壁厚；5.桩倾斜度；6.填充材料种类；7.防护材料种类	1.t 2.根
040301004	泥浆护壁成孔灌注桩	1.地层情况；2.空桩长度、桩长；3.桩径；4.成孔方法；5.混凝土种类、强度等级	1.m 2.m³ 3.根
040301007	挖孔桩土（石）方	1.土（石）类别；2.挖孔深度；3.弃土（石）运距	m³
040301008	人工挖孔灌注桩	1.桩芯长度；2.桩芯直径、扩底直径、扩底高度；3.护壁厚度、高度；4.护壁材料种类、强度等级；5.桩芯混凝土种类、强度等级	1.m³ 2.根
040301010	灌注桩后注浆	1.注浆导管材料、规格；2.注浆导管长度；3.单孔注浆量；4.水泥强度等级	孔
040301011	截桩头	1.桩类型；2.桩头截面、高度；3.混凝土强度等级；4.有无钢筋	1.m³ 2.根
040301012	声测管	1.材质；2.规格、型号	1.t 2.m
040302001	圆木桩	1.地层情况；2.桩长；3.材质；4.尾径；5.桩倾斜度；6.桩截面	1.m 2.根
040302002	预制钢筋混凝土板桩	1.地层情况；2.送桩深度、桩长；3.桩截面；4.混凝土强度等级	1.m³ 2.根
040302003	地下连续墙	1.地层情况；2.导墙类型、截面；3.墙体厚度；4.成槽深度；5.混凝土强度等级；6.接头形式	m³
040302008	喷射混凝土	1.部位；2.厚度；3.材料种类；4.混凝土种类、强度等级	m²
040303001	混凝土垫层	混凝土强度等级	m³
040303002	混凝土基础	1.混凝土强度等级；2.嵌料（毛石）比例	m³
040303003	混凝土承台	混凝土强度等级	m³
040303004	混凝土墩（台）帽	1.部位；2.混凝土强度等级	m³
040303005	混凝土墩（台）身		m³
040303006	混凝土支撑梁及横梁		m³
040303007	混凝土墩（台）盖梁		m³
040303011	混凝土箱梁	1.部位；2.结构形式；3.混凝土强度等级	m³
040303012	混凝土连续板		m³
040303013	混凝土板梁		m³
040303015	混凝土挡墙墙身	1.混凝土强度等级；2.泄水孔材料品种；3.滤水层要求；4.沉降缝要求	m³

续表

项目编码	项目名称	项目特征	计量单位
040303016	混凝土挡墙压顶	1.混凝土强度等级；2.沉降缝要求	m³
040303017	混凝土楼梯	1.结构形式；2.底板厚度；3.混凝土强度等级	1.m² 2.m³
040303018	混凝土防撞护栏	1.断面；2.混凝土强度等级	m
040303019	桥面铺装	1.混凝土强度等级；2.沥青品种；3.沥青混凝土品种；4.厚度；5.配合比	m²
040303020	混凝土桥头搭板	混凝土强度等级	m³
040303021	混凝土搭板枕梁	混凝土强度等级	m³
040303023	混凝土连系梁	1.形状；2.混凝土强度等级	m³
040303024	混凝土其他构件	1.名称、部位；2.混凝土强度等级	m³
040304001	预制混凝土梁	1.部位；2.图集、图纸名称；3.构件代号、名称；4.混凝土强度等级；5.砂浆强度等级	m³
040304002	预制混凝土柱		m³
040304003	预制混凝土板		m³
040304004	预制混凝土挡墙墙身	1.图集、图纸名称；2.构件代号、名称；3.结构形式；4.混凝土强度等级；5.泄水孔材料品种、规格；6.滤水层要求；7.砂浆强度等级	m³
040304005	预制混凝土其他构件	1.部位；2.图集、图纸名称；3.构件代号、名称；4.混凝土强度等级；5.砂浆强度等级	m³
040305001	垫层	1.材料品种、规格；2.厚度	m³
040305002	干砌块料	1.部位；2.材料品种、规格；3.泄水孔材料种类、规格；4.滤水层要求；5.沉降缝要求	m³
040305003	浆砌块料	1.部位；2.材料品种、规格；3.砂浆强度等级；4.泄水孔材料种类、规格；5.滤水层要求；6.沉降缝要求	m³
040305005	护坡	1.材料品种、规格；2.结构形式；3.厚度；4.砂浆强度等级	m²
040306001	透水管	1.材料品种、规格；2.管道基础形式	m
040306003	箱涵底板	1.混凝土强度等级；2.混凝土抗渗要求；3.防水层工艺要求	m³
040306004	箱涵侧板		m³
040306005	箱涵顶板		m³
040306006	箱涵顶进	1.断面；2.长度；3.弃土运距	kt·m
040306007	箱涵接缝	1.材质；2.工艺要求	m
040307001	钢箱梁	1.材料品种、规格；2.部位；3.探伤要求；4.防火要求；5.补刷油漆品种、色彩、工艺要求	t
040307002	钢板梁		t
040307003	钢桁梁		t
040307004	钢拱		t
040307007	其他钢构件		t
040308001	水泥砂浆抹面	1.砂浆配合比；2.部位；3.厚度	m²

续表

项目编码	项目名称	项目特征	计量单位
040308002	剁斧石饰面	1.材料；2.部位；3.形式；4.厚度	m²
040308003	镶贴面层	1.材料；2.规格；3.厚度；4.部位	m²
040308004	涂料	1.材料品种；2.部位	m²
040308005	油漆	1.材料品种；2.部位；3.工艺要求	m²
040309001	金属栏杆	1.栏杆材质、规格；2.油漆品种、工艺要求	1.t 2.m
040309002	石质栏杆	材料品种、规格	m
040309003	混凝土栏杆	1.混凝土强度、等级；2.规格尺寸	m
040309004	橡胶支座	1.材质；2.规格、型号；3.形式	个
040309005	钢支座	1.规格、型号；2.形式	个
040309006	盆式支座	1.材质；2.承载力	个
040309007	桥梁伸缩装置	1.材料品种；2.规格、型号；3.混凝土种类；4.混凝土强度等级	m
040309008	隔声屏障	1.材料品种；2.结构形式；3.油漆品种、工艺要求	m²
040309009	桥面排（泄）水管	1.材料品种；2.管径	m
040309010	防水层	1.部位；2.材料品种、规格；3.工艺要求	m²
040901001	现浇构件钢筋	1.钢筋种类；2.钢筋规格	t
040901002	预制构件钢筋		t
040901003	钢筋网片		t
040901004	钢筋笼		t
040901005	先张法预应力钢筋	1.部位；2.预应力筋种类；3.预应力筋规格	t
040901006	后张法预应力钢筋	1.部位；2.预应力筋种类；3.预应力筋规格；4.锚具种类、规格；5.砂浆强度等级；6.压浆管材质、规格	t
040901007	型钢	1.材料种类；2.材料规格	t
040901009	预埋铁件	1.材料种类；2.材料规格	t

2）分部分项工程清单工程量计算

根据《市政工程工程量计算规范》(GB 50857—2013)中桥梁清单项目的设置顺序及其计量规则，逐一对表 3-1 中所列项目进行清单工程量计算。

| ◎ | 040101003 | 挖基坑土方 | 计量单位/m³ |

（1）工程量计算规则。

国家标准规定：按设计图示尺寸，以基础垫层底面积乘以挖土深度计算。

浙江省相关规定对国家标准的补充：计算挖沟槽、基坑、一般土石方工程量时，应计算因工作面和放坡所增加的工程量。如各专业工程清单所提供的工作面宽度和放坡系数与浙江省现行预算定额不一致，则按浙江省有关规定执行。

计算时应注意挖方应按天然密实体积计算。

（2）工程量计算方法。

桥梁工程的基础或承台的挖方一般属于挖基坑土（石）方。工程量计算时，根据实际开挖形体计算。常见基坑有矩形基坑和圆形基坑，图3.1所示为矩形基坑体积分割，式（3-1）为矩形基坑体积计算公式，式（3-2）为圆形基坑体积计算公式。

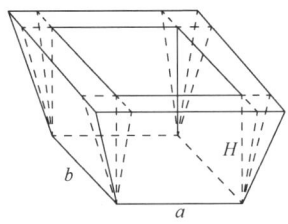

图3.1 矩形基坑体积分割

矩形基坑

$$V_{挖} = H(a+2C+KH)(b+2C+KH) + \frac{1}{3} \cdot K^2 H^3 \tag{3-1}$$

式中 $V_{挖}$——基坑挖方体积，m³；

　　a——垫层宽度，m；

　　b——垫层长度，m；

　　H——基坑挖土深度，m；

　　C——单侧工作面宽度，m；

　　K——放坡系数。

圆形基坑

$$V_{挖} = \frac{\pi H}{3} \cdot \left[r_1^2 + r_1 \cdot r_2 + r_2^2 \right] \tag{3-2}$$

式中 $V_{挖}$——基坑挖方体积，m³；

　　r_1——基坑底半径，r_1=垫层直径+2C，m；

　　r_2——基坑顶半径，$r_2=r_1+KH$，m；

　　H——基坑挖土深度，m；

　　C——单侧工作面宽度，m；

　　K——放坡系数。

注：① 基坑开挖断面应以设计规定为准；若设计未给定，则按施工方案确定工作面宽度和放坡系数；若施工方案未确定，则工作面宽度按表1-2计算，放坡系数按表1-3计算。

② 基坑设支撑挡土板时不考虑放坡，槽底宽度每侧加10cm。

③ 若基坑分层开挖，则每一层按独立基坑计算，最后将工程量累计。

（3）项目特征。

本项目的2个特征中，**土壤类别**为基本特征，必须描述；土壤类别不同的项目必须分设清单。

| ◎ | 040103001 | 回填方 | 计量单位/m³ |

（1）工程量计算规则：按挖方清单项目工程量加原地面标高至设计要求标高间的体积，减去基础、构筑物等埋入体积计算。

计算时要注意填方应按压实后体积（空间体积）计算。

（2）工程量计算方法可见式（1-3）。

（3）项目特征。

本项目的 4 个特征中，**填方材料品种**为基本特征，必须描述；当填方材料品种不同时，项目必须分设清单。

> **特别提示**
>
> 桥梁工程的回填方主要分为两类：一是基坑回填，二是台背回填。基坑回填与台背回填的填料与施工要求完全不同，因此该两类的项目不能使用同一清单，必须分设。注意基坑回填与台背回填重叠部分工程量不能重复计算。

| ◎ | 040103002 | 余方弃置 | 计量单位/m^3 |

（1）工程量计算规则：按挖方清单项目工程量减利用方体积（正数）计算。

计算时要注意余方应按天然密实体积计算。

（2）工程量计算方法可见式（1-4）。

（3）项目特征。

本项目的 2 个特征中，**运距**为基本特征，必须描述；不同运距的项目必须分设清单。

| ◎ | 040301002 | 预制钢筋混凝土管桩 | 计量单位/（m, m^3, 根） |

（1）工程量计算规则：按设计图示尺寸，以桩长（包括桩尖）计算；或按设计图示尺寸，以桩体积（包括桩尖）计算；或按设计图示数量计算。

（2）工程量计算方法。

① 桩长=（设计单桩长+桩尖高度）×桩数量；

② 桩体积=（设计桩的断面积×单桩长）×桩数量；

③ 设计桩数量。

（3）项目特征。

本项目的 7 个特征中，**桩长、桩外径、混凝土强度等级、填充材料种类**为基本特征，必须描述；当桩长、桩外径、混凝土强度等级、填充材料种类有任意一项不同时，项目必须分设清单。

| ◎ | 040301003 | 钢管桩 | 计量单位/（t, 根） |

（1）工程量计算规则：按设计图示尺寸，以质量计算；或按设计图示数量计算。

（2）工程量计算方法。

① 质量=设计单桩长×设计桩的断面积×桩数量×7.85；

② 设计桩数量。

（3）项目特征。

本项目的 7 个特征中，**桩长、管径、填充材料种类**为基本特征，必须描述；当桩长、管径、填充材料种类有任意一项不同时，项目必须分设清单。

| ◎ | 040301004 | 泥浆护壁成孔灌注桩 | 计量单位/（m，m³或根） |

（1）工程量计算规则：按设计图示尺寸，以桩长（包括桩尖）计算；或按设计图示尺寸，以桩体积（包括桩尖）计算；或按设计图示数量计算。

（2）工程量计算方法。

① 桩长=设计单桩长×桩数量；

② 桩体积=设计桩的断面积×单桩长×桩数量；

③ 设计桩数量。

（3）项目特征。

本项目的 5 个特征中，**桩长、桩径、混凝土强度等级、成孔方法**为基本特征，必须描述；当桩长、桩径、混凝土强度等级、成孔方法有任意一项不同时，项目必须分设清单。

知识延伸

桩柱式墩台在桩顶设置横系梁时，为加强横系梁与桩体的整体性，施工规范要求横系梁混凝土与桩顶混凝土一起浇筑；此时桩长应为设计桩长减去横系梁高。横系梁高度内的桩顶混凝土可设置为混凝土柱清单。

| ◎ | 040301007 | 挖孔桩土（石）方 | 计量单位/m³ |

（1）工程量计算规则：按设计图示尺寸，以体积计算。

（2）工程量计算方法。

桩体积=设计的断面积（含护壁）×挖孔深度×桩数量。

（3）项目特征。

本项目的 3 个特征中，**土（石）类别**为基本特征，必须描述；当土（石）类别不同时，项目必须分设清单。

| ◎ | 040301008 | 人工挖孔灌注桩 | 计量单位/（m³，根） |

（1）工程量计算规则：按设计图示尺寸，以体积计算；或按设计图示数量计算。

（2）工程量计算方法。

① 桩体积=桩芯断面积（不包含护壁）×单桩长×桩数量；

② 设计桩数量。

（3）项目特征。

本项目的 5 个特征中，**桩芯长度、桩芯直径、护壁材料种类、桩芯混凝土强度等级**为基本特征，必须描述；当桩芯长度、桩芯直径、护壁材料种类、桩芯混凝土强度等级有任意一项不同时，项目必须分设清单。

| ◎ | 040301010 | 灌注桩后注浆 | 计量单位/孔 |

（1）工程量计算规则：按设计图示注浆孔数量计算。
（2）工程量计算方法。
注浆孔数量=单桩注浆孔数量×桩数量。
（3）项目特征。

本项目的 4 个特征中，**单孔注浆量、水泥强度等级**为基本特征，必须描述；当单孔注浆量、水泥强度等级有任意一项不同时，项目必须分设清单。

| ◎ | 040301011 | 截桩头 | 计量单位/（m³，根） |

（1）工程量计算规则：按设计图示尺寸，以体积计算；或按设计图示数量计算。
（2）工程量计算方法。
① 截桩头体积=设计截桩高度×桩截面积×截桩数量；
② 设计截桩数量。
（3）项目特征。

本项目的 4 个特征中，**混凝土强度等级、桩类型**为基本特征，必须描述；当混凝土强度等级、桩类型有任意一项不同时，项目必须分设清单。

| ◎ | 040301012 | 声测管 | 计量单位/（t，m） |

（1）工程量计算规则：按设计图示尺寸，以质量计算；或按设计图示尺寸，以长度计算。
（2）工程量计算方法。
① 质量=设计声测管截面积×单管长度×数量×材料比重；
② 长度=设计声测管单管长×声测管数量。
（3）项目特征。

本项目的 2 个特征中，**材质、规格**为基本特征，必须描述；当材质、规格有任意一项不同时，项目必须分设清单。

| ◎ | 040302001 | 圆木桩 | 计量单位/（m，根） |

（1）工程量计算规则：按设计图示尺寸，以长度计算；或按设计图示数量计算。
（2）工程量计算方法。
① 长度=设计单桩长度×桩数量；
② 设计桩数量。
（3）项目特征。

本项目的 6 个特征中，**桩长、桩截面**为基本特征，必须描述；当桩长、桩截面有任意一项不同时，项目必须分设清单。

| ◎ | 040302002 | 预制钢筋混凝土板桩 | 计量单位/（m³，根） |

（1）工程量计算规则：按设计图示尺寸，以体积（包括桩尖）计算；或按设计图示数量计算。
（2）工程量计算方法。
① 桩体积=设计桩的断面积×单桩长×桩数量；
② 设计桩数量。

（3）项目特征。

本项目的 4 个特征中，**桩长、桩截面、混凝土强度等级**为基本特征，必须描述；当桩长、桩截面、混凝土强度等级有任意一项不同时，项目必须分设清单。

| ◎ | 040302003 | 地下连续墙 | 计量单位/m³ |

（1）工程量计算规则：按设计图示尺寸，以体积计算。

（2）工程量计算方法。

体积=设计墙厚×成槽深度×中心线长度。

（3）项目特征。

本项目的 6 个特征中，**混凝土强度等级**为基本特征，必须描述；当混凝土强度等级不同时，项目必须分设清单。

| ◎ | 040302008 | 喷射混凝土 | 计量单位/m² |

（1）工程量计算规则：按设计图示尺寸，以面积计算。

（2）工程量计算方法。

面积=喷射面宽度×长度。

（3）项目特征。

本项目的 4 个特征中，**厚度、混凝土强度等级**为基本特征，必须描述；当厚度、混凝土强度等级有任意一项不同时，项目必须分设清单。

◎	040303001	混凝土垫层	计量单位/m³
◎	040303002	混凝土基础	计量单位/m³
◎	040303003	混凝土承台	计量单位/m³

（1）工程量计算规则：按设计图示尺寸，以体积计算。

（2）工程量计算方法。

体积=构件水平投影面积×厚度。

注：若桩体嵌入垫层或承台，应扣除嵌入体积。

（3）项目特征。

上述项目的特征中，**混凝土强度等级**为基本特征，必须描述；当混凝土强度等级不同时，项目必须分设清单。

◎	040303004	混凝土墩（台）帽	计量单位/m³
◎	040303005	混凝土墩（台）身	计量单位/m³
◎	040303006	混凝土支撑梁及横梁	计量单位/m³
◎	040303007	混凝土墩（台）盖梁	计量单位/（m²，m³）

（1）工程量计算规则：按设计图示尺寸，以体积计算。

（2）工程量计算方法。

体积=截面积×设计长度。

注：根据图 3.2 所示重力式 U 形桥台，混凝土台身工程量计算时应分别计算台帽和台身工程量。侧（翼）墙体积一般计入台身工程量，也可以按施工顺序分段，一部分计入台

帽工程量内，一部分计入台身工程量内。

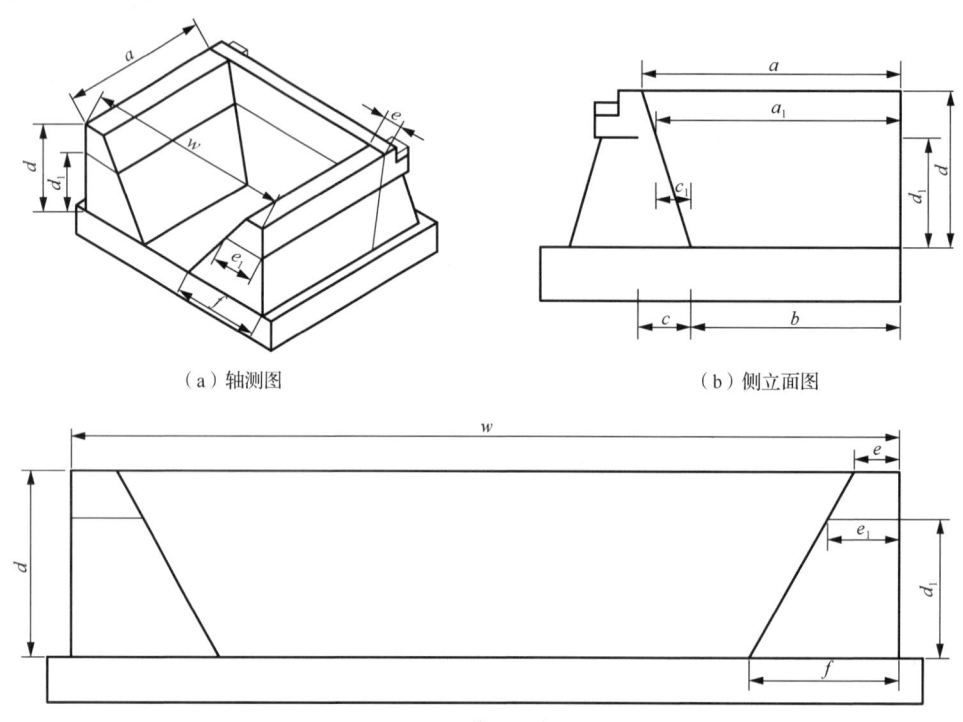

（a）轴测图　　　　　　　　　　　（b）侧立面图

（c）前立面图

图 3.2　重力式 U 形桥台

台帽部分：$(e+e_1)\cdot\dfrac{d_2}{2}\cdot a_1+c_2\cdot\dfrac{d_2}{2}\cdot e+e_2\cdot\dfrac{d_2}{2}\cdot\dfrac{1}{3}\cdot c_2$；

台身部分：$(e_1+f)\cdot\dfrac{d_1}{2}\cdot b+c_1\cdot\dfrac{d_1}{2}\cdot e_1+(f-e_1)\cdot\dfrac{d_1}{2}\cdot\dfrac{1}{3}\cdot c_1$；

其中：$e_2=e_1-e$，$d_2=d-d_1$，$c_2=c-c_1$。

（3）项目特征。

上述项目的特征中，**混凝土强度等级**为基本特征，必须描述；当混凝土强度等级不同时，项目必须分设清单。

◎	040303011	混凝土箱梁	计量单位/m³
◎	040303012	混凝土连续板	计量单位/m³
◎	040303013	混凝土板梁	计量单位/m³
◎	040303015	混凝土挡墙墙身	计量单位/m³
◎	040303016	混凝土挡墙压顶	计量单位/m³
◎	040303017	混凝土楼梯	计量单位/（m²，m³）

（1）工程量计算规则：按设计图示尺寸，以体积计算；或按构件水平投影，以面积计算。

（2）工程量计算方法。

体积=截面积×设计长度，

楼梯体积=踏步体积+梯板体积，

踏步体积=（$\frac{1}{2}$×踏步宽度×踏步高度）×梯板净宽×踏宽数，

其中：踏步个数=踏宽数+1，

踏宽数=楼梯净长/踏步宽度，

踏步高度=楼梯高度/（踏步个数+1），

梯板净宽=楼梯宽度-墙宽度，

梯板体积=梯板净宽×楼梯斜长×梯板厚度，

楼梯斜长=$\sqrt{踏步宽度^2+踏步高度^2}$/踏步宽度×楼梯水平投影长度，

楼梯面积=楼梯间净长×楼梯间净宽-宽度超过50cm的楼梯井面积。

（3）项目特征。

上述项目的特征中，**混凝土强度等级**为基本特征，必须描述；当混凝土强度等级不同时，项目必须分设清单。

| ◎ | 040303018 | 混凝土防撞护栏 | 计量单位/m |

（1）工程量计算规则：按设计图示尺寸，以长度计算。

（2）工程量计算方法。

工程量按设计长度计算。

（3）项目特征。

本项目的2个特征中，**混凝土强度等级**为基本特征，必须描述；当混凝土强度等级不同时，项目必须分设清单。

| ◎ | 040303019 | 桥面铺装 | 计量单位/m² |

（1）工程量计算规则：按设计图示尺寸，以面积计算。

（2）工程量计算方法。

面积=桥面宽度×铺装长度×跨数。

其中：铺装长度=梁长-伸缩缝预留槽宽度×2。

（3）项目特征。

本项目的5个特征中，**混凝土强度等级、沥青品种、沥青混凝土品种、厚度**为基本特征，必须描述；当混凝土强度等级、沥青品种、沥青混凝土品种、厚度有任意一项不同时，项目必须分设清单。

| ◎ | 040303020 | 混凝土桥头搭板 | 计量单位/m³ |

（1）工程量计算规则：按设计图示尺寸，以体积计算。

（2）工程量计算方法。

体积=水平投影面积×厚度。

（3）项目特征。

本项目的特征中，**混凝土强度等级**为基本特征，必须描述；当混凝土强度等级不同时，项目必须分设清单。

◎	040303021	混凝土搭板枕梁	计量单位/m³
◎	040303023	混凝土连系梁	计量单位/m³
◎	040303024	混凝土其他构件	计量单位/m³

（1）工程量计算规则：按设计图示尺寸，以体积计算。

（2）工程量计算方法。

体积=设计截面积×长度。

（3）项目特征。

上述项目的特征中，**混凝土强度等级**为基本特征，必须描述；当混凝土强度等级不同时，项目必须分设清单。

| ◎ | 040304001 | 预制混凝土梁 | 计量单位/m³ |
| ◎ | 040304002 | 预制混凝土柱 | 计量单位/m³ |

（1）工程量计算规则：按设计图示尺寸，以体积计算。

（2）工程量计算方法。

体积=设计截面积×长度。

（3）项目特征。

上述项目的特征中，**图集名称、混凝土强度等级**为基本特征，必须描述；当图集名称、混凝土强度等级有任意一项不同时，项目必须分设清单。

| ◎ | 040304003 | 预制混凝土板 | 计量单位/m³ |

（1）工程量计算规则：按设计图示尺寸，以体积计算。

（2）工程量计算方法。

体积=水平投影面积×厚度。

（3）项目特征。

本项目的 5 个特征中，**图集名称、混凝土强度等级**为基本特征，必须描述；当图集名称、混凝土强度等级有任意一项不同时，项目必须分设清单。

| ◎ | 040304004 | 预制混凝土挡墙墙身 | 计量单位/m³ |
| ◎ | 040304005 | 预制混凝土其他构件 | 计量单位/m³ |

（1）工程量计算规则：按设计图示尺寸，以体积计算。

（2）工程量计算方法。

体积=设计截面积×长度。

（3）项目特征。

上述项目的特征中，**图集名称、混凝土强度等级**为基本特征，必须描述；当图集名称、混凝土强度等级有任意一项不同时，项目必须分设清单。

| ◎ | 040305001 | 垫层 | 计量单位/m³ |

（1）工程量计算规则：按设计图示尺寸，以体积计算。

（2）工程量计算方法。

体积=水平投影面积×厚度。

（3）项目特征。

本项目的 2 个特征中，**材料品种**、**厚度**为基本特征，必须描述；当材料品种、厚度有任意一项不同时，项目必须分设清单。

| ◎ | 040305002 | 干砌块料 | 计量单位/m³ |
| ◎ | 040305003 | 浆砌块料 | 计量单位/m³ |

（1）工程量计算规则：按设计图示尺寸，以体积计算。
（2）工程量计算方法。
体积=设计截面积×长度。
（3）项目特征。

上述项目的特征中，**材料品种**、**砂浆强度等级**为基本特征，必须描述；当材料品种、砂浆强度等级有任意一项不同时，项目必须分设清单。

| ◎ | 040305005 | 护坡 | 计量单位/m² |

（1）工程量计算规则：按设计图示尺寸，以面积计算。
（2）工程量计算方法。
面积=坡面斜长×里程长度。
（3）项目特征。

本项目的 4 个特征中，**材料品种**、**砂浆强度等级**为基本特征，必须描述；当材料品种、砂浆强度等级有任意一项不同时，项目必须分设清单。

| ◎ | 040306001 | 透水管 | 计量单位/m |

（1）工程量计算规则：按设计图示尺寸，以长度计算。
（2）工程量计算方法。
本清单项目工程量按设计长度计算。
（3）项目特征

本项目的 2 个特征中，**材料品种**为基本特征，必须描述；当材料品种不同时，项目必须分设清单。

◎	040306003	箱涵底板	计量单位/m³
	040306004	箱涵侧板	计量单位/m³
	040306005	箱涵顶板	计量单位/m³

（1）工程量计算规则：按设计图示尺寸，以体积计算。
（2）工程量计算方法。
体积=截面积×设计长度；或体积=水平投影面积×厚度。
（3）项目特征。

上述项目的特征中，**混凝土抗渗要求**、**混凝土强度等级**为基本特征，必须描述；当混凝土抗渗要求、混凝土强度等级有任意一项不同时，项目必须分设清单。

| ◎ | 040306006 | 箱涵顶进 | 计量单位/（kt·m） |

（1）工程量计算规则：按设计图示尺寸，以被顶箱涵质量乘以箱涵的位移距离分节累计计算。

（2）工程量计算方法。

工程量 = $\sum$ 箱涵混凝土体积 × 2.45 × 累计顶进距离 / 1000。

知识延伸

预制箱涵的顶进作业通常不是箱体预制完成后整体顶进，而是分段预制分段顶进。因此顶进工程量是每段顶进箱体质量乘以顶进距离的累计和。

（3）项目特征。

本项目的 3 个特征中，**断面**为基本特征，必须描述；当断面不同时，项目必须分设清单。

| ◎ | 040306007 | 箱涵接缝 | 计量单位/m |

（1）工程量计算规则：按设计图示止水带长度计算。

（2）工程量计算方法。

本清单项目按止水带长度（设计接缝长度）计算。

（3）项目特征。

本项目的 2 个特征中，**材质**为基本特征，必须描述；当材质不同时，项目必须分设清单。

◎	040307001	钢箱梁	计量单位/t
◎	040307002	钢板梁	计量单位/t
◎	040307003	钢桁梁	计量单位/t
◎	040307004	钢拱	计量单位/t
◎	040307007	其他钢构件	计量单位/t

（1）工程量计算规则：按设计图示尺寸，以质量计算。不扣除孔眼的质量，焊条、铆钉、螺栓等不另增加质量。

（2）工程量计算方法。

按设计图示钢构件尺寸，计算钢构件质量。

（3）项目特征。

上述项目的特征中，**材料品种**、**补刷油漆品种**为基本特征，必须描述；当材料品种、补刷油漆品种有任意一项不同时，项目必须分设清单。

◎	040308001	水泥砂浆抹面	计量单位/m²
◎	040308002	剁斧石饰面	计量单位/m²
◎	040308003	镶贴面层	计量单位/m²
◎	040308004	涂料	计量单位/m²
◎	040308005	油漆	计量单位/m²

（1）工程量计算规则：按设计图示尺寸，以面积计算。

（2）工程量计算方法。

面积 = 设计图示饰面宽度 × 长度。

（3）项目特征。

上述项目的特征中，**材料品种、厚度**为基本特征，必须描述；当材料品种、厚度有任意一项不同时，项目必须分设清单。

◎	040309001	金属栏杆	计量单位/（t，m）
◎	040309002	石质栏杆	计量单位/m
◎	040309003	混凝土栏杆	计量单位/m

（1）工程量计算规则：金属栏杆可按设计图示尺寸，以质量计算；金属栏杆也可按设计图示尺寸，以长度计算；石质栏杆和混凝土栏杆，按设计图示尺寸，以长度计算。

（2）工程量计算方法。

金属栏杆按栏杆的质量或者栏杆设计长度计算；石质栏杆和混凝土栏杆按栏杆的设计长度计算，石质栏杆的长度需计算至抱鼓石外端。

（3）项目特征。

上述项目的特征中，**材料品种**为基本特征，必须描述；当材料品种不同时，项目必须分设清单。

◎	040309004	橡胶支座	计量单位/个
◎	040309005	钢支座	计量单位/个
◎	040309006	盆式支座	计量单位/个

（1）工程量计算规则：按设计图示数量计算。

（2）工程量计算方法。

支座按不同材质、规格、型号，计算数量。

（3）项目特征。

上述项目的特征中，**材质、规格、型号、承载力**为基本特征，必须描述；当材质、规格、型号、承载力有任意一项不同时，项目必须分设清单。

◎	040309007	桥梁伸缩装置	计量单位/m

（1）工程量计算规则：按设计图示尺寸，以长度计算。

（2）工程量计算方法。

工程量按设计伸缩装置的长度计算。

（3）项目特征。

本项目的4个特征中，**材料品种，规格、型号，混凝土种类，混凝土强度等级**为基本特征，必须描述；当材料品种，规格、型号，混凝土种类，混凝土强度等级有任意一项不同时，项目必须分设清单。

> **特别提示**
>
> 桥梁伸缩装置在桥面净宽之外的预留伸缩长度，不应计入清单工程量。

◎	040309008	隔声屏障	计量单位/m²

（1）工程量计算规则：按设计图示尺寸，以面积计算。
（2）工程量计算方法。
面积=设计高度×隔声屏障布设长度。
（3）项目特征。
本项目的 3 个特征中，**材料品种**为基本特征，必须描述；当材料品种不同时，项目必须分设清单。

| ◎ | 040309009 | 桥面排（泄）水管 | 计量单位/m |

（1）工程量计算规则：按设计图示尺寸，以长度计算。
（2）工程量计算方法。
本项目工程量为设计管道布设长度。
（3）项目特征。
本项目的 2 个特征中，**材料品种、管径**为基本特征，必须描述；当材料品种、管径有任意一项不同时，项目必须分设清单。

| ◎ | 040309010 | 防水层 | 计量单位/m² |

（1）工程量计算规则：按设计图示尺寸，以面积计算。
（2）工程量计算方法。
面积=防水层宽×桥长。
（3）项目特征。
本项目的 3 个特征中，**材料品种**为基本特征，必须描述；当材料品种不同时，项目必须分设清单。

◎	040901001	现浇构件钢筋	计量单位/t
◎	040901002	预制构件钢筋	计量单位/t
◎	040901003	钢筋网片	计量单位/t

（1）工程量计算规则：按设计图示尺寸，以质量计算。
（2）工程量计算方法见式（1-12）。
桥梁工程里钢筋质量计算时，常需要考虑直线钢筋末端弯钩的增加长度、弯起钢筋增加长度和箍筋的长度。
直线钢筋末端弯钩增加长度为：180°弯钩增加长度 $6.25d$；90°弯钩增加长度 $3.5d$；45°弯钩增加长度 $4.9d$。
弯起钢筋增加长度为：30°弯起增加长度 $0.268h_0$；45°弯起增加长度 $0.414h_0$；60°弯起增加长度 $0.577h_0$；h_0 为梁高减去两倍保护层厚度。
箍筋单长=（梁宽-2×保护层厚度+梁高-2×保护层厚度）×2+2×11.9d+8d。
（3）项目特征。
上述项目的特征中，**钢筋种类**为基本特征，必须描述；当钢筋种类不同时，项目必须分设清单。

| ◎ | 040901004 | 钢筋笼 | 计量单位/t |

（1）工程量计算规则：按设计图示尺寸，以质量计算。

（2）工程量计算方法见式（1-12），钢筋笼中螺旋箍筋长度按下式计算。

$$螺旋箍筋长度 = n\sqrt{b^2 + \pi \cdot (D - 2c + d)^2}$$

其中　n——螺旋箍筋的圈数 $n=L/b$，L 为螺旋箍筋起点到终点的垂直高度（即钢筋笼总高）；

　　　b——螺旋箍筋间距；

　　　D——桩直径；

　　　d——螺旋箍筋的直径；

　　　c——钢筋保护层厚度。

（3）项目特征。

本项目的特征中，**钢筋种类**为基本特征，必须描述；当钢筋种类不同时，项目必须分设清单。

◎	040901005	先张法预应力钢筋	计量单位/t
◎	040901006	后张法预应力钢筋	计量单位/t

（1）工程量计算规则：按设计图示尺寸，以质量计算。

（2）工程量计算方法。

$$W = 预应力筋单根长度 \times 单束根数 \times 束数 \times 预应力筋理论质量 \quad (3-3)$$

式中　　　　W——预应力筋质量，t；

预应力筋单根长度——图示单根长度（或锚具间净长+工作长度），m/根；

单束根数、束数——图示数量；

　　　理论质量——ϕ15.2 钢绞线为 1.101kg/m，ϕ12.7 钢绞线为 0.774kg/m，ϕ11.1 钢绞线为 0.58kg/m，ϕ9.5 钢绞线为 0.432kg/m。

> **特别提示**
>
> 预应力筋的设计长度一般包含锚具间净长和工作长度两部分，工作长度是否计入清单工程量，应在招标文件项目计量规则中明确。

（3）项目特征。

上述项目的特征中，**预应力筋种类、预应力筋规格、锚具规格**为基本特征，必须描述；当预应力筋种类、预应力筋规格、锚具规格有任意一项不同时，项目必须分设清单。

◎	040901007	型钢	计量单位/t
◎	040901009	预埋铁件	计量单位/t

（1）工程量计算规则：按设计图示尺寸，以质量计算。

（2）工程量计算方法。

质量=设计钢构件截面积×长度×7.85。

（3）项目特征。

上述项目的特征中，**材料种类**为基本特征，必须描述；当材料种类不同时，项目必须分设清单。

3）分部分项工程项目清单列表

清单工程量计算完成后，应依据《建设工程工程量清单计价规范》(GB 50500—2013)编制分部分项工程项目清单，见表 3-2，可使用计价软件进行编制。

表 3-2 分部分项工程项目清单

单位工程及专业工程名称：市政-桥梁工程

序号	项目编码	项目名称	项目特征描述	计量单位	工程量	综合单价/元	合价/元	其中		备注
								人工费/元	机械费/元	
1	040101003001	挖基坑土方	三类土	m³	1					
2	040103001001	回填方	三类土	m³	1					
3	040103002001	余方弃置	运距 10km	m³	1					
4	040301002001	预制钢筋混凝土管桩	桩外径 D500，填砂 C60，桩长 18m	m	1					
5	040301003001	钢管桩	桩径 D650，填砂，桩长 27m	t	1					
6	040301004001	泥浆护壁成孔灌注桩	桩径 D1000，回旋钻，混凝土强度等级 C25	m	1					
7	040301007001	挖孔桩土（石）方	三类土	m³	1					
8	040301008001	人工挖孔灌注桩	桩径 D380，桩芯长度 15m，护壁材料 C30 混凝土	根	1					
9	040301010001	灌注桩后注浆	注浆导管半径 R42.5	孔	1					
10	040301011001	截桩头	桩头直径 D1000	m³	1					
11	040301012001	声测管	D60 钢管	t	1					
12	040302001001	圆木桩	尾径 φ140，桩长 6m	m	1					
13	040302002001	预制钢筋混凝土板桩	混凝土强度等级 C30，桩长 8m	根	1					
14	040302003001	地下连续墙	混凝土强度等级 C30	m³	1					
15	040302008001	喷射混凝土	混凝土强度等级 C25，喷射厚度 10cm	m²	1					
16	040303001001	混凝土垫层	混凝土强度等级 C15	m³	1					
17	040303002001	混凝土基础	混凝土强度等级 C25	m³	1					
18	040303003001	混凝土承台	混凝土强度等级 C30	m³	1					
19	040303004001	混凝土墩（台）帽	混凝土强度等级 C25	m³	1					
20	040303005001	混凝土墩（台）身	混凝土强度等级 C20	m³	1					
21	040303006001	混凝土支撑梁及横梁	混凝土强度等级 C30	m³	1					
22	040303007001	混凝土墩（台）盖梁	混凝土强度等级 C25	m³	1					
23	040303011001	混凝土箱梁	混凝土强度等级 C50	m³	1					
24	040303012001	混凝土连续板	混凝土强度等级 C30	m³	1					

续表

序号	项目编码	项目名称	项目特征描述	计量单位	工程量	综合单价/元	合价/元	其中 人工费/元	其中 机械费/元	备注
25	040303013001	混凝土板梁	混凝土强度等级C50	m³	1					
26	040303015001	混凝土挡墙墙身	混凝土强度等级C20	m³	1					
27	040303016001	混凝土挡墙压顶	混凝土强度等级C25	m³	1					
28	040303017001	混凝土楼梯	混凝土强度等级C25	m³	1					
29	040303018001	混凝土防撞护栏	混凝土强度等级C25	m	1					
30	040303019001	桥面铺装	铺装厚度12cm,混凝土强度等级C40	m²	1					
31	040303020001	混凝土桥头搭板	混凝土强度等级C25	m³	1					
32	040303021001	混凝土搭板枕梁	混凝土强度等级C30	m³	1					
33	040303023001	混凝土连系梁	混凝土强度等级C35	m³	1					
34	040303024001	混凝土其他构件	混凝土强度等级C25	m³	1					
35	040304001001	预制混凝土梁	混凝土强度等级C30	m³	1					
36	040304002001	预制混凝土柱	混凝土强度等级C25	m³	1					
37	040304003001	预制混凝土板	混凝土强度等级C30	m³	1					
38	040304004001	预制混凝土挡墙墙身	混凝土强度等级C20	m³	1					
39	040304005001	预制混凝土其他构件	混凝土强度等级C20	m³	1					
40	040305001001	垫层	碎石,厚度10cm	m³	1					
41	040305002001	干砌块料	块石	m³	1					
42	040305003001	浆砌块料	块石,砂浆强度等级M10	m³	1					
43	040305005001	护坡	片石,砂浆强度等级M10	m²	1					
44	040306001001	透水管	管径φ10,PVC材质	m	1					
45	040306003001	箱涵底板	混凝土强度等级C35	m³	1					
46	040306004001	箱涵侧板	混凝土强度等级C35	m³	1					
47	040306005001	箱涵顶板	混凝土强度等级C35	m³	1					
48	040306006001	箱涵顶进	箱涵断面6m×5m	kt·m	1					
49	040306007001	箱涵接缝	铜片	m	1					
50	040307001001	钢箱梁	Q345A钢材	t	1					
51	040307002001	钢板梁	Q345A钢材	t	1					
52	040307003001	钢桁梁	Q345A钢材	t	1					
53	040307004001	钢拱	Q420B钢材	t	1					
54	040307007001	其他钢构件	Q345A钢材	t	1					
55	040308001001	水泥砂浆抹面	厚度3cm	m²	1					

续表

序号	项目编码	项目名称	项目特征描述	计量单位	工程量	综合单价/元	合价/元	其中 人工费/元	其中 机械费/元	备注
56	040308002001	剁斧石饰面	—	m²	1					
57	040308003001	镶贴面层	2.5cm 花岗岩	m²	1					
58	040308004001	涂料	防火涂料	m²	1					
59	040308005001	油漆	防水漆	m²	1					
60	040309001001	金属栏杆	ϕ80 钢管	m	1					
61	040309002001	石质栏杆	花岗岩	m	1					
62	040309003001	混凝土栏杆	混凝土强度等级 C30	m	1					
63	040309004001	橡胶支座	支座尺寸 200mm×200mm×2.8mm	个	1					
64	040309005001	钢支座	GQZ1000SX	个	1					
65	040309006001	盆式支座	GPZ2000DX 支座	个	1					
66	040309007001	桥梁伸缩装置	C60 型钢伸缩缝	m	1					
67	040309008001	隔声屏障	喷塑镀锌板	m²	1					
68	040309009001	桥面泄水管	管径 ϕ150，PVC 材质	m	1					
69	040309010001	防水层	水乳型高分子涂料	m²	1					
70	040901001001	现浇构件钢筋	HPB300 圆钢	t	1					
71	040901002001	预制构件钢筋	HRB335 螺纹钢	t	1					
72	040901003001	钢筋网片	HRB335 螺纹钢	t	1					
73	040901004001	钢筋笼	HRB335 螺纹钢	t	1					
74	040901005001	先张法预应力钢筋	ϕʲ15.24 钢绞线，抗拉强度 1860MPa	t	1					
75	040901006001	后张法预应力钢筋	ϕʲ15.24 钢绞线，抗拉强度 1860MPa	t	1					
76	040901007001	型钢	工字钢	t	1					
77	040901009001	预埋铁件	Q235 钢	t	1					
合计										

2．措施项目清单编制

1）施工技术措施项目

（1）清单项目列项、编码。

桥梁工程施工技术措施项目清单设置表见表 3-3。

补充清单项目

表 3-3 桥梁工程施工技术措施项目清单设置表

项目编码	项目名称	项目特征	计量单位
041102001	垫层模板	构件类型	m²
041102002	基础模板	构件类型	m²
041102003	承台模板	构件类型	m²
041102004	墩（台）帽模板	1.构件类型；2.支模高度	m²
041102005	墩（台）身模板	1.构件类型；2.支模高度	m²
041102006	支撑梁及横梁模板	1.构件类型；2.支模高度	m²
041102007	墩（台）盖梁模板	1.构件类型；2.支模高度	m²
041102011	箱梁模板	1.构件类型；2.支模高度	m²
041102012	柱模板	1.构件类型；2.支模高度	m²
041102013	梁模板	1.构件类型；2.支模高度	m²
041102014	板模板	1.构件类型；2.支模高度	m²
041102015	板梁模板	1.构件类型；2.支模高度	m²
041102017	挡墙模板	1.构件类型；2.支模高度	m²
041102018	压顶模板	构件类型	m²
041102019	防撞护栏模板	构件类型	m²
041102020	楼梯模板	构件类型	m²
041102021	小型构件模板	构件类型	m²
041102022	箱涵滑（底）板模板	1.构件类型；2.支模高度	m²
041102023	箱涵侧墙模板	1.构件类型；2.支模高度	m²
041102024	箱涵顶板模板	1.构件类型；2.支模高度	m²
041102037	其他现浇构件模板	构件类型	m²
041102039	水上桩基础支架、平台	1.位置；2.材质；3.桩类型	m²
041102040	桥涵支架	1.部位；2.材质；3.支架类型	m³
041103001	围堰	1.围堰类型；2.围堰顶宽及底宽；3.围堰高度；4.填芯材料	1.m³ 2.m
041103002	筑岛	1.筑岛类型；2.筑岛高度；3.填芯材料	m³
041104002	便桥	1.结构类型；2.材料种类；3.跨径；4.宽度	座
041106001	大型机械设备进出场及安拆	1.机械设备名称；2.机械设备规格型号	台·次
041107002	排水、降水	1.机械规格型号；2.降排水管规格	昼夜

（2）施工技术措施项目清单工程量计算。

依据施工方案，对表 3-3 所示项目清单工程量逐一进行讲解。

◎	041102001	垫层模板	计量单位/m²
◎	041102002	基础模板	计量单位/m²
◎	041102003	承台模板	计量单位/m²

① 工程量计算规则：按混凝土与模板接触面的面积计算。
② 工程量计算方法。
接触面的面积=构件周长×构件高度。
一般无底模构件仅需计算各侧立面的面积，按构件类型不同，分类进行累计。
③ 项目特征。
上述项目无基本特征。

◎	041102004	墩（台）帽模板	计量单位/m²
◎	041102005	墩（台）身模板	计量单位/m²
◎	041102006	支撑梁及横梁模板	计量单位/m²
◎	041102007	墩（台）盖梁模板	计量单位/m²
◎	041102011	箱梁模板	计量单位/m²
◎	041102012	柱模板	计量单位/m²
◎	041102013	梁模板	计量单位/m²
◎	041102014	板模板	计量单位/m²
◎	041102015	板梁模板	计量单位/m²
◎	041102017	挡墙模板	计量单位/m²
◎	041102018	压顶模板	计量单位/m²
◎	041102019	防撞护栏模板	计量单位/m²
◎	041102020	楼梯模板	计量单位/m²
◎	041102021	小型构件模板	计量单位/m²
◎	041102022	箱涵滑（底）板模板	计量单位/m²
◎	041102023	箱涵侧墙模板	计量单位/m²
◎	041102024	箱涵顶板模板	计量单位/m²
◎	041102037	其他现浇构件模板	计量单位/m²

① 工程量计算规则：按混凝土与模板接触面的面积计算。
② 工程量计算方法。
底板模板工程量=构件底板宽度×构件长度；
侧板模板工程量=构件立面线长度×构件长度×2；
悬臂端模板工程量=（悬臂底面长度+悬臂端厚度）×构件长度×2；
端模工程量=构件截面积×2；
空心构件的芯模工程量=空心截面周长×空心段长度。

特别提示

预制构件若分段浇筑，则端模工程量需要增加；空心构件的芯模通常不计算端模。非重要结构构件和小型预制构件通常不计算底模。

③ 项目特征。
上述项目无基本特征。

| ◎ | 041102039 | 水上桩基础支架、平台 | 计量单位/m² |

① 工程量计算规则：按支架、平台搭设的面积计算。
② 工程量计算方法。
打入桩工作平台面积计算示意如图3.3所示，打入桩工程量为

$$F=N_1F_1+N_2F_2 \quad (3-4)$$
$$F_1=(5.5+A+2.5)\times(6.5+D) \quad (3-5)$$
$$F_2=6.5\times[L_i-(6.5+D)] \quad (3-6)$$

钻孔灌注桩工程量为

$$F=N_1F_1+N_2F_2 \quad (3-7)$$
$$F_1=(A+6.5)\times(6.5+D) \quad (3-8)$$
$$F_2=6.5\times[L_i-(6.5+D)]$$

式中　F——工作平台总面积，m^2；
　　　F_1——每座桥台（桥墩）工作平台面积，m^2；
　　　F_2——桥台至桥墩间或桥墩至桥墩间的通道工作平台面积，m^2；
　　　N_1——桥台和桥墩总数量；
　　　N_2——通道总数量；
　　　D——二排桩之间距离，m；
　　　L_i——每座桥梁跨径或护岸的第一根桩中心至最后一根桩中心之间的距离（图3.3中，i分别为1、2、3），m；
　　　A——桥台（桥墩）每排桩的第一根桩中心至最后一根桩中心之间的距离，m。

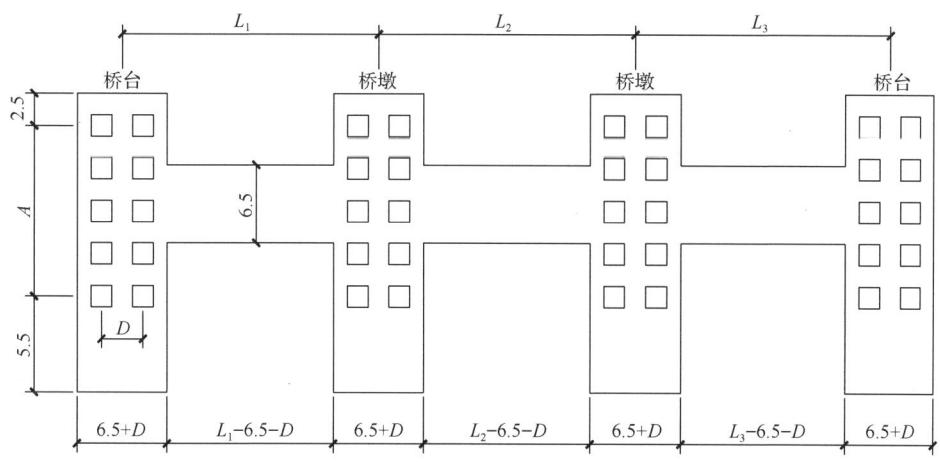

图3.3　打入桩工作平台面积计算示意（单位：m）

③ 项目特征。
本项目的3个特征中，**材质**为基本特征，必须描述；当材质不同时，项目必须分设清单。

| ◎ | 041102040 | 桥涵支架 | 计量单位/m^3 |

① 工程量计算规则：按支架搭设空间的体积计算。

② 工程量计算方法。

陆上支架：（结构底标高-地面标高）×纵向距离×（桥宽+2m）。

水上支架：（结构底标高-水上支架平台顶标高）×纵向距离×（桥宽+2m）。

墩台帽梁：（帽梁底标高-承台顶标高）×（帽梁长+1m）×（帽梁宽+1m）-立柱体积。

③ 项目特征。

本项目的 3 个特征中，**材质**为基本特征，必须描述；当材质不同时，项目必须分设清单。

| ◎ | 041103001 | 围堰 | 计量单位/（m³，m） |

① 工程量计算规则：按设计（施工方案）图示尺寸，以体积计算；或按设计（施工方案）图示尺寸，以长度计算。

② 工程量计算方法。

体积=设计（施工方案）图示围堰断面积×中心线长度。

按长度计算工程量时，长度取设计（施工方案）图示围堰中心线长度。

知识延伸

围堰工程计量与计价

围堰的尺寸按有关设计施工规范确定，可参考以下数据。

围堰内坡脚至围堰内基坑边缘的距离根据河床土质及基坑深度而定，但不小于 1m。

围堰底面一般取河床平均标高，围堰顶面最低标高=施工期最高水位+0.5m。

迎水面边坡坡度取 1∶0.5～1∶1，背水面边坡坡度取 1∶0.2～1∶0.5。

③ 项目特征。

本项目的 4 个特征中，**围堰类型、填芯材料**为基本特征，必须描述；当围堰类型、填芯材料有任意一项不同时，项目必须分设清单。

| ◎ | 041103002 | 筑岛 | 计量单位/m³ |

① 工程量计算规则：按设计（施工方案）图示尺寸，以体积计算。

② 工程量计算方法。

体积=设计（施工方案）图示筑岛断面积×中心线长度。

③ 项目特征。

本项目的 3 个特征中，**筑岛类型、填芯材料**为基本特征，必须描述；当筑岛类型、填芯材料有任意一项不同时，项目必须分设清单。

| ◎ | 041104002 | 便桥 | 计量单位/座 |

① 工程量计算规则：按设计（施工方案）图示数量计算。

② 工程量计算方法。

依据设计要求或施工方案确定的便桥数量，来计算工程量。

③ 项目特征。

本项目的 4 个特征中，**结构类型、材料种类、宽度**为基本特征，必须描述；当结构类型、材料种类、宽度有任意一项不同时，项目必须分设清单。

| ◎ | 041106001 | 大型机械设备进出场及安拆 | 计量单位/（台·次） |

本清单项目工程量计算规则、计算方法和项目特征，可见本书任务 2.1 相关内容，这里不再叙述。

| ◎ | 041107002 | 排水、降水 | 计量单位/昼夜 |

本清单项目工程量计算规则、计算方法和项目特征，可见本书任务 2.1 相关内容，这里不再叙述。

（3）施工技术措施项目清单列表。

施工技术措施项目清单见表 3-4。

表 3-4 施工技术措施项目清单

单位工程及专业工程名称：市政-桥梁工程

序号	项目编码	项目名称	项目特征描述	计量单位	工程量	综合单价/元	合价/元	其中 人工费/元	其中 机械费/元	备注
1	041102001001	垫层模板	挡墙垫层	m²	1					
2	041102002001	基础模板	挡墙基础	m²	1					
3	041102003001	承台模板	组合钢模	m²	1					
4	041102004001	墩（台）帽模板	组合钢模	m²	1					
5	041102005001	墩（台）身模板	钢模	m²	1					
6	041102006001	支撑梁及横梁模板	钢模	m²	1					
7	041102007001	墩（台）盖梁模板	钢模	m²	1					
8	041102011001	箱梁模板	钢模	m²	1					
9	041102012001	柱模板	钢模	m²	1					
10	041102013001	梁模板	钢模	m²	1					
11	041102014001	板模板	钢模	m²	1					
12	041102015001	板梁模板	钢模	m²	1					
13	041102017001	挡墙模板	复合木模	m²	1					
14	041102018001	压顶模板	复合木模	m²	1					
15	041102019001	防撞护栏模板	复合木模	m²	1					
16	041102020001	楼梯模板	复合木模	m²	1					
17	041102021001	小型构件模板	复合木模	m²	1					
18	041102022001	箱涵底板模板	钢模	m²	1					
19	041102023001	箱涵侧墙模板	钢模	m²	1					
20	041102024001	箱涵顶板模板	钢模	m²	1					
21	041102037001	其他现浇构件模板	木模	m²	1					

续表

序号	项目编码	项目名称	项目特征描述	计量单位	工程量	综合单价/元	合价/元	其中		备注
								人工费/元	机械费/元	
22	041102039001	水上桩基础支架、平台	钢木支架	m²	1					
23	041102040001	桥涵支架	钢支架	m³	1					
24	041103001001	围堰	编织袋土	m	1					
25	041103002001	筑岛	块石、黏土	m³	1					
26	041104002001	便桥	钢桁架	座	1					
27	041106001001	大型机械进出场	50t 履带式起重机	台·次	1					
28	041106001002	大型机械安拆	160t 架桥机	台·次	1					
29	041107002001	排水、降水	明沟	昼夜	1					
		合计								

注：当部分施工技术措施项目的计量单位与工程量不能直接反映工作内容与数量时，可以设置为总额计价项目，计量单位为项，工程量为 1。大型机械设备进出场及安拆，排水、降水可设置为总额计价项目。

2）施工组织措施项目

市政桥梁工程的施工组织措施项目与市政排水工程的施工组织措施项目内容相同，具体可见本书任务 1.1 施工组织措施项目相关内容。

3．其他项目清单编制

市政桥梁工程的其他项目清单编制与市政排水工程的其他项目清单编制内容相同，具体可见本书任务 1.1 其他项目清单编制相关内容。

3.1.3 任务分析与实施

案例

完成配套图集中 1 号港桥工程量清单编制。

1．分部分项工程项目清单编制

1）清单工程量计算

依据施工图与《市政工程工程量计算规范》（GB 50857—2013）列取清单项目，计算工程量。

（1）挖基坑土方。

依据配套图集桥-3 可知，承台基坑并非全深度开挖，但缺少原状河床断面，无法精确计算其土方工程量；本例中按道路地形图取值，以全深度开挖考虑。

由式（3-1）计算本例挖基坑土方工程量为

$V_{挖}$=2×5.34×(5+2×1+0.33×5.34)×(60.1+2×1+0.33×5.34)+1/3×0.33×0.33×5.34×5.34×5.34
=5981.771（m³）

注：1. 依据配套图集桥-8～桥-11，可知承台垫层尺寸为 5.0m×60.1m。

2. 承台浇筑工作量大，包括模板、支撑、混凝土、钢筋等项目的工程量，工作面宽度 C 取 1.0m。

3. 依据地形图，可知河边地面标高约为 3.86m，考虑河道边坡，估计基坑开挖地面标高为 3.2m，则基坑挖土深度 H=3.2-（-2.04）+0.1=5.34（m）。

4. 放坡系数 K 取 0.33。

5. 由于基坑底标高低于桩顶标高，因此挖方工程量中应扣除基坑中桩体体积，桩体体积为 0.5×0.5×3.14×（0.1+0.15+0.8）×24×2=39.56（m³）；则实际挖基坑土方工程量为 5981.771-39.56=5942.21（m³）。

表 3-5 所示为挖基坑土方清单工程量。

表 3-5 挖基坑土方清单工程量

项目编码	项目名称	项目特征描述	计量单位	工程量
040101003001	挖基坑土方	一、二类土；平均深 6m 以内	m³	5942.21

（2）回填方。

基坑回填作业一般只回填承台面以下部分，承台面以上部分回填按台背回填施工，不作为基坑回填工程量。因此，回填方工程量为承台面以下挖方量减去承台面下结构物体积。

依据配套图集桥-8～桥-11，计算承台面以下挖方量（H=1.3m）为

$V_{挖}$=2×1.3×(5+2×1+0.33×1.3)×(60.1+2×1+0.33×1.3)+1/3×0.33×0.33×1.3×1.3×1.3
=1207.85（m³）

承台面以下结构物体积分垫层部分和承台部分，
垫层部分体积=2×5×60.1×0.1=60.1（m³）
承台部分体积=2×4.8×59.9×1.2=690.05（m³）
则回填方工程量=1207.85-60.1-690.05=457.70（m³）

表 3-6 所示为回填方清单工程量。

表 3-6 回填方清单工程量

项目编码	项目名称	项目特征描述	计量单位	工程量
040103001001	回填方	一、二类土	m³	457.70

（3）台背回填。

台背回填属于桥头处理措施，由设计要求确定台背的处理长度。一般台背回填采用透水性好的材料，台背与路基之间以台阶交界。

根据图 3.4 所示台背及锥坡回填计算图，台背回填工程量按下式计算。

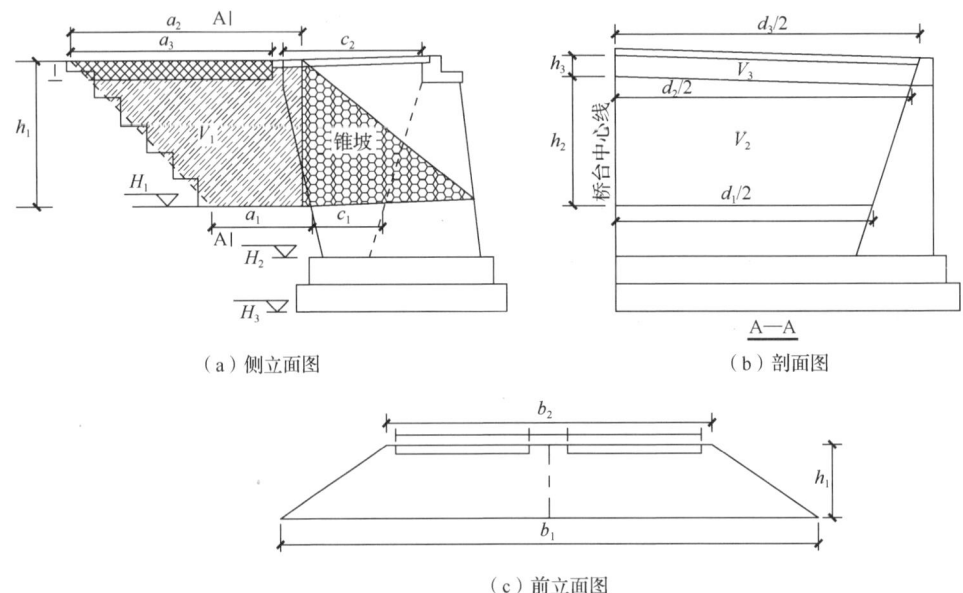

（a）侧立面图　　　　　　　　　　（b）剖面图

（c）前立面图

图 3.4　台背及锥坡回填计算图

桥台以外回填体积　　　$V_1 = \dfrac{1}{6} \cdot h_1 \cdot [a_1 \cdot b_1 + (a_1 + a_2) \cdot (b_1 + b_2) + a_2 \cdot b_2]$

桥台内台帽以下回填体积　　$V_2 = \dfrac{1}{6} \cdot h_2 \cdot [c_1 \cdot d_1 + (c_1 + c_2) \cdot (d_1 + d_2) + c_2 \cdot d_2]$

桥台内搭板以下回填体积　　$V_3 = \dfrac{1}{6} \cdot h_3 \cdot c_2 (d_2 + d_3)$

式中，h_1 为原地面到设计路面高度；h_2 为原地面到台帽底面高度；h_3 为台帽高度减去搭板厚度；a_1 为桥台以外底面填筑长度；a_2 为桥台以外顶面填筑长度；b_1 为桥台以外底面填筑宽度；b_2 为桥台以外顶面填筑宽度；c_1 为桥台以内底面填筑长度；c_2 为桥台以内顶面填筑长度；d_1 为桥台以内底面填筑宽度；d_2 为桥台内台帽以下顶面填筑宽度；a_3 为台背范围内路面铺筑长度；d_3 为桥台内搭板以下顶面填筑宽度。

注：按上述计算的工程量包含了路面结构层，台背回填工程量应减去该结构层体积。

依据配套图集桥-8～桥-11，本例台背回填由承台顶面起算，算至路基顶面，则

$h_1 = 4.422 - (-0.84) = 5.262$（m）　　$h_2 = 4.444$m　　$a_1 = 8.2 - 5.262 = 2.938$（m）

$a_2 = 10 - 1.8 = 8.2$（m）　　$c_1 = 0.5$m　　$c_2 = 1.8$m　　$d_3 = 59.9$m　　$d_2 = 59.9 - 0.993 \times 2 = 57.914$（m）

$d_1 = 59.9 - 2.5 \times 2 = 54.9$（m）　　$b_1 = b_2 = 60$m　　$h_3 = 0.995 + 0.5 - 0.8 = 0.695$（m）

$V_1 = \dfrac{1}{6} \times 5.262 \times [2.938 \times 60 + (2.938 + 8.2) \times (60 + 60) + 8.2 \times 60] = 1758.245$（m³）

$V_2 = \dfrac{1}{6} \times 4.444 \times [0.5 \times 54.9 + (0.5 + 1.8) \times (54.9 + 57.914) + 1.8 \times 57.914] = 289.725$（m³）

$V_3 = \dfrac{1}{2} \times 0.695 \times 1.8 \times (57.914 + 59.9) = 73.693$（m³）

则台背回填工程量为（1758.245+289.725+73.693）×2=4243.33（m³）

表 3-7 所示为台背回填清单工程量。

表 3-7　台背回填清单工程量

项目编码	项目名称	项目特征描述	计量单位	工程量
040103001002	台背回填	砂碎石	m³	4243.33

（4）余方弃置。

余方弃置工程量 $V_{余}=V_{挖}-1.15V_{填}=5972.351-1.15×457.70≈5446.00$（m³）

表 3-8 所示为余方弃置清单工程量。

表 3-8　余方弃置清单工程量

项目编码	项目名称	项目特征描述	计量单位	工程量
040103002001	余方弃置	二类土；运距 8km	m³	5446.00

（5）泥浆护壁成孔灌注桩。

依据配套图集桥-3、桥-6、桥-7，计算泥浆护壁成孔灌注桩工程量。

桩长=-2.04+0.15-（-50）=48.11（m）　桩的断面积=0.5×0.5×3.14=0.785（m²）

桩体积=0.785×48.11×12×2×2=1812.78（m）

泥浆护壁成孔灌注桩工程量为 1812.78m。

表 3-9 所示为泥浆护壁成孔灌注桩清单工程量。

表 3-9　泥浆护壁成孔灌注桩清单工程量

项目编码	项目名称	项目特征描述	计量单位	工程量
040301004001	泥浆护壁成孔灌注桩	桩径 D1000；回旋钻机成孔；混凝土强度等级 C25	m	1812.78

（6）截桩头。

依据配套图集桥-3、桥-6、桥-7，计算截桩头工程量。

截桩头体积=0.785×0.8×12×2×2=30.144（m³）

截桩头工程量小数点保留两位，为 30.14m³。

注：设计超灌高度为 0.8m。

表 3-10 所示为截桩头清单工程量。

表 3-10　截桩头清单工程量

项目编码	项目名称	项目特征描述	计量单位	工程量
040301011001	截桩头	桩径 D1000；混凝土强度等级 C25；有钢筋	m³	30.14

（7）混凝土垫层。

依据配套图集桥-9～桥-11，计算桥台垫层工程量。

桥台垫层体积=5×60.1×0.1×2=60.1（m³）
桥台垫层内桩体体积=0.5×0.5×3.14×0.1×24×2=3.768（m³）
桥台垫层工程量=60.1-3.768=56.332（m³）
依据配套图集桥-5，计算驳坎垫层清单工程量。
驳坎垫层工程量=（2.75+0.5×1.414+0.5+0.1×2）×0.1×40=16.628（m³）
混凝土垫层工程量=56.332+16.628=72.96（m³）
表3-11所示为混凝土垫层清单工程量。

表3-11 混凝土垫层清单工程量

项目编码	项目名称	项目特征描述	计量单位	工程量
040303001001	混凝土垫层	混凝土强度等级C15	m³	72.96

（8）混凝土基础。
依据配套图集桥-5，按下式计算混凝土基础工程量。
[2.75×0.5+（0.5+1）/2×0.5+0.5×1]×40=90（m³），
混凝土基础工程量小数点保留两位，为90.00m³。
表3-12所示为混凝土基础清单工程量。

表3-12 混凝土基础清单工程量

项目编码	项目名称	项目特征描述	计量单位	工程量
040303002001	混凝土基础	混凝土强度等级C25	m³	90.00

（9）混凝土承台。
依据配套图集桥-9～桥-11，按下式计算混凝土承台工程量。
承台体积=4.8×59.9×1.2×2=690.05（m³）
承台内桩体积=0.5×0.5×3.14×0.15×24×2=5.65（m³）
混凝土承台工程量=690.05-5.65=684.40（m³）
表3-13所示为混凝土承台清单工程量。

表3-13 混凝土承台清单工程量

项目编码	项目名称	项目特征描述	计量单位	工程量
040303003001	混凝土承台	混凝土强度等级C25	m³	684.40

（10）混凝土台帽。
依据配套图集桥-9～桥-11，按下式计算混凝土台帽工程量。
台帽体积=（0.7×0.955+1.3×0.5）×59.9×2=157.96（m³）
挡块体积=0.2×0.2×0.6×4×2=0.192（m³）
混凝土台帽工程量=157.96+0.192=158.15（m³）
表3-14所示为混凝土台帽清单工程量。

表 3-14 混凝土台帽清单工程量

项目编码	项目名称	项目特征描述	计量单位	工程量
040303004001	混凝土台帽	混凝土强度等级 C25	m^3	158.15

（11）混凝土台身。

混凝土台身工程量包括台身体积和侧墙体积两部分，桥台各部分尺寸图如图 3.5 所示，桥台的台身的截面一般为不规则图形，本例将台身截面分为 4 部分（分别为 A_1、A_2、A_3、A_4）。

A_1 面积=4.4435×（1.8-0.5）/2=2.888（m^2）　　A_2 面积=（2.8-1.3）×1=1.5（m^2）

A_3 面积=1×1/2=0.5（m^2）　　A_4 面积=（1.25+1.5）/2×（4.4435-1）=4.735（m^2）

台身体积=（2.888+1.5+0.5+4.735）×59.9×2=1152.835（m^3）

依据配套图集桥-9～桥-11，计算侧墙体积。

侧墙（上）体积=（0.5+0.993）×1.455/2×1.8+0×1.455/2×0.5+0.493×1.455/2/3×0=1.955（m^3）

侧墙（下）体积=（0.993+2.5）×4.4435/2×0.5+1.8×4.4435/2×0.993+（2.5-0.993）×

4.4435/2/3×1.8=9.86（m^3）

注：1. 台身高度 d_1=（3.975+4.232）/2-0.5-（-0.84）=4.4435（m）

2. e_1=（2.5-0.5）/（4.4435+0.5+0.955）×（0.5+0.955）+0.5=0.993（m）

3. d_2=0.5+0.955=1.455（m）

4. c_2=0

5. e_2=0.993-0.5=0.493（m）

混凝土台身工程量=1152.835+（1.955+9.86）×2×2=1200.10（m^3）

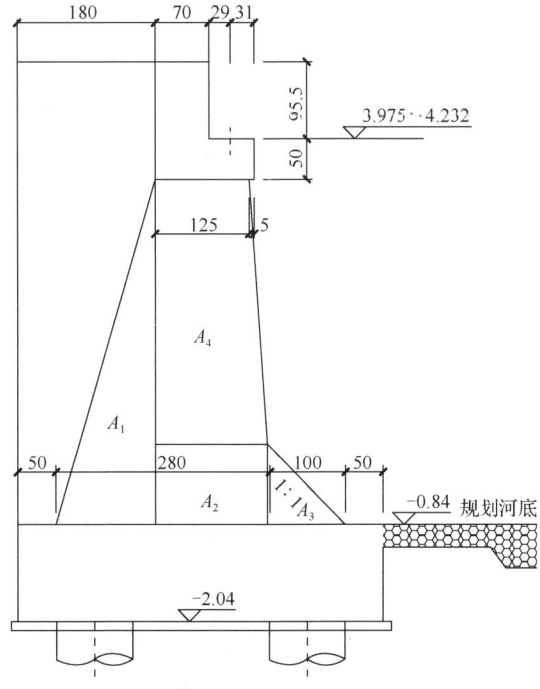

图 3.5 桥台各部尺寸图

表 3-15 所示为混凝土台身清单工程量。

表 3-15 混凝土台身清单工程量

项目编码	项目名称	项目特征描述	计量单位	工程量
040303005001	混凝土台身	混凝土强度等级 C20	m³	1200.10

（12）混凝土挡墙压顶。

依据配套图集桥-5，计算混凝土挡墙压顶工程量。

混凝土挡墙压顶工程量=（0.55×0.2-0.02×0.02）×40=4.38（m³）

表 3-16 所示为混凝土挡墙压顶清单工程量。

表 3-16 混凝土挡墙压顶清单工程量

项目编码	项目名称	项目特征描述	计量单位	工程量
040303016001	混凝土挡墙压顶	混凝土强度等级 C25	m³	4.38

（13）混凝土防撞护栏。

依据配套图集桥-6、桥-33，计算混凝土防撞护栏工程量。

混凝土防撞护栏工程量=20×2+（10-0.5×2）×2=58.00（m）

表 3-17 所示为混凝土防撞护栏清单工程量。

表 3-17 混凝土防撞护栏清单工程量

项目编码	项目名称	项目特征描述	计量单位	工程量
040303018001	混凝土防撞护栏	混凝土强度等级 C25	m	58.00

（14）混凝土桥面铺装。

依据配套图集桥-30～桥-32，计算混凝土桥面铺装工程量。

8cm 厚混凝土桥面铺装工程量=（4+5+11-0.35-0.15×2-0.2-0.15×2-1+1.5）×（19.96-0.35×2）×2=745.36（m²）

14cm 厚混凝土桥面铺装工程量=4×（19.96-0.35×2）×2=154.08（m²）

注：快车道12cm厚平石部分桥面铺装按厚度折算为8cm，折算方法为0.5×2×0.12/0.8=1.5m。

表 3-18 所示为混凝土桥面铺装清单工程量。

表 3-18 混凝土桥面铺装清单工程量

项目编码	项目名称	项目特征描述	计量单位	工程量
040303019001	混凝土桥面铺装	混凝土强度等级 C40；混凝土厚度 8cm	m²	745.36
040303019002	混凝土桥面铺装	混凝土强度等级 C40；混凝土厚度 14cm	m²	154.08

（15）透层。

透层项目清单在表 3-1 及任务 3.1 内没有讲述，因为在透层项目在《市政工程工程量计算规范》（GB 50857—2013）中属于道路工程，故表 3-1 及任务 3.1 内没有讲述，但是本例桥面设有透层，故这里进行透层的工程量进行计算。

依据配套图集桥-30~桥-32，计算透层工程量。

透层工程量=（11+4）×（19.96-0.35×2）×2=577.80（m²）。

注：本例中设定上下面层连续施工，仅设透层，不设黏层。

表3-19所示为透层清单工程量。

表3-19 透层清单工程量

项目编码	项目名称	项目特征描述	计量单位	工程量
040203003001	透层	石油沥青	m²	577.80

（16）沥青混凝土桥面铺装。

依据配套图集桥-30~桥-32，计算沥青混凝土桥面铺装工程量。

6cm厚沥青混凝土桥面铺装工程量=4×（19.96-0.35×2）×2=154.08（m²）

4cm厚沥青混凝土桥面铺装工程量=（11+4）×（19.96-0.35×2）×2=577.80（m²）

表3-20所示为沥青混凝土桥面铺装清单工程量。

表3-20 沥青混凝土桥面铺装清单工程量

项目编码	项目名称	项目特征描述	计量单位	工程量
040303019003	沥青混凝土桥面铺装	沥青混凝土厚度6cm；粗粒式	m²	154.08
040303019004	沥青混凝土桥面铺装	沥青混凝土厚度4cm；细粒式	m²	577.80

（17）混凝土其他构件。

本例中，混凝土其他构件为桥面系地梁，依据配套图集桥-30~桥-31，计算桥面系地梁工程量。

A梁工程量=[0.3×0.46-0.02×0.02×2（00.16+0.21）/2×0.05+0.24×0.05]×23.2×2-0.2×
　　　　　0.2×0.15×14×2=6.326（m³）

B梁工程量=（0.15×0.24）×23.2×4=3.341（m³）

C梁工程量=（0.2×0.36-0.02×0.02-0.12×0.05）×23.2×2=3.044（m³）

D梁工程量=（0.15×0.29-0.02×0.02）×23.2×4=4.0（m³）

桥面系地梁工程量=6.326+3.341+3.044+4.0=16.711（m³）

注：1. A梁中应扣除栏杆预留槽体积。

　　2. 桥面系地梁的长度按栏杆总长度估算。

表3-21所示为桥面系地梁清单工程量。

表3-21 桥面系地梁清单工程量

项目编码	项目名称	项目特征描述	计量单位	工程量
040303024001	桥面系地梁	混凝土强度等级C25	m³	16.71

(18) 预制混凝土梁。

依据配套图集桥-14～桥-29，计算预制混凝土梁工程量。全桥预制混凝土梁分 4 种，共 48 片。

中板工程量=9.3×40=372（m³）

绿化带下边板工程量=9.5×4=38（m³）

悬臂 20 边板工程量=10.3×2=20.6（m³）

悬臂 6 边板工程量=9.7×2=19.4（m³）

预制混凝土梁工程量=372+38+20.6+19.4=450.00（m³）

注：预制混凝土梁分两次浇筑成型，图纸中给出的封头（封锚）混凝土工程量是否已包含在图示预制混凝土梁工程量中，需要自行计算核实。本例中认定预制混凝土梁工程量已经包含了封头混凝土工程量，则不再计算封头混凝土工程量。

表 3-22 所示为预制混凝土梁清单工程量。

表 3-22　预制混凝土梁清单工程量

项目编码	项目名称	项目特征描述	计量单位	工程量
040304001001	预制混凝土梁	空心板梁；混凝土强度等级 C40	m³	450.00

(19) 预制混凝土其他构件。

依据配套图集桥-30～桥-31，计算预制混凝土其他构件工程量。

人行道板工程量：

人行道板数量为 252 块，单板体积=1.171×0.49×0.08=0.0459（m³）

人行道板工程量=0.0459×252=11.57（m³）

盖板工程量：

盖板数量为 84 块，单板体积=1.251×0.49×0.08=0.049（m³）

盖板工程量=0.049×84=4.12（m³）

预制混凝土其他构件工程量=11.57+4.12=15.69（m³）

表 3-23 所示为预制混凝土其他构件清单工程量。

表 3-23　预制混凝土其他构件清单工程量

项目编码	项目名称	项目特征描述	计量单位	工程量
040304005001	预制混凝土其他构件	混凝土强度等级 C25；人行道板、盖板	m³	15.69

(20) 浆砌块料。

依据配套图集桥-5，浆砌块料主要工作内容为浆砌块石挡墙，计算浆砌块石挡墙工程量。图 3.6 所示为浆砌块石挡墙断面示意图，由图 3.6 可知，可将挡墙分成 A_1、A_2、A_3 3 部分进行工程量计算。

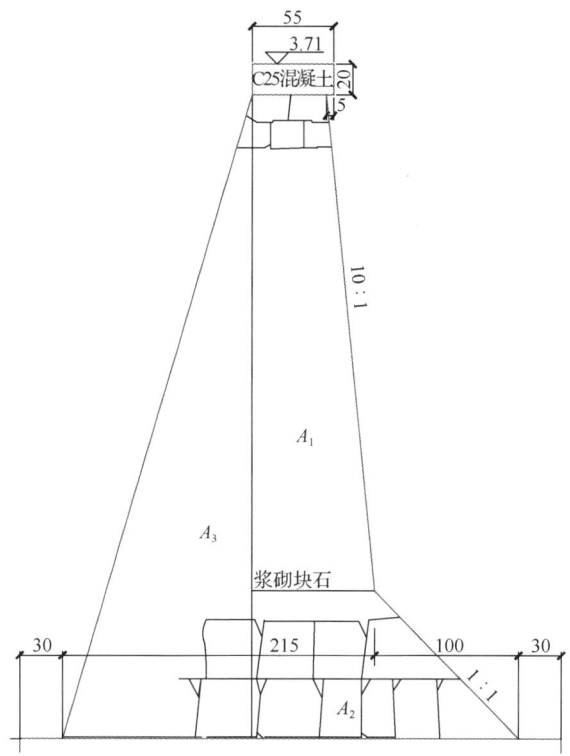

图 3.6　浆砌块石挡墙断面示意图

A_1 面积 = [0.5+(4.35-1)/10/2]×(4.35-1)=2.236（m²）
A_2 面积 = [0.5+(4.35-1)/10+1/2]×1=1.335（m²）
A_3 面积 = 4.35×[2.15-0.5-(4.35-1)/10]/2=2.86（m²）
浆砌块石挡墙工程量 = (2.236+1.335+2.86)×40=257.24（m³）
注：墙身高度 = 3.71-0.2-(-1.34)-0.5=4.35（m）
表 3-24 所示为浆砌块石挡墙清单工程量。

表 3-24　浆砌块石挡墙清单工程量

项目编码	项目名称	项目特征描述	计量单位	工程量
040305003001	浆砌块石挡墙	砂浆强度等级 M10	m³	257.24

（21）镶贴面层。
依据配套图集桥-30，计算镶贴面层工程量。
镶贴面层工程量 = 1.17×3×23.2×2=162.86（m²）
表 3-25 所示为镶贴面层清单工程量。

表 3-25　镶贴面层清单工程量

项目编码	项目名称	项目特征描述	计量单位	工程量
040308003001	镶贴面层	2.5cm 厚花岗岩	m²	162.86

（22）石质栏杆。

依据配套图集桥-34，计算石质栏杆工程量。

石质栏杆工程量=（20+1.6×2）×2=46.40（m）

表3-26所示为石质栏杆清单工程量。

表3-26 石质栏杆清单工程量

项目编码	项目名称	项目特征描述	计量单位	工程量
040309002001	石质栏杆	米黄色花岗岩	m	46.40

（23）橡胶支座。

依据配套图集桥-13，本例橡胶支座为分固定支座和活动支座，固定支座为氯丁橡胶支座，活动支座为四氟板橡胶支座，其工程量计算方法如下。

氯丁橡胶支座工程量=2×48=96（个） 四氟板橡胶支座工程量=2×48=96（个）

表3-27所示为橡胶支座清单工程量。

表3-27 橡胶支座清单工程量

项目编码	项目名称	项目特征描述	计量单位	工程量
040309004001	氯丁橡胶支座	型号为200mm×200mm×28mm	个	96
040309004002	四氟板橡胶支座	型号为200mm×200mm×28mm	个	96

（24）桥梁伸缩装置。

依据配套图集桥-30～桥-32，本案例桥梁伸缩装置为型钢伸缩缝和U形锌铁皮伸缩缝。

型钢伸缩缝工程量=4×12.45=49.80（m）U形锌铁皮伸缩缝工程量=4×13.2=52.80（m）。

表3-28所示为桥梁伸缩装置清单工程量。

表3-28 桥梁伸缩装置清单工程量表

项目编码	项目名称	项目特征描述	计量单位	工程量
040309007001	型钢伸缩缝	RG40	m	49.80
040309007002	U形锌铁皮伸缩缝	C40；沥青胶	m	52.80

（25）现浇构件钢筋。

依据配套图集桥-12、桥-31～桥-33，计算现浇构件钢筋工程量。由于桥梁工程钢筋较多，可依据不同部位、不同材质、不同钢筋等级分设清单。现浇构件钢筋工程量的具体计算见表3-29。表3-30所示为现浇构件钢筋清单工程量。

表3-29 现浇构件钢筋工程量计算表

序号	计算部位	单位	计算式	工程量	备注
	下部结构圆钢	kg		4206.60	
1	承台	kg	148.1×2	296.20	
2	台帽	kg	(444.2+308+761.9+416.7+18.7+5.7)×2	3910.40	含挡块

续表

序号	计算部位	单位	计算式	工程量	备注
	下部结构螺纹钢	kg		34670.60	
1	承台	kg	（8948.9+8386.4）×2	34670.60	
2	台帽	kg	0	0.00	含挡块
	桥面结构圆钢	kg		8283.11	
1	桥面铺装	kg	（1037.4+2244.3）×2	6563.40	
2	地梁	kg	（29.3+43.9+53.8）×2	254.00	
3	防撞护栏	kg	70.9×58/10	411.22	
4	桥梁伸缩装置	kg		1054.49	
	①号筋（ϕ12）	kg	0.48×768×0.888	327.35	
	单根长度	m	0.2+0.065+0.215	0.48	
	根数	根	［(4+4+5+12-1.25)/0.25+1］×2×2×2	768.00	
	②号筋（ϕ16）	kg	0.6×768×1.578	727.14	
	单根长度	m	0.2+0.2+0.1+0.05+0.05	0.60	
	根数	根	［(4+4+5+12-1.25)/0.25+1］×2×2×2	768.00	
	桥面结构螺纹钢	kg		5844.10	
1	桥面铺装	kg	0	0.00	
2	地梁	kg	（217+102.6+200.7+507.8）×2	2056.20	
3	防撞护栏	kg	（117.6+18.8+79.4+151+96.9+86）×58/10	3188.26	
4	桥梁伸缩装置	kg		599.64	
	③号筋（ϕ16）	kg	23.75×16×1.578	599.64	
	单根长度	m	4+4+5+12-1.25	23.75	
	根数	根	2×2×2×2	16.00	

表 3-30 现浇构件钢筋清单工程量

项目编码	项目名称	项目特征描述	计量单位	工程量
040901001001	下部结构圆钢	钢筋等级 HPB300	t	4.207
040901001002	下部结构螺纹钢	钢筋等级 HRB335	t	34.671
040901001003	桥面结构圆钢	钢筋等级 HPB300	t	8.283
040901001004	桥面结构螺纹钢	钢筋等级 HRB335	t	5.844

（26）预制构件钢筋。

依据配套图集桥-16、桥-17、桥-20、桥-21、桥-24、桥-25、桥-28～桥-30，计算预制构件钢筋工程量。依据不同的部位、不同材质、不同钢筋等级分设清单。预制构件钢筋工程量的具体计算见表 3-31。表 3-32 所示为预制构件钢筋清单工程量。

表 3-31 预制构件钢筋工程量计算表

序号	计算部位	单位	计算式	工程量	备注
	上部结构圆钢	kg		27238.20	
1	中板	kg	（188.8+216.1+87.4+7+53.1+15.8）×40	22728.00	
2	绿化带下边板	kg	（188.8+108.1+110+87.4+7+53.1+15.8）×4	2280.80	
3	悬臂 20 边板	kg	（204.6+109+72.6+87.4+7+53.1+15.8）×2	1099.00	
4	悬臂 6 边板	kg	（220.3+109+72.6+87.4+7+53.1+15.8）×2	1130.40	
	上部结构螺纹钢	kg		34779.60	
1	中板	kg	（377.7+141.5+177.2+11.2）×40	28304.00	
2	绿化带下边板	kg	（377.7+141.5+178.8+11.3）×4	2837.20	
3	悬臂 20 边板	kg	（377.7+176.9+53.8+306.8+14.5）×2	1859.40	
4	悬臂 6 边板	kg	（377.7+176.9+53.8+268.4+12.7）×2	1779.00	
	小型构件圆钢	kg		2011.60	
1	人行道板	kg	（1.7+3.6）×282	1494.60	
2	盖板	kg	（1.7+3.8）×94	517.00	

表 3-32 预制构件钢筋清单工程量

项目编码	项目名称	项目特征描述	计量单位	工程量
040901002001	上部结构圆钢	钢筋等级 HPB300	t	27.238
040901002002	上部结构螺纹钢	钢筋等级 HRB335	t	34.780
040901002003	小型构件圆钢	钢筋等级 HPB300	t	2.012

（27）钢筋笼。

依据配套图集桥-7，计算钢筋笼工程量。

钢筋笼的钢筋有圆钢和螺纹钢两种，圆钢工程量=（164+9.8）×48=8342（kg），螺纹钢工程量=（684.9+355.9+119.6）×48=55699（kg）。表 3-33 所示为钢筋笼清单工程量。

表 3-33 钢筋笼清单工程量

项目编码	项目名称	项目特征描述	计量单位	工程量
040901004001	$D1000$ 钢筋笼圆钢	钢筋等级 HPB300	t	8.342
040901004002	$D1000$ 钢筋笼螺纹钢	钢筋等级 HRB335	t	55.699

（28）后张法预应力钢筋。

本例采用后张法预应力钢筋，依据配套图集桥-15、桥-19、桥-23、桥-27，计算工程量，具体计算见表 3-34。表 3-35 所示为后张法预应力钢筋清单工程量。

表 3-34 后张法预应力钢筋工程量计算表

序号	计算部位	单位	计算式	工程量	备注
	后张法预应力钢筋	kg		17120.8	
1	中板	kg	(211.46+141.3)×40	14110.40	
	N1 束	kg	21.32×3×3×1.102	211.45	
	N2 束	kg	21.37×3×2×1.102	141.30	
2	绿化带下边板	kg	(211.46+141.3)×4	1411.04	
	N1 束	kg	21.32×3×2×1.102	140.97	
	N2 束	kg	21.37×3×2×1.102	141.30	
3	悬臂20边板	kg	(211.45+188.4)×2	799.70	
	N1 束	kg	21.32×3×3×1.102	211.45	
	N2 束	kg	21.37×4×2×1.102	188.40	
4	悬臂6边板	kg	(211.45+188.4)×2	799.70	
	N1 束	kg	21.32×3×3×1.102	211.45	
	N2 束	kg	21.37×4×2×1.102	188.40	

表 3-35 后张法预应力钢筋清单工程量

项目编码	项目名称	项目特征描述	计量单位	工程量
040901006001	后张法预应力钢筋	1860MPa，ϕ^j15.24 钢绞线	t	17.121

2) 分部分项工程项目清单列表

清单工程量计算完成后，将各项清单工程量汇总，得到分部分项工程项目清单，见表 3-36。

表 3-36 分部分项工程项目清单

单位工程及专业工程名称：市政-桥梁工程

序号	项目编码	项目名称	项目特征描述	计量单位	工程量	综合单价/元	合价/元	其中 人工费/元	其中 机械费/元	备注
1	040101003001	挖基坑土方	一、二类土；平均深 6m 以内	m³	5942.21					
2	040103001001	回填方	一、二类土	m³	457.70					
3	040103001002	台背回填	砂碎石	m³	4243.33					
4	040103002001	余方弃置	一、二类土；运距 8km	m³	5446.00					
5	040301004001	泥浆护壁成孔灌注桩	桩径 D1000；回旋钻机成孔；混凝土强度等级 C25	m	1812.78					

续表

序号	项目编码	项目名称	项目特征描述	计量单位	工程量	综合单价/元	合价/元	其中 人工费/元	其中 机械费/元	备注
6	040301011001	截桩头	桩径 $D1000$；混凝土强度等级 C25；有钢筋	m^3	30.14					
7	040303001001	混凝土垫层	混凝土强度等级 C15	m^3	72.96					
8	040303002001	混凝土基础	混凝土强度等级 C25	m^3	90.00					
9	040303003001	混凝土承台	混凝土强度等级 C25	m^3	684.40					
10	040303004001	混凝土台帽	混凝土强度等级 C25	m^3	158.15					
11	040303005001	混凝土台身	混凝土强度等级 C20	m^3	1200.10					
12	040303016001	混凝土挡墙压顶	混凝土强度等级 C25	m^3	4.38					
13	040303018001	混凝土防撞护栏	混凝土强度等级 C25	m	58.00					
14	040303019001	混凝土桥面铺装	混凝土强度等级 C40；混凝土厚度 8cm	m^2	745.36					
15	040303019002	混凝土桥面铺装	混凝土强度等级 C40；混凝土厚度 14cm	m^2	154.08					
16	040203003001	透层	石油沥青	m^2	577.80					
17	040303019003	沥青混凝土桥面铺装	沥青混凝土厚度 6cm；粗粒式	m^2	154.08					
18	040303019004	沥青混凝土桥面铺装	沥青混凝土厚度 4cm；细粒式	m^2	577.80					
19	040303024001	桥面系地梁	混凝土强度等级 C25	m^3	16.71					
20	040304001001	预制混凝土梁	空心板梁；混凝土强度等级 C40	m^3	450.00					
21	040304005001	预制混凝土其他构件	混凝土强度等级 C25；人行道板、盖板	m^3	15.69					
22	040305003001	浆砌块石挡墙	砂浆强度等级 M10	m^3	257.24					
23	040308003001	镶贴面层	2.5cm 厚花岗岩	m^2	162.86					
24	040309002001	石质栏杆	米黄色花岗岩	m	46.40					
25	040309004001	氯丁橡胶支座	型号为 200mm×200mm×28mm	个	96					
26	040309004002	四氟板橡胶支座	型号为 200mm×200mm×28mm	个	96					
27	040309007001	型钢伸缩缝	RG40	m	49.80					
28	040309007002	U 形锌铁皮伸缩缝	C40；沥青胶	m	52.80					
29	040901001001	下部结构圆钢	钢筋等级 HPB300	t	4.207					
30	040901001002	下部结构螺纹钢	钢筋等级 HRB335	t	34.671					
31	040901001003	桥面结构圆钢	钢筋等级 HPB300	t	8.283					
32	040901001004	桥面结构螺纹钢	钢筋等级 HRB335	t	5.844					
33	040901002001	上部结构圆钢	钢筋等级 HPB300	t	27.238					
34	040901002002	上部结构螺纹钢	钢筋等级 HRB335	t	34.780					

续表

序号	项目编码	项目名称	项目特征描述	计量单位	工程量	综合单价/元	合价/元	其中 人工费/元	其中 机械费/元	备注
35	040901002003	小型构件圆钢	钢筋等级 HPB300	t	2.012					
36	040901004001	D1000 钢筋笼圆钢	钢筋等级 HPB300	t	8.342					
37	040901004002	D1000 钢筋笼螺纹钢	钢筋等级 HRB335	t	55.699					
38	040901006001	后张法预应力钢筋	1860MPa，ϕ^j15.24 钢绞线	t	17.121					
合计										

2．措施项目清单编制

1）施工技术措施项目工程量清单

结合施工图与施工方案，编制施工技术措施项目工程量清单。

（1）清单工程量计算。

① 垫层模板。

根据施工图、施工方案、清单工程量计算规则，结合配套图集桥-5、桥-8～桥-11 等，计算垫层模板工程量。

承台垫层模板工程量=(5+60.1)×2×0.1×2=26.04（m²）；

挡墙垫层模板工程量=(2.75+0.5×1.414+0.5+10)×2×0.1×4=11.17（m²）；

垫层模板工程量=26.04+11.17=37.21（m²）。

表 3-37 所示为垫层模板清单工程量。

表 3-37 垫层模板清单工程量

项目编码	项目名称	项目特征描述	计量单位	工程量
041102001001	垫层模板	木模	m²	37.21

② 基础模板。

根据施工图、施工方案、清单工程量计算规则，结合配套图集桥-5 等，计算基础模板工程量。

挡墙基础模板工程量=[(1+0.5)×10+(2.75×0.5+(0.5+1)/2×0.5+0.5×1)×2]×4=78.00（m²）。

表 3-38 所示为基础模板清单工程量。

表 3-38 基础模板清单工程量

项目编码	项目名称	项目特征描述	计量单位	工程量
041102002001	基础模板	组合钢模	m²	78.00

③ 承台模板。

根据施工图、施工方案、清单工程量计算规则，结合配套图集桥-8～桥-11 等，计算承台模板工程量。

承台模板工程量=(4.8+59.9)×2×1.2×2=310.56（m²）。

表 3-39 所示为承台模板清单工程量。

表 3-39　承台模板清单工程量

项目编码	项目名称	项目特征描述	计量单位	工程量
041102003001	承台模板	组合钢模	m²	310.56

④ 墩（台）帽模板。

根据施工图、施工方案、清单工程量计算规则，结合配套图集桥-8～桥-11 等，本例为台帽模板，故计算台帽模板工程量。

侧模工程量=（955+0.5）×2×59.9×2=348.618（m²）；
端模工程量=（0.7×0.955+1.3×0.5）×2×2 =5.274（m²）；
挡块模板工程量=（0.2×0.6×2+0.2×0.2）×4×2=2.24（m²）；
台帽模板工程量=348.618+5.274+2.24=356.13（m²）。

表 3-40 所示为台帽模板清单工程量。

表 3-40　台帽模板清单工程量

项目编码	项目名称	项目特征描述	计量单位	工程量
041102004001	台帽模板	胶合板	m²	356.13

⑤ 墩（台）身模板。

根据施工图、施工方案、清单工程量计算规则，结合配套图集桥-8～桥-11 等，本例为台身模板，故计算台身模板工程量。

一座桥台台前侧模工程量=（$\sqrt{(1.5-1.25)^2+(4.444-1)^2}+1\times1.414$）×59.90=291.533（m²）；
一座桥台台背侧模工程量=（59.9-2.5×2+59.9-0.993×2）/2×$\sqrt{1.3^2+4.444^2}$=261.164（m²）；
一座桥台端模工程量=（2.888+1.5+0.5+4.735）×2=19.246（m²）；
一座桥台侧墙外侧模板工程量=[1.8×（0.955+0.5）+（0.5+1.8）/2×4.444]×2=15.459（m²）；
一座桥台侧墙内侧模板工程量=[1.8×1.536+（0.5+1.8）/2×（6.229-1.536）]×2=16.323（m²）；
一座桥台侧墙端模工程量=（0.5+2.5）/2×5.899×2=17.697（m²）；
台身模板工程量=（291.533+261.164+19.246+15.459+16.323+17.697）×2=1242.84（m²）。

注：1.台身截面积详见台身混凝土计算；
　　2.侧墙总高度=4.444+0.955+0.5=5.899（m）；
　　3.侧墙内侧模板中心长=$\sqrt{(2.5-0.5)^2+(4.444+0.955+0.5)^2}$=6.229（m）；
　　4.侧墙内侧模板上段（台帽段）长=$\sqrt{(0.993-0.5)^2+(0.955+0.5)^2}$=1.536（m）。

表 3-41 所示为台身模板清单工程量。

表 3-41　台身模板清单工程量

项目编码	项目名称	项目特征描述	计量单位	工程量
041102005001	台身模板	胶合板	m²	1242.84

⑥ 板梁模板。

根据施工图、施工方案、清单工程量计算规则，结合配套图集桥-14～桥-29 等，计算板梁模板工程量。

全桥空心板梁分 4 种，截面尺寸基本相同，本例仅以中板尺寸计算板梁模板工程量。

侧模工程量=$(0.1+\sqrt{0.05^2+0.03^2}+0.07+0.05×1.414+0.65)×2×(19.96-1.5×2)+$
$0.9×2×3=37.59$（m^2）；

端模工程量=$(0.99×0.9-0.67×0.62+0.05×0.05/2×4)×2=0.96$（$m^2$）；

底模工程量=$19.96×0.99=19.76$（m^2）；

封锚端模工程量=$0.99×0.9×2=1.78$（m^2）；

芯模工程量=$(0.57×2+0.52×2+0.05×1.414×4)×(19.96-0.4×2)=47.19$（$m^2$）；

单根板梁模板工程量=$37.59+0.96+19.76+1.78+47.19=107.28$（$m^2$）；

全桥板梁模板工程量=$107.28×48=5149.44$（m^2）。

表 3-42 所示为板梁模板清单工程量。

表 3-42 板梁模板清单工程量

项目编码	项目名称	项目特征描述	计量单位	工程量
041102015001	板梁模板	钢模	m^2	5149.44

⑦ 压顶模板。

根据施工图、施工方案、清单工程量计算规则，结合配套图集桥-5 等，计算压顶模板工程量。

侧模工程量=$0.2×2×10×4=16$（m^2）；

端模工程量=$0.55×0.2×2×4=0.88$（m^2）；

压顶模板工程量=$16+0.88=16.88$（m^2）。

表 3-43 所示为压顶模板清单工程量。

表 3-43 压顶模板清单工程量

项目编码	项目名称	项目特征描述	计量单位	工程量
041102018001	压顶模板	木模	m^2	16.88

⑧ 防撞护栏模板。

根据施工图、施工方案、清单工程量计算规则，结合配套图集桥-33 等，计算防撞护栏模板工程量。

侧模工程量=$(0.13+0.1+0.28+0.33+0.63+0.84+0.12)×58=140.94$（$m^2$）；

端模工程量=$0.357×2×4=2.856$（m^2）；

防撞护栏模板工程量=$140.94+2.856=143.80$（m^2）。

表 3-44 所示为防撞护栏模板清单工程量。

表 3-44 防撞护栏模板清单工程量

项目编码	项目名称	项目特征描述	计量单位	工程量
041102019001	防撞护栏模板	钢模	m^2	143.80

⑨ 小型构件模板。

根据施工图、施工方案、清单工程量计算规则，结合配套图集桥-30 等，计算小型构件模板工程量。

人行道板模板工程量=（1.171+0.49）×2×0.08×282=74.94（m^2）；

盖板模板工程量=（1.25+0.49）×2×0.08×94=26.17（m^2）；

小型构件模板工程量=74.94+26.17=101.11（m^2）。

表 3-45 所示为小型构件模板清单工程量。

表 3-45 小型构件模板清单工程量

项目编码	项目名称	项目特征描述	计量单位	工程量
041102021001	小型构件模板	木模	m^2	101.11

⑩ 其他现浇构件模板。

根据施工图、施工方案、清单工程量计算规则，结合配套图集桥-31 等，计算其他现浇构件模板工程量，这里其他现浇构件为 A 梁、B 梁、C 梁和 D 梁。

A 梁模板工程量

（0.46+0.22+0.05+0.16+0.08）×23.2×2=45.01（m^2）；

[0.3×0.46-0.02×0.02×2-（0.16+0.21）/2×0.05+0.24×0.05]×2×2=0.56（m^2）。

B 梁模板工程量

（0.16+0.08）×2×23.2×4=44.54（m^2）；

0.15×0.24×2×4=0.288（m^2）。

C 梁模板工程量

（0.12+0.24）×2×23.2×2=33.41（m^2）；

（0.2×0.36-0.02×0.02-0.12×0.05）×2×2=0.262（m^2）。

D 梁模板工程量

（0.17+0.12）×2×23.2×4=53.82（m^2）；

（0.15×0.29-0.02×0.02）×2×4=0.34（m^2）。

其他现浇构件模板工程量=45.01+0.56+44.54+0.288+33.41+0.262+53.82+0.34=178.23（m^2）。

表 3-46 所示为其他现浇构件模板清单工程量。

表 3-46 其他现浇构件模板清单工程量

项目编码	项目名称	项目特征描述	计量单位	工程量
041102037001	其他现浇构件模板	木模	m^2	178.23

⑪ 水上桩基础支架、平台。

根据施工图、施工方案、清单工程量计算规则,结合配套图集桥-3~桥-6 等,计算水上桩基础支架、工程量。

单座桥台支架、平台工程量=(56.4+6.5)×(6.5+2.8)=584.97(m²);
通道工程量=6.5×[20-(6.5+2.8)]=69.55(m²);
水上桩基础支架、平台工程量=584.97×2+69.55=1239.49(m²)。

表 3-47 所示为水上桩基础支架、平台清单工程量。

表 3-47 水上桩基础支架、平台清单工程量

项目编码	项目名称	项目特征描述	计量单位	工程量
041102039001	水上桩基础支架、平台	圆木桩	m²	1239.49

⑫ 围堰。

根据施工图、施工方案、清单工程量计算规则,结合配套图集桥-2~桥-3 等,计算围堰工程量。

本例按截流式围堰考虑,即在桥位上下游各 15.00m 的位置筑坝,坝长按 20.00m 计,则围堰工程量为 40.00m。

表 3-48 所示为围堰清单工程量。

表 3-48 围堰清单工程量

项目编码	项目名称	项目特征描述	计量单位	工程量
041103001001	围堰	草袋围堰	m	40.00

⑬ 预制场。

预制场为现场预制构件制作场地,本例主要为板梁预制场。清单规范中没有给出预制场项目归类,根据《市政工程工程量计算规范》(GB 50857—2013),可将其归入 L.4 便道及便桥,增补 041104003 项。可以根据预制场面积计算工程量或采用总额计量。本例采用总额计量,以项为单位。

表 3-49 所示为预制场清单工程量。

表 3-49 预制场清单工程量

项目编码	项目名称	项目特征描述	计量单位	工程量
041104003001	预制场	板梁预制场	项	1

⑭ 大型机械进出场及安拆。

本例主要为大型机械进出场及安拆,根据施工方案确定大型机械类型与数量,工程量暂估为 1 台·班。

表 3-50 所示为大型机械进出场及安拆清单工程量。

表3-50 大型机械进出场及安拆清单工程量

项目编码	项目名称	项目特征描述	计量单位	工程量
041106001001	大型机械进出场	反铲挖掘机等	台·次	8（暂估）
041106001002	大型机械安拆	钻孔桩机	台·次	4（暂估）

⑮ 排水、降水。

根据施工方案确定排水、降水方法，本例排水、降水工程量采用总额计量，以项为单位。表3-51所示为排水、降水清单工程量。

表3-51 排水、降水清单工程量

项目编码	项目名称	项目特征描述	计量单位	工程量
041107002001	排水、降水	轻型井点、抽水	项	1

（2）施工技术措施项目清单列表。

将各项清单工程量汇总，得到施工技术措施项目清单，见表3-52。

表3-52 施工技术措施项目清单

单位工程及专业工程名称：市政-排水桥梁工程

序号	项目编码	项目名称	项目特征描述	计量单位	工程量	综合单价/元	合价/元	其中		备注
								人工费/元	机械费/元	
1	041102001001	垫层模板	木模	m²	37.21					
2	041102002001	基础模板	组合钢模	m²	78.00					
3	041102003001	承台模板	组合钢模	m²	310.56					
4	041102004001	台帽模板	胶合板	m²	356.13					
5	041102005001	台身模板	胶合板	m²	1242.84					
6	041102015001	板梁模板	钢模	m²	5149.44					
7	041102018001	压顶模板	木模	m²	16.88					
8	041102019001	防撞护栏模板	钢模	m²	143.80					
9	041102021001	小型构件模板	木模	m²	101.11					
10	041102037001	其他现浇构件模板	木模	m²	178.23					
11	041102039001	水上桩基础支架、平台	圆木桩	m²	1239.49					
12	041103001001	围堰	草袋围堰	m	40.00					
13	041104003001	预制场	板梁预制场	项	1					
14	041106001001	大型机械进出场	反铲挖掘机等	台·次	8					
15	041106001002	大型机械安拆	钻孔桩机	台·次	4					
16	041107002001	排水、降水	轻型井点、抽水	项	1					
合计										

2）施工组织措施项目清单

本例的施工组织措施项目清单见表 3-53。

表 3-53　施工组织措施项目清单

单位工程及专业工程名称：市政-桥梁工程

序号	项目编码	项目名称	计算基数	费率/（%）	金额/元	备注
1	041109001001	安全文明施工				
2	041109005001	行车、行人干扰				
		合计				

3．其他项目清单编制

其他项目清单见表 3-54。

表 3-54　其他项目清单

单位工程及专业工程名称：市政-桥梁工程

序号	项目名称	单位	数量	单价/元	金额/元	备注
1	暂列金额	项	1			
2	计日工	工日				
		合计				

3.1.4 实训任务

完成配套图集桥梁工程工程量清单编制。

1．实施要求

（1）钢筋工程项目按部位不同，分设清单，建议设下部结构、上部结构、桥面及附属结构 3 个部位。

（2）模板可以不计入措施项目，而计入相应混凝土工程。

（3）立柱与盖梁施工需搭设脚手架。

（4）打桩支架可以不计入措施项目，而分摊计入桩基工程。

（5）空心板梁必须自建预制场，不能按成品购买考虑。

（6）河道两岸不能直接通行。

（7）图纸上的数量除板梁钢筋外，均不能直接作为工程量。

（8）不考虑借用道路工程项目清单。

2．指导说明

（1）应先安排围堰方案，再考虑基坑开挖方案。

（2）围堰方案建议使用截流式。

（3）桩基工程需要在 2 个月内完工。

（4）台背回填长度应在 10m 以内。
（5）铰缝混凝土工程量并入桥面铺装项目。
（6）实际施工桩顶标高应等于系梁底标高。

小 结

本任务阐述了市政桥梁工程清单项目的设置，以及清单项目通常包含的工作内容、工程量计算规则与方法等；重点是各清单项目特征描述，以及施工技术措施项目清单的编制；难点首先在于很多工程量的计算需要先拟定施工条件才能进行，其次是图纸中未直接显示的工程内容较多。在本任务内容学习前，需掌握桥梁工程的相关施工技术。

思考练习题

在线答题

1. 台背回填工程量计算时，除有 3.1.3 任务分析与实施中所讲计算方法外，还有什么计算方法？
2. 依据配套图集桥-5、桥-9 等，3.1.3 任务分析与实施中遗漏了什么工程量，应如何计算？
3. 若河道不允许断流，围堰应如何布置？
4. 若将河道挡墙的基础、墙身、压顶等合并为一个清单项目，采用什么计量单位合适？
5. 依据配套图集，除 3.1.3 任务分析与实施中给出的施工技术措施项目外，还可增加哪些施工技术措施项目？

任务 3.2　市政桥梁工程计价清单编制

3.2.1　任务导入

工作任务

桥梁工程计价清单编制

完成配套图集《市政工程施工图案例图集》项目二桥梁工程施工图纸中 1 号港桥桥梁

工程计价清单编制。

具体任务如下。

（1）根据配套图集及工程量清单，编制1号港桥分部分项工程清单与计价表。

（2）根据配套图集及工程量清单，编制1号港桥措施项目清单与计价表。

（3）根据配套图集及工程量清单，编制1号港桥其他项目计价表。

（4）根据配套图集及工程量清单，编制单位工程招标控制价（报价）汇总表。

工作手段

《建设工程工程量清单计价规范》（GB 50500—2013）、《市政工程工程量计算规范》（GB 50857—2013）、《浙江省市政工程预算定额》（2018版）、计算器等。

成果与检测

（1）每位学生编制完成一份完整的清单计价表。

（2）采用教师评价和学生互评的方式打分。

3.2.2 相关知识

桥梁工程计价表按照《建设工程工程量清单计价规范》（GB 50500—2013）规定的清单计价的统一格式与内容，工程量清单，以及《浙江省建设工程计价规则》（2018版）进行编制，其内容主要是分部分项工程清单与计价表、措施项目清单与计价表、其他项目计价表、招标控制价（报价）汇总表。

1. 分部分项工程清单与计价表编制

桥梁工程分部分项工程清单与计价表应根据分部分项工程项目清单、清单项目所对应的定额分项以及《浙江省建设工程计价规则》（2018版）规定的计费方法进行编制。

分部分项工程清单与计价表编制的步骤如下：确定各清单项目对应的定额分项的工作内容（定额分项）→定额分项工程量计算→套取预算定额，计算清单项目综合单价→分部分项工程清单与计价表列表。

1）确定定额分项

应依据《市政工程工程量计算规范》（GB 50857—2013）规定的清单项目，结合施工图、施工方案，并依据《浙江省市政工程预算定额》（2018版）划分的定额分项，确定定额编号。

编制分部分项工程清单与计价表，必须详细了解预算定额的项目划分，结合分项工程施工方法，按照分项工程的施工工序流程，逐个列出各清单项目所对应的定额分项。

市政桥梁工程分部分项清单与对应的定额分项见表3-55，表中可组定额分项依据相关规范列取，在实际施工中仅作参考，本表后的定额分项工程量计算中的一般组价项为实际施工中常用的定额分项，与规范并不完全一致。

表 3-55 市政桥梁工程分部分项清单与对应的定额分项

项目编码	项目名称	工作内容	可组定额分项	对应定额编号
040101003	挖基坑土方	1.排地表水； 2.土方开挖； 3.围护及拆除； 4.基底钎探； 5.场内运输	1.人工挖土方	1-13～1-24
			2.机械挖土方	1-68～1-73
			3.打拔工具桩	1-421～1-470
			4.木、竹、钢挡土板	1-471～1-484
			5.人工装、运土方	1-37～1-43
			6.推土机推土	1-56～1-67
			7.装载机装松散土、装运土方	1-88～1-93
			8.自卸车运土	1-94～1-95
040103001	回填方	1.运输； 2.回填； 3.压实	1.人工装、运土方	1-37～1-43
			2.装载机装松散土、装运土方	1-88～1-93
			3.自卸汽车运土	1-94～1-95
			4.明挖石方运输	1-143～1-148
			5.挖掘机挖石碴	1-153～1-154
			6.自卸汽车运石碴	1-155～1-156
			7.人工填土、夯实	1-52～1-55
			8.机械填土碾压	1-110～1-112
			9.机械填土夯实	1-115～1-116
			10.路基填筑砂、塘渣、粉煤灰	2-67～2-70
040103002	余方弃置	余方点装料，运输至弃置点	1.人工装、运土方	1-37～1-43
			2.推土机推土	1-56～1-67
			3.装载机装松散土、装运土方	1-88～1-93
			4.自卸汽车运土	1-94～1-95
			5.明挖石方运输	1-143～1-148
			6.挖掘机挖石碴	1-153～1-154
			7.自卸汽车运石碴	1-155～1-156
040301002	预制钢筋混凝土管桩	1.工作平台搭拆； 2.桩就位； 3.桩机移位； 4.桩尖安装； 5.沉桩； 6.接桩； 7.送桩； 8.桩芯填充	1.搭拆桩基础支架平台	3-492～3-499
			2.打桩	3-30～3-41
			3.接桩	3-57～3-61
			4.送桩	3-76～3-87
			5.桩芯填充	3-95～3-98

续表

项目编码	项目名称	工作内容	可组定额分项	对应定额编号
040301003	钢管桩	1. 工作平台搭拆; 2. 桩就位; 3. 桩机移位; 4. 桩尖安装; 5. 沉桩; 6. 接桩; 7. 切割钢管、精割盖帽; 8. 管内取土、余土弃置; 9. 管内填芯、刷防护材料	1. 搭拆桩基础支架平台	3-492~3-499
			2. 打桩	3-42~3-50
			3. 接桩	3-54~3-56
			4. 送桩	3-76~3-87
			5. 切割钢管、精割盖帽	3-88~3-93
			6. 管内取土	3-94
			7. 管内填芯	3-95~3-98
040301004	泥浆护壁成孔灌注桩	1. 工作平台搭拆; 2. 桩机移位; 3. 护筒埋设; 4. 成孔、固壁; 5. 混凝土制作、运输、灌注、养护; 6. 土方、废浆外运; 7. 打桩场地硬化及泥浆池、泥浆沟	1. 搭拆桩基础支架平台	3-492~3-499
			2. 埋设护筒	3-99~3-110
			3. 钻孔	3-120~3-149
			4. 泥浆池建造和拆除	3-150
			5. 泥浆外运	3-152~3-153
			6. 灌注混凝土	3-155~3-157
040301007	挖孔桩土(石)方	1. 排地表水; 2. 挖土、凿石; 3. 基底钎探; 4. 土(石)方外运	1. 人工挖孔	3-111~3-116
			2. 挖淤泥、流砂	3-117
			3. 挖岩石	3-118
040301008	人工挖孔灌注桩	1. 护壁制作、安装; 2. 混凝土制作、运输、灌注、振捣、养护	1. 安装混凝土护壁	3-119
			2. 灌注混凝土	3-154
040301010	灌注桩后注浆	1. 注浆导管制作、安装; 2. 浆液制作、运输、压浆	1. 注浆管埋设	3-158~3-161
			2. 注浆	
040301011	截桩头	1. 截桩头; 2. 凿平; 3. 废料外运	1. 截桩头	3-524~3-525
			2. 废料弃置	1-143~1-148, 1-94~1-95
040301012	声测管	1. 声测管截断、封头; 2. 套管制作; 3. 定位、固定	声测管制作、安装	3-162
040302001	圆木桩	1. 工作平台搭拆; 2. 桩机移位; 3. 桩制作、运输、就位; 4. 桩靴安装; 5. 沉桩	1. 搭拆桩基础支架平台	3-492~3-499
			2. 打基础圆木桩	3-1~3-6

续表

项目编码	项目名称	工作内容	可组定额分项	对应定额编号
040302002	预制钢筋混凝土板桩	1. 工作平台搭拆; 2. 桩就位; 3. 桩机移位; 4. 沉桩; 5. 接桩; 6. 送桩	1.搭拆桩基础支架平台	3-492~3-499
			2.打桩	3-21~3-29
			3.送桩	3-62~3-75
040302003	地下连续墙	1. 导墙挖填、制作、安装、拆除; 2. 挖土成槽、固壁、清底置换; 3. 混凝土制作、运输、灌注、养护; 4. 接头处理; 5. 土方、废浆外运; 6. 打桩场地硬化及泥浆池、泥浆沟建造和拆除	1.导墙开挖及制作	1-217~1-219
			2.挖土成槽	1-220~1-226
			3.土方外运	1-94~1-95
			4.接头处理	1-227~1-240
			5.清底置换	1-241
			6.浇筑混凝土	1-242
			7.泥浆池建造和拆除	3-150
			8.泥浆外运	3-152~3-153
040302008	喷射混凝土	1. 修整边坡; 2. 混凝土制作、运输、喷射、养护; 3. 钻排水孔、安装排水管; 4. 施工平台搭设、拆除	1.混凝土喷射养生	4-224~4-227
			2.排水管安装	4-235~4-240
040303001	混凝土垫层	1.模板制作、安装、拆除; 2.混凝土拌和、运输、浇筑; 3.养护	混凝土垫层	3-187
040303002	混凝土基础		1.毛石混凝土基础	3-188
			2.混凝土基础	3-189~3-190
040303003	混凝土承台		承台混凝土	3-191~3-193
040303004	混凝土墩(台)帽		1.墩帽	3-208~3-209
			2.台帽	3-210~3-211
040303005	混凝土墩(台)身		1.轻型桥台	3-198~3-199
			2.实体式桥台	3-200~3-201
			3.拱桥墩身	3-202~3-203
			4.拱桥台身	3-204~3-205
			5.桩式墩(台)身	3-206~3-207
040303006	混凝土支撑梁及横梁		1.支撑梁	3-194~3-195
			2.横梁	3-196~3-197

续表

项目编码	项目名称	工作内容	可组定额分项	对应定额编号
040303007	混凝土墩（台）盖梁		1.墩盖梁	3-212～3-213
			2.台盖梁	3-214～3-215
040303011	混凝土箱梁		1.现浇混凝土0号块件	3-224～3-225
			2.现浇箱梁	3-226～3-227
			3.支架上现浇箱梁	3-228～3-229
040303012	混凝土连续板		1.矩形实体连续板	3-230～3-231
			2.矩形空心连续板	3-232～3-233
040303013	混凝土板梁		1.实心板梁	3-234～3-235
			2.空心板梁	3-236～3-237
040303015	混凝土挡墙墙身	1.模板制作、安装、拆除； 2.混凝土拌和、运输、浇筑； 3.养护； 4.抹灰； 5.泄水孔制作、安装； 6.滤水层铺筑； 7.沉降缝	1.挡墙混凝土	1-188～1-189
			2.抹灰	3-528～3-529
			3.泄水孔制作、安装	3-471～3-473, 1-164
			4.滤水层铺筑	1-161～1-163
			5.沉降缝	3-483～3-487
040303016	混凝土挡墙压顶		1.压顶混凝土	1-182～1-183
			2.抹灰	3-528～3-529
040303017	混凝土楼梯	1.模板制作、安装、拆除； 2.混凝土拌和、运输、浇筑； 3.养护	楼梯混凝土	3-254～3-255
040303018	混凝土防撞护栏		防撞护栏混凝土	3-256～3-257
040303019	桥面铺装	1.模板制作、安装、拆除； 2.混凝土拌和、运输、浇筑； 3.养护； 4.沥青混凝土铺筑； 5.碾压	1.水泥混凝土路面	3-272～3-273
			2.伸缩缝嵌缝、锯缝	2-219～2-222
			3.混凝土路面刻防滑槽	2-223
			4.水泥混凝土路面养生	2-224～2-226
			5.沥青混凝土	2-184～2-211
040303020	混凝土桥头搭板		搭板混凝土	3-275～3-276
040303021	混凝土搭板枕梁		枕梁混凝土	3-275～3-276
040303023	混凝土连系梁	1.模板制作、安装、拆除； 2.混凝土拌和、运输、浇筑； 3.养护	连系梁混凝土	3-196～3-197
040303024	混凝土其他构件		1.混凝土灌缝	3-244
			2.立柱、端柱、灯柱	3-258～3-259
			3.地梁、侧石、平石	3-260、3-262
			4.支座垫石	3-261、3-262

续表

项目编码	项目名称	工作内容	可组定额分项	对应定额编号
040304001	预制混凝土梁	1.模板制作、安装、拆除；2.混凝土拌和、运输、浇筑；3.养护；4.构件安装；5.接头灌缝；6.砂浆制作；7.运输	1.预制混凝土梁	3-294～3-309
			2.构件出槽堆放	3-324～3-326
			3.构件场内运输	3-327～3-350
			4.安装	3-399～3-428
			5.构件连接	3-244～3-246,3-429
040304002	预制混凝土柱		1.预制混凝土柱	3-284～3-287
			2.构件场内运输	3-327～3-350
			3.安装	3-443
			4.构件连接	3-444～3-445
040304003	预制混凝土板		1.预制混凝土板	3-288～3-293
			2.构件出槽堆放	3-324～3-326
			3.构件场内运输	3-327～3-350
			4.安装	3-396～3-398
			5.构件连接	3-244,3-429
040304004	预制混凝土挡墙墙身	1.模板制作、安装、拆除；2.混凝土拌和、运输、浇筑；3.养护；4.构件安装；5.接头灌缝；6.泄水孔制作、安装；7.滤水层铺设；8.砂浆制作；9.运输	1.砌筑	1-185,3-170
			2.勾缝	1-193,1-198
			3.泄水孔制作、安装	3-471～3-473,1-164
			4.滤水层铺设	1-161～1-163
			5.沉降缝	1-199～1-201
040304005	预制混凝土其他构件	1.模板制作、安装、拆除；2.混凝土拌和、运输、浇筑；3.养护；4.构件安装；5.接头灌缝；6.砂浆制作；7.运输	1.预制混凝土	3-280～3-283
			2.构件场内运输	3-327～3-350
			3.预制小型构件	3-316～3-321
			4.小型构件场内运输	1-597～1-603
			5.小型构件安装	3-438～3-442
040305001	垫层	垫层铺筑	1.碎石垫层	3-186
			2.砂垫层	4-434

续表

项目编码	项目名称	工作内容	可组定额分项	对应定额编号
040305002	干砌块料	1.砌筑; 2.勾缝; 3.抹面; 4.泄水孔制作、安装; 5.滤水层铺设; 6.沉降缝	1.砌筑	1-184~1-187, 3-163~3-177
			2.勾缝	1-190,1-198
040305003	浆砌块料		3.泄水孔制作、安装	3-471~3-473
			4.滤水层铺设	1-161~1-164
			5.沉降缝	3-483~3-487
040305005	护坡	1.整修边坡; 2.砌筑; 3.勾缝; 4.抹面	1.砌筑	1-165~1-179
			2.勾缝	1-190~1-198
			3.抹灰	3-528~3-529
040306001	透水管	1.基础铺筑 2.管道铺设、安装	1.钢透水管	3-351~3-352
			2.混凝土透水管	3-353~3-356
040306003	箱涵底板	1.模板制作、安装、拆除; 2.混凝土拌和、运输、浇筑; 3.养护; 4.防水层铺涂	箱涵底板	3-358~3-359
040306004	箱涵侧板		1.侧板	3-360~3-361
			2.外壁处理	3-364~3-365
040306005	箱涵顶板		1.顶板	3-362~3-363
			2.外壁处理	3-364~3-365
040306006	箱涵顶进	1.顶进设备安装、拆除; 2.气垫安装、拆除; 3.气垫使用; 4.钢刃脚制作、安装、拆除; 5.挖土实顶; 6.土方运输; 7.中继间安装、拆除	1.气垫安拆及使用	3-368~3-369
			2.箱涵顶进	3-370~3-378
			3.箱涵挖土	3-379~3-381
			4.场内外运土	1-37~1-43, 1-56~1-67, 1-88~1-95
			5.金属顶柱、护套及支架制作	3-387~3-389
040306007	箱涵接缝	接缝	接缝处理	3-382~3-386
040307001	钢箱梁	1.拼装; 2.安装; 3.探伤; 4.涂刷防火涂料; 5.补刷油漆	—	企业定额
040307002	钢板梁		—	
040307003	钢桁梁		—	
040307004	钢拱		—	
040307007	其他钢构件		—	
040308001	水泥砂浆抹面	1.基层处理; 2.砂浆抹面	水泥砂浆抹面	3-526~3-530
040308002	剁斧石饰面	1.基层处理; 2.饰面	剁斧石饰面	3-531~3-535

续表

项目编码	项目名称	工作内容	可组定额分项	对应定额编号
040308003	镶贴面层	1.基层处理；2.镶贴面层；3.勾缝	镶贴面层	3-541
040308004	涂料	1.基层处理；2.涂刷涂料	涂料	3-542～3-544
040308005	油漆	1.防锈；2.刷油漆	油漆	3-545～3-561
040309001	金属栏杆	1.制作、运输、安装；2.除锈、刷油漆	1.制作、安装	3-451～3-455
			2.油漆	3-562～3-566
040309002	石质栏杆	制作、运输、安装	—	企业定额
040309003	混凝土栏杆		—	企业定额
040309004	橡胶支座	支座安装	橡胶支座	3-459～3-460
040309005	钢支座		钢支座	3-456～3-458
040309006	盆式支座		盆式支座	3-462～3-470
040309007	桥梁伸缩装置	1.制作、安装；2.混凝土拌和、运输、浇筑	伸缩缝安装	3-476～3-482
040309008	隔声屏障	1.制作、安装；2.除锈、刷油漆	1.制作安装	3-488～3-491
			2.油漆	3-562～3-566
040309009	桥面排（泄）水管	排（泄）水管制作、安装	1.排（泄）水管安装	3-471～3-475
			2.滤水层铺设	1-161～1-163
040309010	防水层	防水层铺涂	桥面防水层	3-265～3-271
040901001	现浇构件钢筋	1.制作；2.运输；3.安装	现浇混凝土钢筋	1-268～1-270
040901002	预制构件钢筋		预制混凝土钢筋	1-268～1-270
040901003	钢筋网片		钢筋网片	1-271
040901004	钢筋笼		钢筋笼	1-272～1-273
040901005	先张法预应力钢筋		1.先张法预应力钢筋	1-291～1-292，1-294，1-304～1-306，1-293
			2.张拉台座制作	
040901006	后张法预应力钢筋	1.制作；2.运输；3.安装	1.后张法预应力钢筋	1-295～1-303，1-307～1-309，1-310
			2.安装注浆管	
			3.注浆	
			4.锚具	
040901007	型钢	1.制作；2.运输；3.安装、定位	—	企业定额
040901009	预埋铁件	1.制作；2.运输；3.安装	预埋铁件	1-279～1-281

对于招标项目，在投标计价过程中，对给定的分部分项工程项目清单不能做任何修改。

2) 定额分项工程量计算

根据预算定额的工程量计算规则，逐一对表 3-55 中的清单项目进行定额工程量计算，这里仅采用表 3-55 中的清单项目名称，清单项目的一般组价项依据工程实际列取，与表 3-55 中的可组定额分项不再对应。

| ◎ | 040101003 | 挖基坑土方 | 计量单位/m³ |

说明：上方条目为清单项目，条目下方为本清单项目对应的组价项及该组价项的工程量计算。其他条目与本条目相同。

（1）一般组价项。

人工坑土方：人工辅助开挖、切边、修底等作业。

机械挖土方：挖掘机开挖土方作业。

打拔工具桩：基坑围护钢板桩作业。

（2）工程量计算规则。

人工挖土方：按施工图规定的开挖断面，以体积计算。

机械挖土方：按施工图规定的开挖断面，以体积计算。

打拔工具桩：按施工方案确定的打拔钢板桩的质量计算。

（3）工程量计算方法。

由于定额计算规则与清单计算规则相同，本项目定额工程量与清单工程量相等，即人工挖土方与机械挖土方工程量的合计应等于本项目清单工程量。

人工挖土方：按式（3-1）计算体积，挖土深度取人工实际开挖深度，一般按 20cm 考虑。

机械挖土方：按式（3-1）计算体积，挖土深度取机械实际开挖深度（总挖深减去人工开挖深度）。

打拔工具桩：基坑上口周长/槽钢高度×槽钢长度×理论质量。

| ◎ | 040103001 | 回填方 | 计量单位/m³ |

（1）一般组价项。

机械填土、夯实：沟槽回填土作业。

外购土：土壤购买。

自卸汽车运土：外购土运输作业。

（2）工程量计算规则：沟槽挖方总量减去垫层、基础、管道、构筑物等的体积。

计算时要注意，填方应按压实后体积计算。

（3）工程量计算方法。

机械填土、夯实：其工程量，应等于回填方清单工程量。

外购土：回填土不足时，需外购量。

自卸汽车运土：与外购土工程量相等，若外购土价格已是到场价格，则无自卸汽车运土作业。

> **特别提示**
>
> 基坑回填务必注意设计要求回填界线。

| ◎ | 040103002 | 余方弃置 | 计量单位/m³ |

（1）一般组价项。

自卸汽车运土：余土外运作业。

装载机装松散土：需外运土方装车作业。

（2）工程量计算规则：基坑挖方总量减去回填总量。

计算时要注意余方应按天然密实体积计算。

（3）工程量计算方法。

本项目定额计算规则与清单计算规则相同，故其定额工程量与清单项目工程量相等。

| ◎ | 040301002 | 预制钢筋混凝土管桩 | 计量单位/m |

（1）一般组价项。

打桩：吊桩、就位、打桩作业。

接桩：对接、焊接作业。

送桩：安装送桩杆，打送桩作业。

桩芯填充：桩芯填料作业。

（2）工程量计算规则。

打桩：按设计桩体尺寸，以体积计算（不含空心部分体积）。

接桩：按接头数量计算。

送桩：按送桩桩体尺寸，以体积计算（不含空心部分体积）。

桩芯填充：按桩芯尺寸，以体积计算。

（3）工程量计算方法。

打桩工程量=桩体截面积×设计桩长（包括桩尖长度）×桩数量。

接桩工程量按接头数量计算。

送桩工程量=（地面标高+1-设计桩顶标高）×送桩桩体截面积×桩数量。

桩芯填充工程量=桩芯截面积×填充高度×桩数量。

> **知识延伸**

当设计桩顶标高低于地面，且因场地限制无法大面积开挖后再打桩时，不能将桩直接打入地面以下设计位置，而需要用打桩机和送桩器将预制桩送入土中，这一过程称为送桩。

送桩是为了把桩打到地面以下，而用一根设计以外的桩来"送"一下，最后这根"送"的桩是要回收的。

1.陆地上打桩时，以原地面平均标高增加1m为界线，界线以下至设计桩顶标高之间的实际打桩体积为送桩工程量。

2.支架上打桩时，以施工期的最高潮水位增加0.5m为界线，界线以下至设计桩顶标高之间的实际打桩体积为送桩工程量。

3.船上打桩时，以施工期的平均水位增加1m为界线，界线以下至设计桩顶标高之间的实际打桩体积为送桩工程量。

| ◎ | 040301003 | 钢管桩 | 计量单位/m |

（1）一般组价项。

打桩：打桩作业。
接桩：对接、焊接作业。
送桩：安装送桩杆，打送桩作业。
切割钢管：内切割钢管作业。
精割盖帽：安放、焊接盖帽作业。
管内取土：钻孔取土作业。
管内填芯：桩芯填料作业。

（2）工程量计算规则。

打桩：按设计桩体尺寸，以质量计算。
接桩：按接头数量计算。
送桩：按送桩桩体尺寸，以体积计算（不含空心部分体积）。
切割钢管：按桩数量计算。
精割盖帽：按桩帽数量计算。
管内取土：按桩芯尺寸，以体积计算。
管内填芯：按桩芯尺寸，以体积计算。

（3）工程量计算方法。

打桩工程量=桩体截面积×设计桩长×桩数量。
接桩工程量为接头数量。
送桩工程量=（地面标高+1-设计桩顶标高）×送桩桩体截面积×送桩数量。
切割钢管工程量为桩数量。
精割盖帽工程量为桩帽数量。
管内取土工程量=桩芯截面积×取土高度×桩数量。
管内填芯工程量=桩芯截面积×填充高度×桩数量。

| ◎ | 040301004 | 泥浆护壁成孔灌注桩 | 计量单位/m |

（1）一般组价项。

埋设护筒：挖土、就位、埋设护筒作业。
钻孔：钻进、出渣、清孔作业。
泥浆池建造和拆除：泥浆池建造、拆除作业。
泥浆外运：泥浆运输作业。
灌注混凝土：水下混凝土灌注作业。

（2）工程量计算规则。

埋设护筒：按护筒尺寸，以高度计算。

钻孔：按成孔长度乘以设计桩截面积，以体积计算。

泥浆池建造和拆除：按设计尺寸，以成孔体积计算。

泥浆外运：按设计尺寸，以成孔体积计算。

灌注混凝土：按设计桩截面积，以体积计算。

（3）工程量计算方法。

埋设护筒工程量=护筒埋设高度×桩数量。

钻孔工程量=（地面标高-桩底标高）×桩截面积×桩数量。

泥浆池建造与拆除的工程量与钻孔工程量相等。

泥浆外运工程量与钻孔工程量相等。

灌注混凝土工程量=（桩顶标高-桩底标高+设计超灌高度）×桩截面积×桩数量。

知识延伸

1. 成孔长度：陆地上桩为原地面至设计桩底的长度；水上桩为河床面至设计桩底的长度。

2. 超灌高度：设计未明确超灌高度时，桩长25m以内取0.5m，桩长25～35m取0.8m，桩长35m以上取1.2m。

3. 钻孔灌注桩如需搭设打桩工作平台，可以将打桩平台计入灌注桩项目进行组价，也可以将打桩平台计入施工技术措施项目。

4. 泥浆处置：泥浆相关工作包括泥浆池建造和拆除、泥浆运输、泥浆固化以及泥浆处置。一般泥浆固化和泥浆处置不是一定发生，发生时按实际处理的泥浆工程量计算，以体积计算；其中固化后的外运量为固化前泥浆量的40%。

5. 各类成孔灌注桩泥浆（渣土）的工程量按表3-56的规定计算。

表3-56 成孔灌注桩泥浆（渣土）工程量计算表

桩型	泥浆（渣土）工程量	
	泥浆	渣土
转盘式钻机成孔灌注桩	按成孔工程量计取	/
旋挖钻机成孔灌注桩	按成孔工程量乘以0.2计取	按成孔工程量计取
冲抓锤成孔灌注桩	按成孔工程量乘以0.2计取	按成孔工程量计取
冲击锤成孔灌注桩	按成孔工程量计取	/
人工挖孔灌注桩	/	按成孔工程量计取

| ◎ | 040301007 | 挖孔桩土（石）方 | 计量单位/m³ |

钻孔灌注桩基础计价

（1）一般组价项。

人工挖孔：挖孔、提运、弃土作业。

挖岩石：凿岩、吊运石方作业。

（2）工程量计算规则。

人工挖孔：按图示尺寸，以体积计算。

挖岩石：按实际开挖石方数量计算。

（3）工程量计算方法。

人工挖孔工程量=（地面标高-桩底标高）×桩截面积×桩数量。

挖岩石工程量为实际开挖的石方数量。

| ◎ | 040301008 | 人工挖孔灌注桩 | 计量单位/m³ |

（1）一般组价项。

安装混凝土护壁：表面修正、安装护壁作业。

灌注混凝土：混凝土浇筑作业。

（2）工程量计算规则。

安装混凝土护壁：按设计图示尺寸，以体积计算。

灌注混凝土：按设计图示尺寸，以体积计算。

（3）工程量计算方法。

安装混凝土护壁工程量=（桩截面积-桩芯截面积）×护壁高度×桩数量。

灌注混凝土工程量=（桩顶标高-桩底标高）×桩芯截面积×桩数量。

| ◎ | 040301011 | 截桩头 | 计量单位/m³ |

（1）一般组价项。

截桩头：凿除作业。

废料弃置：废料外运作业。

（2）工程量计算规则。

截桩头：按设计图示尺寸，以体积计算。

废料弃置：按实际外运石碴等废料体积计算。

（3）工程量计算方法。

截桩头工程量=截桩高度×桩截面积×截桩数量。

废料弃置工程量与截桩头工程量相等。

| ◎ | 040301012 | 声测管 | 计量单位/m |

（1）一般组价项。

声测管制作、安装：声测管焊接、固定作业。

（2）工程量计算规则。

声测管制作、安装：按图示尺寸，以质量计算。

（3）工程量计算方法。

声测管制作、安装工程量=声测管截面积×单管长度×数量×材料比重。

| ◎ | 040302001 | 圆木桩 | 计量单位/m |

（1）一般组价项。

打基础圆木桩：制桩、运送、定位、打桩作业。

（2）工程量计算规则。
打基础圆木桩：按图示尺寸，以体积计算。
（3）工程量计算方法。
打基础圆木桩的工程量计算时，分以下两种情况计算。
① 检尺径为4～12cm的圆木桩的工程量按下式计算。
$V=0.7854 \cdot L \cdot (D+0.45 \cdot L+0.2)^2/10000$。
② 检尺径为14cm以上的圆木桩的工程量按下式计算。
$V=0.7854 \cdot L \cdot [D+0.5 \cdot L+0.005L^2+0.000125 \cdot L \cdot (14-L)^2 \cdot (D-10)]^2/10000$。
式中　V——圆木桩体积，m^3；
　　　L——检尺长，m；
　　　D——检尺径，cm。

| ◎ | 040302002 | 预制钢筋混凝土板桩 | 计量单位/m^3 |

（1）一般组价项。
打桩：吊装、就位、打桩作业。
送桩：安装送桩杆、打送桩作业。
（2）工程量计算规则。
打桩：按图示尺寸，以体积计算（含桩尖）。
送桩：按送桩桩体尺寸，以体积计算。
（3）工程量计算方法。
打桩工程量=桩体截面积×设计桩长×打桩数量。
送桩工程量=（地面标高+1-设计桩顶标高）×送桩桩体截面积×送桩数量。

| ◎ | 040302003 | 地下连续墙 | 计量单位/m^3 |

（1）一般组价项。
导墙开挖：挖土、整修作业。
导墙浇筑：浇筑混凝土、养护作业。
挖土成槽：钻孔、挖土、护壁作业。
接头处理：锁口管对接、入槽、移动、扒除作业。
清底：吸泥作业。
浇筑混凝土：浇筑墙体混凝土作业。
泥浆池建造和拆除：泥浆池建造、拆除作业。
泥浆外运：泥浆运输作业。
（2）工程量计算规则。
导墙开挖：按设计图示尺寸，以体积计算。
导墙浇筑：按设计图示尺寸，以体积计算。
挖土成槽：按设计图示尺寸，以体积计算。
接头处理：按设计分段数量计算。
清底：按设计分段数量计算。

浇筑混凝土：按设计图示尺寸，以体积计算。
泥浆池建造和拆除：按设计图示尺寸，以成槽体积计算。
泥浆外运：按设计图示尺寸，以成槽体积计算。

（3）工程量计算方法。

导墙开挖工程量=导墙长度×挖深×设计宽度。
导墙浇筑工程量=导墙长度×厚度×设计宽度。
挖土成槽工程量=连续墙厚度×长度×（地面标高-设计墙底标高+0.5）。
接头处理工程量为设计分段数量。
清底工程量为设计分段数量。
浇筑混凝土工程量=连续墙厚度×长度×（地面标高-设计墙底标高+0.5）。
泥浆池筑拆工程量与挖土成槽工程量相等。
泥浆外运工程量与挖土成槽工程量相等。

◎	040303001	混凝土垫层	计量单位/m³
◎	040303002	混凝土基础	计量单位/m³
◎	040303003	混凝土承台	计量单位/m³
◎	040303004	混凝土墩（台）帽	计量单位/m³
◎	040303005	混凝土墩（台）身	计量单位/m³
◎	040303006	混凝土支撑梁及横梁	计量单位/m³
◎	040303007	混凝土墩（台）盖梁	计量单位/m³
◎	040303011	混凝土箱梁	计量单位/m³
◎	040303012	混凝土连续板	计量单位/m³
◎	040303013	混凝土板梁	计量单位/m³

（1）一般组价项。

混凝土浇筑：混凝土浇捣、养护作业。

（2）工程量计算规则。

混凝土浇筑：按设计图示尺寸，以体积计算。不扣除单孔面积在 0.3m² 以内的孔洞体积。

预制混凝土梁计价

（3）工程量计算方法。

混凝土浇筑工程量=水平投影面积×厚度，或=设计截面积×长度。

| | 040303015 | 混凝土挡墙墙身 | 计量单位/m³ |

（1）一般组价项。

挡墙混凝土：混凝土浇捣、养护作业。
抹灰：砂浆抹面作业。
泄水孔制作、安装：绑扎、安装作业。
滤水层铺筑：配料、铺筑作业。
沉降缝：配料、铺贴等作业。

（2）工程量计算规则。

挡墙混凝土：按设计图示尺寸，以体积计算。

抹灰：按设计图示尺寸，以面积计算。
泄水孔制作、安装：按设计图示尺寸，以长度计算。
滤水层铺筑：按设计图示尺寸，以体积计算。
沉降缝：按设计图示尺寸，以面积计算。
（3）工程量计算方法。
挡墙混凝土工程量=设计截面积×长度。
抹灰工程量=挡墙外墙面线长度×挡墙长度。
泄水孔制作、安装工程量=泄水管长度×泄水孔道数。
滤水层铺筑工程量=水平投影面积×厚度。
沉降缝工程量=设计挡墙截面积×沉降缝道数。

| ◎ | 040303016 | 混凝土挡墙压顶 | 计量单位/m³ |

（1）一般组价项。
压顶混凝土：混凝土浇捣、养护作业。
抹灰：砂浆抹面作业。
（2）工程量计算规则。
压顶混凝土：按设计图示尺寸，以体积计算。
抹灰：按设计图示尺寸，以面积计算。
（3）工程量计算方法。
压顶混凝土工程量=设计截面积×长度。
抹灰工程量=压顶外露截面周长×压顶长度。

| ◎ | 040303017 | 混凝土楼梯 | 计量单位/（m³，m²） |

（1）一般组价项。
楼梯混凝土：混凝土浇捣、养护作业。
（2）工程量计算规则。
楼梯混凝土：按设计图示尺寸，以体积计算。
（3）工程量计算方法。
楼梯混凝土（组价项）工程量与本项清单（混凝土楼梯）工程量相等。

| ◎ | 040303018 | 混凝土防撞护栏 | 计量单位/m |

（1）一般组价项。
防撞护栏混凝土：混凝土浇捣、养护作业。
（2）工程量计算规则。
防撞护栏混凝土：按设计图示尺寸，以体积计算。
（3）工程量计算方法。
防撞护栏混凝土工程量=设计截面积×长度。

| ◎ | 040303019 | 桥面铺装 | 计量单位/m² |

（1）一般组价项。

混凝土铺筑：混凝土浇捣、养护作业。

板梁间灌缝：铰缝混凝土浇筑作业。

沥青混凝土铺装：摊铺、碾压作业。

（2）工程量计算规则。

混凝土铺筑：按设计图示尺寸，以体积计算。

板梁间灌缝：按设计图示尺寸，以体积计算。

沥青混凝土铺装：按设计图示尺寸，以面积计算；扣除平石面积。

（3）工程量计算方法。

混凝土铺筑工程量=桥面宽度×铺装长度×厚度×跨数。

板梁间灌缝工程量=铰缝截面积×铰缝长度×铰缝数量。

沥青混凝土铺装工程量与清单项目桥面铺装工程量相等。

> **特别提示**
>
> 桥梁间灌缝从材料与施工工艺的角度，可以作为清单项目桥面铺装的组价内容；但从构造作用的角度，也可以作为清单项目预制板梁的组价内容。

◎	040303020	混凝土桥头搭板	计量单位/m³
◎	040303021	混凝土搭板枕梁	计量单位/m³
◎	040303023	混凝土连系梁	计量单位/m³
◎	040303024	混凝土其他构件	计量单位/m³

（1）一般组价项。

混凝土浇筑：混凝土浇捣、养护作业。

（2）工程量计算规则。

混凝土浇筑：按设计图示尺寸，以体积计算；不扣除单孔面积 $0.3m^2$ 以内的孔洞体积。

（3）工程量计算方法。

混凝土浇筑工程量=水平投影面积×厚度，或=设计截面积×长度。

◎	040304001	预制混凝土梁	计量单位/m³
◎	040304002	预制混凝土柱	计量单位/m³
◎	040304003	预制混凝土板	计量单位/m³

（1）一般组价项。

预制混凝土：混凝土浇捣、养护作业。

构件出槽堆放：起吊、堆放作业。

构件场内运输：铺垫、滚杠、绞运作业。

安装：起吊、就位、固定作业。

构件连接：接缝混凝土浇捣、养护作业。

（2）工程量计算规则。

预制混凝土：按设计图示尺寸，以体积计算；不扣除单孔面积 $0.3m^2$ 以内的孔洞体积。

构件出槽堆放、构件场内运输、安装工程量与预制混凝土工程量相等。

构件连接：按设计图示尺寸，以体积计算。

（3）工程量计算方法。

预制混凝土工程量=水平投影面积×厚度，或=设计截面积×长度。

构件出槽堆放、构件场内运输、安装工程量与预制混凝土工程量相等。

构件连接工程量=设计截面积×长度。

	040304004	预制混凝土挡墙墙身	计量单位/m^3

（1）一般组价项。

砌筑：砌筑、养护作业。

勾缝：砌体勾缝作业。

泄水孔制作、安装：绑扎、安装作业。

滤水层铺设：配料、铺筑作业。

沉降缝：配料、铺贴等作业。

（2）工程量计算规则。

砌筑：按设计图示尺寸，以体积计算；不扣除单孔面积 $0.3m^2$ 以内的孔洞体积。

勾缝：按设计图示尺寸，以面积计算。

泄水孔制作、安装：按图示尺寸，以长度计算。

滤水层铺设：按设计图示尺寸，以体积计算。

沉降缝：按设计图示尺寸，以面积计算。

（3）工程量计算方法。

砌筑工程量=设计墙体截面积×长度。

勾缝工程量=挡墙外墙面线长度×挡墙长度。

泄水孔制作、安装工程量=泄水管长度×泄水管道数。

滤水层铺设工程量=水平投影面积×厚度。

沉降缝工程量=设计挡墙截面积×沉降缝道数。

	040304005	预制混凝土其他构件	计量单位/m^3

（1）一般组价项。

预制混凝土：混凝土浇捣、养护作业。

构件出槽堆放：起吊、堆放作业。

构件场内运输：铺垫、滚杠、绞运作业。

小型构件安装：起吊、就位、固定作业。

（2）工程量计算规则。

预制混凝土：按设计图示尺寸，以体积计算；不扣除单孔面积 $0.3m^2$ 以内的孔洞体积。

构件出槽堆放、构件场内运输、小型构件安装工程量与预制混凝土工程量相等。

（3）工程量计算方法。

预制混凝土工程量=水平投影面积×厚度，或=设计截面积×长度。

构件出槽堆放、构件场内运输、小型构件安装工程量与预制混凝土工程量相等。

| ◎ | 040305001 | 垫层 | 计量单位/m³ |

（1）一般组价项。

碎石垫层：碎石配料、铺筑作业。

砂垫层：砂料摊铺、振实作业。

（2）工程量计算规则。

碎石垫层：按设计图示尺寸，以体积计算。

砂垫层：按设计图示尺寸，以体积计算。

（3）工程量计算方法。

碎石垫层工程量=水平投影面积×厚度。

砂垫层工程量=水平投影面积×厚度。

| ◎ | 040305002 | 干砌块料 | 计量单位/m³ |
| ◎ | 040305003 | 浆砌块料 | 计量单位/m³ |

（1）一般组价项。

砌筑：砌筑、养护作业。

勾缝：砌体勾缝作业。

泄水孔制作、安装：绑扎、安装作业。

滤水层铺设：配料、铺筑作业。

沉降缝：配料、铺贴等作业。

（2）工程量计算规则。

砌筑：按设计图示尺寸，以体积计算；不扣除单孔面积 0.3m² 以内的孔洞体积。

勾缝：按设计图示尺寸，以面积计算。

泄水孔制作、安装：按图示尺寸，以长度计算。

滤水层铺设：按设计图示尺寸，以体积计算。

沉降缝：按设计图示尺寸，以面积计算。

（3）工程量计算方法。

砌筑工程量=设计砌体截面积×长度。

勾缝工程量=砌体外侧面线长度×砌体长度。

泄水孔制作、安装工程量=泄水管长度×泄水管道数。

滤水层铺设工程量=水平投影面积×厚度。

沉降缝工程量=设计砌体截面积×沉降缝道数。

| ◎ | 040305005 | 护坡 | 计量单位/m² |

（1）一般组价项。

砌筑：砌筑、养护作业。

勾缝：砌体勾缝作业。
抹灰：砂浆抹面作业。
（2）工程量计算规则。
砌筑：按设计图示尺寸，以体积计算。
勾缝：按设计图示尺寸，以面积计算。
抹灰：按设计图示尺寸，以面积计算。
（3）工程量计算方法。
砌筑工程量=坡面线长度×设计厚度×里程长度。
勾缝工程量=坡面线长度×里程长度。
抹灰工程量=坡面线长度×里程长度。

| ◎ | 040306001 | 透水管 | 计量单位/m |

（1）一般组价项。
钢透水管：钻孔、防锈、埋设、回填作业。
混凝土透水管：铺筑垫层、透水管安装、回填作业。
（2）工程量计算规则：按设计图示尺寸，以长度计算。
（3）工程量计算方法。
钢透水管和混凝土透水管工程量为透水管的设计长度。

◎	040306003	箱涵底板	计量单位/m³
◎	040306004	箱涵侧板	计量单位/m³
◎	040306005	箱涵顶板	计量单位/m³

（1）一般组价项。
箱涵制作：混凝土浇捣、养护作业。
外壁处理：外壁清洗、配料、涂刷作业。
（2）工程量计算规则。
箱涵制作：按设计图示尺寸，以体积计算；不扣除单孔面积 0.3m² 以内的孔洞体积。
外壁处理：按设计图示尺寸，以面积计算。
（3）工程量计算方法。
箱涵制作工程量=水平投影面积×厚度，或=设计截面积×高度。
外壁处理工程量=设计高度×箱涵长度，或=箱涵顶面水平投影面积。

| ◎ | 040306006 | 箱涵顶进 | 计量单位/（kt·m） |

（1）一般组价项。
气垫安拆：设备、管路安拆作业。
气垫使用：气垫启动、使用作业。
箱涵顶进：顶进设备及顶铁安拆、顶进作业。
箱涵挖土：挖土、出坑、堆放作业。
场内外运土：人工或机械装运土作业。

金属顶柱、护套及支架制作：划线、切割、焊接、油漆作业。
（2）工程量计算规则。
气垫安拆：按顶进涵底面面积计算。
气垫使用：按气垫使用时间计算。
箱涵顶进：按顶进涵质量与位移的乘积计算。
箱涵挖土：按设计图示尺寸，以体积计算。
场内外运土：按装运土的工程量计算。
金属顶柱、护套及支架制作：按设计图示尺寸，以质量计算。
（3）工程量计算方法。
气垫安拆工程量=箱涵底板底面宽度×长度。
气垫使用工程量=气垫安拆面积×使用天数。
箱涵顶进工程量计算时，分空顶和实顶两种情况。
空顶工程量=单节箱涵质量×顶进距离。
实顶工程量=箱涵质量×顶进距离（分段累计）。
箱涵挖土工程量=箱涵外围最大结构尺寸的宽度×高度×长度。
场内外运土工程量按施工方案确定的装运土方量计算。
金属顶柱、护套及支架制作工程量=金属构件体积×7.850。

| ◎ | 040306007 | 箱涵接缝 | 计量单位/m |

（1）一般组价项。
接缝处理：清理、配料、涂刷、嵌缝作业。
（2）工程量计算规则。
接缝处理：按设计图示尺寸，以长度或面积计算。
（3）工程量计算方法。
接缝处理工程量=接缝长度，或=接缝长度×接缝深度。

| ◎ | 040308001 | 水泥砂浆抹面 | 计量单位/m² |

（1）一般组价项。
水泥砂浆抹面：清理、配料、抹灰、养护作业。
（2）工程量计算规则。
水泥砂浆抹面：按设计图示尺寸，以面积计算。
（3）工程量计算方法。
水泥砂浆抹面工程量=抹灰面展开宽度×长度。

| ◎ | 040308002 | 剁斧石饰面 | 计量单位/m² |

（1）一般组价项。
剁斧石饰面：清理、刮底、剁面作业。
（2）工程量计算规则。
剁斧石饰面：按设计图示尺寸，以面积计算。

（3）工程量计算方法。

剁斧石饰面工程量=剁面展开宽度×长度。

| ◎ | 040308003 | 镶贴面层 | 计量单位/m² |

（1）一般组价项。

镶贴面层：清理、配料、抹平、镶贴、修缝等作业。

（2）工程量计算规则。

镶贴面层：按设计图示尺寸，以面积计算。

（3）工程量计算方法。

镶贴面层工程量=镶贴面展开宽度×长度。

| ◎ | 040308004 | 涂料 | 计量单位/m² |
| ◎ | 040308005 | 油漆 | 计量单位/m² |

（1）一般组价项。

涂料：清理、配料、抹面、刮腻子、涂刷等作业。

油漆：清理、刮腻子、涂刷等作业。

（2）工程量计算规则：按设计图示尺寸，以面积计算。

（3）工程量计算方法。

工程量=涂刷面展开宽度×长度。

| ◎ | 040309001 | 金属栏杆 | 计量单位/m |
| ◎ | 040309002 | 石质栏杆 | 计量单位/m |

（1）一般组价项。

金属栏杆：制作、安装、焊接、固定等作业。

石质栏杆：安装、固定等作业。

（2）工程量计算规则。

金属栏杆：按设计图示尺寸，以长度或质量计算。

石质栏杆：按设计图示尺寸，以长度计算。

（3）工程量计算方法。

金属栏杆工程量=设计栏杆长度，或=杆件截面积×杆件长度×7.850（材质为不锈钢时，取7.93）。

石质栏杆工程量=设计栏杆长度，计算至抱鼓石外端。

| ◎ | 040309004 | 橡胶支座 | 计量单位/个 |

（1）一般组价项。

橡胶支座：安装、定位、固定等作业。

（2）工程量计算规则。

橡胶支座：按设计图示尺寸，以橡胶支座体积计算。

（3）工程量计算方法。

橡胶支座工程量=橡胶支座水平投影面积×厚度。

| ◎ | 040309005 | 钢支座 | 计量单位/个 |

（1）一般组价项。

钢支座：安装、定位、固定等作业。

（2）工程量计算规则。

钢支座：按设计图示尺寸，以支座质量计算。

（3）工程量计算方法。

钢支座工程量=钢支座体积×7850。

| ◎ | 040309006 | 盆式支座 | 计量单位/个 |

（1）一般组价项。

盆式支座：安装、定位、固定等作业。

（2）工程量计算规则。

盆式支座：按设计图示支座数量计算。

（3）工程量计算方法：盆式支座按型号不同，分类计算数量。

| ◎ | 040309007 | 桥梁伸缩装置 | 计量单位/m |

（1）一般组价项。

桥梁伸缩装置：焊接、安装、嵌缝、固定等作业。

预留槽混凝土：混凝土浇捣、养护作业。

（2）工程量计算规则。

桥梁伸缩装置：按设计图示尺寸，以长度计算。

预留槽混凝土：按设计图示尺寸，以体积计算。

（3）工程量计算方法。

桥梁伸缩装置工程量为图示伸缩缝安装长度。

预留槽混凝土工程量=预留槽截面积×长度。

| ◎ | 040309009 | 桥面排（泄）水管 | 计量单位/m |

（1）一般组价项。

排（泄）水管安装：清孔、绑扎、安装等作业。

滤水层铺设：配料、铺筑作业。

（2）工程量计算规则。

排（泄）水管安装：按设计图示尺寸，以长度计算。

滤水层铺设：按设计图示尺寸，以体积计算。

（3）工程量计算方法。

排（泄）水管安装工程量=排（泄）水管长度×排（泄）水管道数。

滤水层铺设工程量=水平投影面积×厚度。

| ◎ | 040309010 | 防水层 | 计量单位/m² |

（1）一般组价项。

桥面防水层：清理、涂刷、铺贴等作业。

（2）工程量计算规则。
桥面防水层：按设计图示尺寸，以面积计算。
（3）工程量计算方法。
桥面防水层工程量=涂刷面宽度×长度。

| ◎ | 040901001 | 现浇构件钢筋 | 计量单位/t |
| ◎ | 040901002 | 预制构件钢筋 | 计量单位/t |

（1）一般组价项。
圆钢制作：下料、弯曲、绑扎焊接成型、安装。
螺纹钢制作：下料、弯曲、绑扎、焊接成型、安装。
（2）工程量计算规则：按设计图示尺寸，以质量计算。
（3）工程量计算方法。
以上项目定额计算规则与清单计算规则相同，故其定额分项的工程量与清单项目的工程量相等。

| ◎ | 040901003 | 钢筋网片 | 计量单位/t |
| ◎ | 040901004 | 钢筋笼 | 计量单位/t |

（1）一般组价项。
钢筋网片：下料、绑扎、焊接成型、安装作业。
钢筋笼：下料、弯曲、绑扎、焊接成型、安装作业。
（2）工程量计算规则：按设计图示尺寸，以质量计算。
（3）工程量计算方法。
以上项目定额计算规则与清单计算规则相同，故其定额分项的工程量与清单项目的工程量相等。

| ◎ | 040901005 | 先张法预应力钢筋 | 计量单位/t |
| ◎ | 040901006 | 后张法预应力钢筋 | 计量单位/t |

（1）一般组价项。
先张法预应力钢筋：下料、安装夹具、张拉、切断等作业。
后张法预应力钢筋：下料、穿束、安装锚具、张拉、锚固、切断等作业。
安装注浆管：管道定位、安装、固定作业。
注浆：配料、注浆作业。
锚具：锚具采购。
（2）工程量计算规则。
先张法预应力钢筋：按构件长度，以质量计算。
后张法预应力钢筋：按孔道长度加定额工作长度，以质量计算。
安装注浆管：按设计图示尺寸，以长度计算。
注浆：按设计图示尺寸，以体积计算。
锚具：按设计图示数量计算。

(3)工程量计算方法。

先张法预应力钢筋工程量=预应力筋延伸方向构件长度×单束根数×束数×预应力筋理论质量。

后张法预应力钢筋工程量=(孔道长度+定额工作长度)×单束根数×束数×预应力筋理论质量。

安装注浆管工程量为图示压浆管道长度。

注浆工程量=压浆管道长度×内径截面积。

锚具工程量按设计图示数量计算。

知识延伸

1. 先张法预应力钢筋长度,按构件外型长度计算。
2. 计算后张法预应力钢筋长度时,分下列五种情况。
(1)低合金钢筋两端采用螺杆锚具时,按孔道长度减 0.35m 计算。
(2)低合金钢筋一端采用墩头插片,另一端采用螺杆锚具时,按孔道长度计算。
(3)低合金钢筋一端采用墩头插片,另一端采用帮条锚具时,按孔道长度增加 0.5m 计算;如两端均采用帮条锚具,按孔道长度增加 0.3m 计算。
(4)低合金钢筋采用后张混凝土自锚时,按孔道长度增加 0.35m 计算。
(5)钢绞线采用 JM、XM、OVM、QM 型锚具,孔道长度在 20m 以内时,预应力钢筋长度按孔道长度增加 1m 计算;孔道长度 20m 以上时,预应力钢筋长度按孔道长度增加 1.8m 计算。
3. 锚具仅计主材价,通常采用两端张拉工艺,每个张拉端需要 1 套锚具。

后张法预应力钢筋工程计价

| ◎ | 040901009 | 预埋铁件 | 计量单位/t |

(1)一般组价项。

预埋铁件:制作、除锈、安装、焊接作业。

(2)工程量计算规则。

预埋铁件:按设计图示尺寸,以质量计算。

(3)工程量计算方法。

本项目定额计算规则与清单计算规则相同,故其定额工程量与清单工程量相等。

3)企业管理费、利润计取

企业管理费与利润为费率计价,费率可依据《浙江省建设工程计价规则》(2018 版)选取,或由企业自行确定。

4)分部分项工程清单与计价表

定额工程量计算完成后,应依据《浙江省市政工程预算定额》(2018 版),使用计价软件,编制分部分项工程清单与计价表。

2. 措施项目清单与计价表的编制

1)施工技术措施项目。

(1)确定定额分项。

应依据《市政工程工程量计算规范》(GB 50857—2013)规定的清单项目工作内容,结合施工图、施工方案,同时依据《浙江省市政工程预算定额》(2018版)划分的分项工程,确定定额分项名称和定额编号。

市政桥梁工程施工技术措施项目清单与对应定额分项见表3-57。

表3-57 市政桥梁工程施工技术措施项目清单与对应定额分项

项目编码	项目名称	工作内容	可组定额分项	对应定额编号
041102001	垫层模板	1.模板制作、安装、拆除、整理、堆放; 2.模板黏结物及模内杂物清理、刷隔离剂; 3.模板场内外运输及维修	垫层模板	6-1090
041102002	基础模板		基础模板	3-190
041102003	承台模板		承台模板	3-192～3-193
041102004	墩(台)帽模板		1.墩帽模板	3-209
			2.台帽模板	3-211
041102005	墩(台)身模板		1.轻型桥台模板	3-199
			2.实体式桥台模板	3-201
			3.拱桥墩身模板	3-203
			4.拱桥台身模板	3-205
			5.柱式墩(台)身模板	3-207
041102006	支撑梁及横梁模板		1.支撑梁模板	3-195
			2.横梁模板	3-197
041102007	墩(台)盖梁模板		1.墩盖梁模板	3-213
			2.台盖梁模板	3-215
041102011	箱梁模板		1.现浇混凝土0号块件	3-225
			2.现浇箱梁模板	3-227
			3.支架现浇混凝土模板	3-229
041102012	柱模板		1.柱模板	4-450, 6-1117～6-1118
			2.支模超高	6-1120～6-1121
041102013	梁模板		1.梁模板	4-451, 6-1122～6-1123
			2.支模超高	6-1126～6-1127
041102014	板模板		1.实体板模板	3-231
			2.空心板模板	3-233
			3.支模超高	6-1133～6-1134
041102015	板梁模板		1.实心板梁模板	3-235
			2.空心板梁模板	3-237
041102017	挡墙模板		挡墙模板	1-189
041102018	压顶模板		压顶模板	1-183
041102019	防撞护栏模板		防撞护栏模板	3-257
041102020	楼梯模板		楼梯模板	4-459

续表

项目编码	项目名称	工作内容	可组定额分项	对应定额编号
041102021	小型构件模板	1.模板制作、安装、拆除、整理、堆放； 2.模板黏结物及模内杂物清理、刷隔离剂； 3.模板场内外运输及维修	1.立柱模板	3-259
			2.地梁模板	3-262
041102022	箱涵滑（底）板模板		底板模板	3-239
041102023	箱涵侧墙模板		侧墙模板	3-241
041102024	箱涵顶板模板		顶板模板	3-243
041102037	其他现浇构件模板		1.搭板模板	3-276
			2.地模、胎模	3-520～3-523
041102039	水上桩基础支架、平台	1.支架、平台基础处理； 2.支架、平台的搭设、使用及拆除； 3.材料场内外运输	水上支架	3-495～3-499
041102040	桥涵支架	1.支架基础处理； 2.支架的搭设、使用及拆除； 3.支架预压； 4.材料场内外运输	桥涵支架	3-503～3-510, 3-518～3-519
041103001	围堰	1.清理基底； 2.打、拔工具桩； 3.堆筑、填芯、夯实； 4.拆除清理； 5.材料场内外运输	1.土草围堰	1-181～1-182
			2.土石混合围堰	1-183～1-184
			3.圆木桩围堰	1-185～1-187
			4.钢桩围堰	1-188～1-190
			5.钢板桩围堰	1-191～1-193
			6.竹笼围堰	1-194～1-196
041103002	筑岛	1.清理基底； 2.堆筑、填芯、夯实； 3.拆除清理	1.填土	1-197～1-198
			2.填砂	1-199～1-200
			3.填砂砾石	1-201～1-202
041104002	便桥	1.清理基底； 2.材料运输、便桥搭设； 3.拆除、清理	1.钢管桩	3-42～3-50
			2.钢支架	4-486
041106001	大型机械设备进出场及安拆	1.安拆费包括施工机械、设备在现场进行安拆所需人工、材料、机械和试运转费用，以及机械辅助设施的折旧、搭设、拆除等费用； 2.进出场费包括施工机械、设备整体或部分自停放地点运至施工现场，或由一施工地点运至另一施工地点，所发生的运输、装修、辅助材料等费用	1.塔式起重机、施工电梯基础费用	1001～1002
			2.大型机械设备安装、拆卸费用	2001～2019
			3.大型机械设备场外费用	3001～3032

续表

项目编码	项目名称	工作内容	可组定额分项	对应定额编号
041107002	排水、降水	1.管道安装、拆除，场内搬运等； 2.抽水、值班、降水设备维修等	1.轻型井点	1-518～1-520
			2.喷射井点	1-521～1-535
			3.大口径井点	1-536～1-541
			4.湿土排水	1-552
			5.抽水	1-553

（2）定额分项工程量计算。

根据预算定额的工程量计算规则，逐一对表3-57中的清单项目对应的定额分项的工程量进行计算。

	041102001	垫层模板	计量单位/m²
◎	041102001	垫层模板	计量单位/m²
◎	041102002	基础模板	计量单位/m²
◎	041102003	承台模板	计量单位/m²
◎	041102004	墩（台）帽模板	计量单位/m²
◎	041102005	墩（台）身模板	计量单位/m²
◎	041102006	支撑梁及横梁模板	计量单位/m²
◎	041102007	墩（台）盖梁模板	计量单位/m²
◎	041102011	箱梁模板	计量单位/m²
◎	041102012	柱模板	计量单位/m²
◎	041102013	梁模板	计量单位/m²
◎	041102014	板模板	计量单位/m²
◎	041102015	板梁模板	计量单位/m²
◎	041102017	挡墙模板	计量单位/m²
◎	041102018	压顶模板	计量单位/m²
◎	041102019	防撞护栏模板	计量单位/m²
◎	041102020	楼梯模板	计量单位/m²
◎	041102021	小型构件模板	计量单位/m²
◎	041102022	箱涵滑（底）板模板	计量单位/m²
◎	041102023	箱涵侧墙模板	计量单位/m²
◎	041102024	箱涵顶板模板	计量单位/m²
◎	041102037	其他现浇构件模板	计量单位/m²

① 一般组价项。

现浇构件模板：现浇构件模板安拆作业。

预制构件模板：预制构件模板安拆作业。

支模超高：模架支撑安拆作业。

② 工程量计算规则。

现浇构件模板：按接触面积计算。

预制构件模板：按接触面积或构件体积计算。

支模超高：按模板面积计算。

③ 工程量计算方法。

现浇构件模板工程量=构件平面周长×厚度，或=构件截面周长×长度。

预制构件模板工程量=构件平面周长×厚度，或=构件截面周长×长度，或=构件混凝土体积。

支模超高工程量为超过3.6m高度模板的面积。

◎	041102039	水上桩基础支架、平台	计量单位/m²

① 一般组价项。

水上支架：支架制作、搭设、固定、拆除等作业。

② 工程量计算规则：按支架、平台搭设的面积计算。

③ 工程量计算方法。

定额分项水上支架的工程量与清单项目水上桩基础支架、平台的工程量相等。

◎	041102040	桥涵支架	计量单位/m³

① 一般组价项。

木支架：支架及工作平台制作、安装、拆除等作业。

钢支架：场地平整、钢管搭拆等作业。

门式支架：地梁及门式钢支架搭拆等作业。

悬挑支架：支架焊接、固定、搭拆，安全网搭拆等作业。

支架预压：堆载、卸载、清理等作业。

挂篮制作、安拆：制作、安装、拆除等作业。

挂篮推移：挂篮平推作业。

② 工程量计算规则。

木支架：按支架搭设空间，以体积计算。

钢支架：按支架搭设空间，以体积计算。

门式支架：按支架搭设空间，以体积计算。

悬挑支架：按支架搭设长度计算。

支架预压：按堆载质量计算。

挂篮制作、安拆：按挂篮质量计算。

挂篮推移：按挂篮质量与推移距离计算。

③ 工程量计算方法。

木支架、钢支架、门式支架的工程量与清单项目桥涵支架的工程量相等。

悬挑支架工程量为悬挑构件长度。

支架预压工程量按设计要求确定，设计无要求时按梁体质量的1.1倍计算。

挂篮制作、安拆工程量按设计要求确定。

挂篮推移工程量=挂篮质量×推移距离。

◎	041103001	围堰	计量单位/m

① 一般组价项。

土草围堰：取土、装土、封包、堆筑、清理等作业。

土石混合围堰：清理基底、取土、抛填、堆筑等作业。
圆木桩围堰：圆木桩固定、安挡土篱笆、夯填、清理等作业。
钢桩围堰：钢桩固定、安挡土篱笆、夯填、清理等作业。
钢板桩围堰：取土、夯填、拆除、清理等作业。
竹笼围堰：破竹、制作、笼内填石、笼间填筑、拆除、清理等作业。
② 工程量计算规则。
土草围堰：按设计（施工方案）图示尺寸，以体积计算。
土石混合围堰：按设计（施工方案）图示尺寸，以体积计算。
圆木桩围堰：按设计（施工方案）图示尺寸，以长度计算。
钢桩围堰：按设计（施工方案）图示尺寸，以长度计算。
钢板桩围堰：按设计（施工方案）图示尺寸，以长度计算。
竹笼围堰：按设计（施工方案）图示尺寸，以长度计算。
③ 工程量计算方法。
工程量=设计（施工方案）图示围堰断面积×中心线长度，或=图示围堰中心线长度。

知识延伸

不同类型围堰的参数。
（1）土草围堰的堰顶宽度为 1~2m，堰高 4m 以内；
（2）土石混合围堰的堰顶宽度为 2m，堰高 6m 以内；
（3）圆木桩围堰的堰顶宽度为 2~2.5m，堰高 5m 以内；
（4）钢桩围堰的堰顶宽度为 2.5~3m，堰高 6m 以内；
（5）钢板桩围堰的堰顶宽度为 2.5~3m，堰高 6m 以内；
（6）竹笼围堰竹笼间黏土填芯的宽度为 2~2.5m，堰高 5m 以内；
（7）木笼围堰的堰顶宽度为 2.4m，堰高 4m 以内。

| ◎ | 041103002 | 筑岛 | 计量单位/m³ |

① 一般组价项。
填土：取土、运土、填筑、夯实、拆除、清理等作业。
填砂：取砂、运砂、填筑、夯实、拆除、清理等作业。
填砂砾石：取砂砾石、运砂砾石、填筑、夯实、拆除、清理等作业。
② 工程量计算规则：按设计（施工方案）图示尺寸，以体积计算。
③ 工程量计算方法。
填土、填砂、填砂砾石的工程量与清单项目筑岛的工程量相等。

> **特别提示**
>
> 1.筑岛又称筑岛填芯，是指在围堰围成的区域内填土、砂及砂砾石。
> 2.竹笼围堰竹笼间黏土填芯的宽度超过 2.5m 时，超出部分可套筑岛子目。

| ◎ | 041104002 | 便桥 | 计量单位/座 |

① 一般组价项。
钢管桩：场地平整、打桩等作业。
钢梁制作安装：锻料、焊接、除锈、防锈、安装等作业。
钢支架：锻料、焊接、除锈、防锈、安装等作业。
② 工程量计算规则：按设计图示尺寸，以质量计算。
③ 工程量计算方法。

工程量为设计图纸的主材（钢板、型钢、方钢、圆钢等）的质量，不扣除孔眼、缺角、切肢、切边的质量，但焊条、铆钉、螺栓等质量也不另增加，具体可按下式计算。

工程量=水平投影面积×厚度×7.850。

| ◎ | 041106001 | 大型机械设备进出场及安拆 | 计量单位/(台·次) |
| ◎ | 041107002 | 排水、降水 | 计量单位/昼夜 |

以上两条清单项目的定额分项工程量的计算方法，可见本书任务 1.2.2 相关内容。
（3）施工技术措施项目清单与计价。
定额工程量计算完成后，应依据《浙江省市政工程预算定额》（2018 版），使用计价软件编制施工技术措施项目清单与计价表。
2）施工组织措施项目
施工组织措施项目费采用总额计价方式，按《建设工程工程量清单计价规范》（GB 50500—2013）规定的计费方式或企业自身确定的费率计取。施工组织措施项目的计价不因工程专业类别不同而不同，市政桥梁工程施工组织措施项目清单与计价表编制在本书任务 1.2.2 中已有叙述，这里不再讲解。

3．其他项目计价表编制
其他项目的计价不因工程专业类别不同而不同，市政桥梁工程其他项目计价表的编制，在本书任务 1.2.2 中已有叙述，这里不再讲解。

4．规费、税金项目计价
规费、税金项目的计价不因工程专业类别不同而不同，市政桥梁工程规费、税金项目计价表的编制，在本书任务 1.2.2 中已有叙述，这里不再讲解。

3.2.3　任务分析与实施

案例

完成配套图集中 1 号港桥计价表编制。

1．分部分项工程项目清单与计价表编制
1）计价工程量计算
依据施工图与《浙江省市政工程预算定额》（2018 版）列取定额分项，计算定额分项的工程量。

| ◎ | 040101003001 | 挖基坑土方 | m³ | 5942.21 |

说明：上方条目为清单工程量，数据来自任务3.1.3，下文叙述为定额分项工程量计算过程。本任务其他条目均按本说明进行。

（1）人工挖土方：1-13（定额编号）。

根据定额计算规则，人工挖土方挖土深度按20cm考虑，计算方法与清单工程量计算方法相同，根据式（3-1）进行计算。

$V_{挖}$=2×0.2×(5+2×1+0.33×0.2)×(60.1+2×1+0.33×0.2)+1/3×0.33²×0.2³=175.71（m³）。

（2）机械挖土方：1-68。

机械挖土方工程量=挖土方总量-人工挖土方工程量=5942.21-175.71=5766.5（m³）。

| ◎ | 040103001001 | 回填方 | m³ | 457.70 |

机械填土夯实：1-116。

定额项目机械填土夯实与清单项目回填方工程量相等，为457.70m³。

| ◎ | 040103001002 | 台背回填 | m³ | 4243.33 |

路基填砂：2-67。

定额项目路基填砂与清单项目台背回填工程量相等，为4243.33m³。

| ◎ | 040103002001 | 余方弃置 | m³ | 5446.00 |

（1）自卸汽车运土：1-94、1-95。

定额项目自卸汽车运土与清单项目余方弃置工程量相等，为5446.00m³。

（2）装载机装松散土：1-88。

定额项目装载机装松散土与清单项目余方弃置工程量相等，为5446.00m³。

| ◎ | 040301004001 | 泥浆护壁成孔灌注桩 | m | 1812.78 |

依据定额计算规则与图纸桥-3、桥-6、桥-7等，计算各定额分项工程量。

（1）$D1000$水上护筒埋设：3-107。

工程量=6×48=288（m）。

注：水深2m，护筒入土深度取4m。

（2）回旋钻机钻孔：3-122。

工程量=0.5×0.5×3.14×[-0.84-(-50)]×48=1852.35（m³）。

（3）灌注水下混凝土：3-155。

工程量=0.5²×3.14×(-2.04-(-50)+0.15+0.8)×48=1842.93（m³）。

（4）泥浆池建造和拆除：3-150。

泥浆池建造和拆除工程量与回旋钻机钻孔工程量相同，为1852.35m³。

（5）泥浆外运 3-152、3-153。

泥浆外运工程量与回旋钻机钻孔工程量相同，为 1852.35m³。

| ◎ | 040301011001 | 截桩头 | m³ | 30.14 |

（1）截桩头：3-525。

工程量=0.5²×3.14×0.8×48=30.14（m³）。

（2）废料弃置：1-155、1-156。

废料弃置工程量与截桩头工程量相等，为 30.14m³。

| ◎ | 040303001001 | 混凝土垫层 | m³ | 72.96 |

混凝土垫层：3-187。

本项目定额计算规则与清单计算规则相同，即混凝土垫层工程量为 72.96m³。

| ◎ | 040303002001 | 混凝土基础 | m³ | 90.00 |

混凝土基础：3-189。

本项目定额计算规则与清单计算规则相同，即混凝土基础工程量为 90.00m³。

| ◎ | 040303003001 | 混凝土承台 | m³ | 684.40 |

承台混凝土：3-191。

定额项目承台混凝土与清单项目混凝土承台工程量相等，为 684.40m³。

| ◎ | 040303004001 | 混凝土台帽 | m³ | 158.15 |

混凝土台帽：3-210。

本项目定额计算规则与清单计算规则相同，即混凝土台帽工程量为 158.15m³。

| ◎ | 040303005001 | 混凝土台身 | m³ | 1200.10 |

（1）C20 混凝土台身：3-200。

定额项目 C20 混凝土台身与清单项目混凝土台身工程量相等，为 1200.10m³。

（2）ϕ100 泄水孔：3-473。

图 3.7 所示为台身泄水孔计算示意，单根泄水管长度分为 L_1、L_2、L_3 三段，每段工程量计算方法如下。

L_1 段工程量=（3.603-1.4）/4.444×1.3=0.64（m）；

L_2 段工程量=1.25（m）；

L_3 段工程量=（3.603-1.4）/3.444×0.25=0.16（m）；

单根泄水管工程量=0.64+1.25+0.16=2.05（m）；

ϕ100 泄水孔工程量=2.05×28=57.4（m）（依据图纸桥-6，可知单桥台布设泄水孔 14 道）。

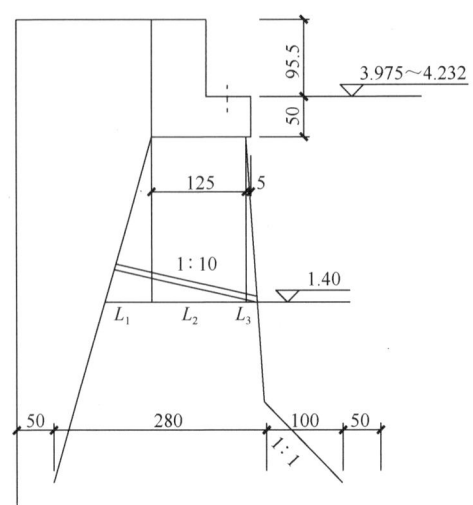

图 3.7 台身泄水孔计算示意

（3）变形缝：3-485。

变形缝工程量为台身截面积，依据图纸桥-6，可知单桥台布设变形缝 3 道。变形缝工程量=（2.888+1.5+0.5+4.735）×3×2=57.738（m^2）。

| ◎ | 040303016001 | 混凝土挡墙压顶 | m^3 | 4.38 |

压顶混凝土：1-182。

定额项目压顶混凝土与清单项目混凝土挡墙压顶工程量相等，为 4.38m^3。

| ◎ | 040303018001 | 混凝土防撞护栏 | m | 58.00 |

防撞护栏混凝土：3-256。

定额项目防撞护栏混凝土工程量=0.357×58=20.71（m^3）。

| ◎ | 040303019001 | 8cm 混凝土桥面铺装 | m^2 | 745.36 |

（1）C40 桥面铺装：3-272。

工程量=745.36×0.08=59.63（m^3）。

（2）C40 铰缝：3-244。

截面积=0.05×0.1+（0.05+0.11）/2×0.03+0.11×0.07+（0.11+0.01）/2×0.05+0.01×（0.9-0.1-0.03-0.07-0.05）=0.0246（m^2）；

铰缝混凝土工程量=0.0246×19.96×44=21.60（m^3）。

| ◎ | 040303019002 | 14cm 混凝土桥面铺装 | m^2 | 154.08 |

C40 桥面铺装：3-272。

工程量=154.08×0.14=21.57（m^3）。

注：本案例中铰缝的工程量全部计入了 8cm 混凝土铺装中，而未计入 14cm 混凝土铺装中；若需分配，则按两种铺装下的铰缝数量或总长度比例分配。

| ◎ | 040203003001 | 透层 | m² | 577.80 |

透层：2-164。

本项目定额计算规则与清单计算规则相同，即透层工程量为577.80m²。

| ◎ | 040303019003 | 6cm沥青混凝土桥面铺装 | m² | 154.08 |

粗粒式沥青混凝土：2-192。

定额项目粗粒式沥青混凝土与清单项目 6cm 沥青混凝土桥面铺装工程量相等，为 154.08m²。

| ◎ | 040303019004 | 4cm沥青混凝土桥面铺装 | m² | 577.80 |

细粒式沥青混凝土：2-208、2-209。

定额项目细粒式沥青混凝土与清单项目 4cm 沥青混凝土桥面铺装工程量相等，为 577.80m²。

| ◎ | 040303024001 | 桥面系地梁 | m³ | 16.71 |

C25 混凝土地梁：3-260。

定额项目 C25 混凝土地梁与清单项目桥面系地梁工程量相等，为 16.71m³。

| ◎ | 040304001001 | 预制混凝土梁 | m³ | 450.00 |

（1）C40 预应力空心板梁：3-302。

定额项目 C40 预应力空心板梁与清单项目预制混凝土梁工程量相等，为 450.00m³。

（2）板梁场内运输 200m：3-329、3-330。

定额项目板梁场内运输 200m 与清单项目预制混凝土梁工程量相等，为 450.00m³。

（3）板梁安装：3-407。

定额项目板梁安装与清单项目预制混凝土梁工程量相等，为 450.00m³。

| ◎ | 040304005001 | 预制混凝土其他构件 | m³ | 15.69 |

C25 预制道板：3-316。

定额项目 C25 预制道板与清单项目预制混凝土其他构件工程量相等，为 15.69m³。

| ◎ | 040305003001 | 浆砌块石挡墙 | m³ | 257.24 |

（1）M10 浆砌块石：1-185。

定额项目 M10 浆砌块石与清单项目浆砌块石挡墙工程量相等，为 257.24m³。

（2）ϕ100 泄水孔：1-164。

图 3.8 所示为挡墙泄水孔计算示意，单根泄水管长度分为 L_1、L_2、L_3 三段，每段工程量计算方法如下。

L_1 段工程量=[2.15-0.5-(4.35-1)/10]/4.35×(3.51-1.4)=0.64（m）；

L_2 段工程量=0.5（m）；

L_3 段工程量=(3.51-1.4)/10=0.21（m）；

单根泄水管工程量=0.64+0.5+0.21=1.35（m）；

ϕ100泄水孔工程量=1.35×8=10.8（m）。

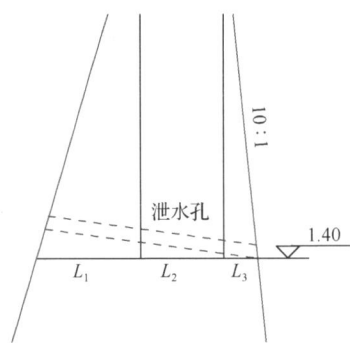

图3.8 挡墙泄水孔计算示意

（3）土工布：2-58。
土工布工程量=0.5×0.5×8=2（m²）。
（4）勾缝：1-201。
截面外侧线长度=4.78（m）；
勾缝面积=4.78×40=191.2（m²）。
（5）砂砾滤水层：1-163。
工程量=0.5×0.5×0.5×8=1（m³）。

| ◎ | 040308003001 | 镶贴面层 | m² | 162.86 |

人行道花岗岩贴面：3-541。
定额项目人行道花岗岩贴面与清单项目镶贴面层工程量相等，为162.86m²。

| ◎ | 040309002001 | 石质栏杆 | m | 46.40 |

花岗岩栏杆：自组。
定额项目花岗岩栏杆与清单项目石质栏杆工程量相等，为46.40m²。

| ◎ | 040309004001 | 氯丁橡胶支座 | 个 | 96 |

氯丁橡胶支座：3-459。
工程量=20×20×2.8×96=107520（cm³）。

| ◎ | 040309004002 | 四氟板橡胶支座 | 个 | 96 |

四氟板橡胶支座：3-460。
工程量=20×20×2.8×96=107520（cm³）。

| ◎ | 040309007001 | 型钢伸缩缝 | m | 49.80 |

（1）RG40橡胶伸缩缝：3-477。
定额项目RG40橡胶伸缩缝与清单项目型钢伸缩缝工程量相等，为49.80m。
（2）预留槽混凝土：3-274。
工程量=0.35×0.085×49.8×2=2.96（m³）。

| ◎ | 040309007002 | U形锌铁皮伸缩缝 | m | 52.80 |

U形锌铁皮伸缩缝：3-482。

本项目定额工程量与清单工程量相等，为52.80m。

◎	040901001001	下部结构圆钢	t	4.207
◎	040901001002	下部结构螺纹钢	t	34.671
◎	040901001003	桥面结构圆钢	t	8.283
◎	040901001004	桥面结构螺纹钢	t	5.844
◎	040901002001	上部结构圆钢	t	27.238
◎	040901002002	上部结构螺纹钢	t	34.780
◎	040901002003	小型构件圆钢	t	2.012
◎	040901004001	D1000钢筋笼圆钢	t	8.342
◎	040901004002	D1000钢筋笼螺纹钢	t	55.699

下部结构圆钢：1-268。

本项目定额工程量与清单工程量相等，为4.207t。

下部结构螺纹钢：1-269。

本项目定额工程量与清单工程量相等，为34.671t。

桥面结构圆钢：1-268。

本项目定额工程量与清单工程量相等，为8.283t。

桥面结构螺纹钢：1-269。

本项目定额工程量与清单工程量相等，为5.844t。

上部结构圆钢：1-268。

本项目定额工程量与清单工程量相等，为27.238t。

上部结构螺纹钢：1-269。

本项目定额工程量与清单工程量相等，为34.780t。

小型构件圆钢：1-268。

本项目定额工程量与清单工程量相等，为2.012t。

D1000钢筋笼圆钢：1-272。

本项目定额工程量与清单工程量相等，为8.342t。

D1000钢筋笼螺纹钢：1-273。

本项目定额工程量与清单工程量相等，为55.699t。

| ◎ | 040901006001 | 后张法预应力钢筋 | t | 17.121 |

（1）后张法预应力钢筋制作安装：1-296。

预应力钢筋工程定额计算规则：孔道长度在20m以内时，预应力钢筋（钢绞线）长度按孔道长度增加1m；孔道长度在20m以上时，预应力钢筋（钢绞线）长度按孔道长度增加1.8m。

表3-58所示为后张法预应力钢筋定额工程量计算表。

表 3-58 后张法预应力钢筋定额工程量计算表

序号	计算部位	单位	计算式	工程量	备注
	后张法预应力钢筋	kg		16642.4	
1	中板	kg	（205.50+137.40)×40	13716.00	
	N1 束	kg	（9.86×2+1)×3×3×1.102	205.50	
	N2 束	kg	（9.89×2+1)×3×2×1.102	137.40	
2	绿化带下边板	kg	（205.50+137.40)×4	1371.60	
	N1 束	kg	（9.86×2+1)×3×3×1.102	205.50	
	N2 束	kg	（9.89×2+1)×3×2×1.102	137.40	
3	悬臂 20 边板	kg	（205.50+183.20)×2	777.40	
	N1 束	kg	（9.86×2+1)×3×3×1.102	205.50	
	N2 束	kg	（9.89×2+1)×4×2×1.102	183.20	
4	悬臂 6 边板	kg	（205.50+183.20)×2	777.40	
	N1 束	kg	（9.86×2+1)×3×3×1.102	205.50	
	N2 束	kg	（9.89×2+1)×4×2×1.102	183.20	

由表 3-58 可知，后张法预应力钢筋定额工程量为 16.642t，即定额项目后张法预应力钢筋制作安装工程量为 16.642t。图 3.9 所示为 N2 束孔道长度计算图示，表 3-59 所示为 N2 束预应力钢筋工程量计算表。

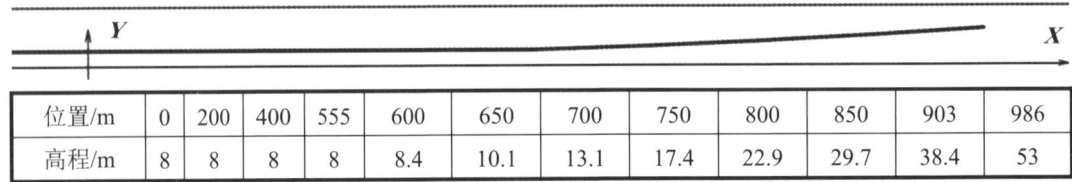

位置/m	0	200	400	555	600	650	700	750	800	850	903	986
高程/m	8	8	8	8	8.4	10.1	13.1	17.4	22.9	29.7	38.4	53

图 3.9 N2 束孔道长度计算图示

表 3-59 N2 束预应力钢筋工程量计算表　　　　　　　　　　单位：cm

位置	0	200	400	555	600	650	700	750	800	850	903	986	合计
分段间距		200	200	155	45	50	50	50	50	50	53	83	986
分段高差		0	0	0	0.4	1.7	3	4.3	5.5	6.8	8.7	14.6	45
分段长		200	200	155	45.002	50.029	50.090	50.185	50.302	50.460	53.709	84.274	989

（2）ϕ60 注浆管安装：1-309。

工程量=98.7×40+98.7×4+59.2×2+59.2×2=4579.6（m）。

（3）ϕ70 注浆管安装：1-309。

工程量=39.6×2+39.6×2=158.4（m）。

（4）注浆：1-310。

工程量=0.06^2×3.14/4×4579.6+0.07^2×3.14/4×158.4=13.55（m^3）。

（5）BM15-3 型锚具。

工程量=2×5×40+2×5×4+2×3×2+2×3×2=464（套）。

（6）BM15-4 型锚具。

工程量=2×2×2+2×2×2=16（套）。

注：锚具的安装费用已经计入本项（1）后张法预应力钢筋制作安装定额中，（5）和（6）仅需计取锚具主材费。

2）企业管理费、利润计取

依据《浙江省建设工程计价规则》（2018 版），本项目采用一般计税法；依据《浙江省建设工程计价规则》（2018 版）中表 4.3.1，选取企业管理费费率中值为 19.58%；依据《浙江省建设工程计价规则》（2018 版）中表 4.3.2，选取利润费率中值为 7.58%。

3）分部分项工程清单与计价表

计价工程量（定额工程量）计算完成后，将各项工程量汇总，使用计价软件套取定额，选取企业管理费费率与利润费率，得到综合单价，形成分部分项工程清单与计价表，见表 3-60。

表 3-60 分部分项工程清单与计价表

单位工程及专业工程名称：市政-桥梁工程

序号	项目编码	项目名称	项目特征描述	计量单位	工程量	综合单价/元	合价/元	其中		备注
								人工费/元	机械费/元	
1	040101003001	挖基坑土方	一、二类土；平均深 6m 以内	m^3	5942.21	3.22	19111.52	5380.09	9684.17	
2	040103001001	回填方	一、二类土	m^3	457.70	13.4	6133.18	3789.76	1034.4	
3	040103001002	台背回填	砂碎石	m^3	4243.33	167.72	711691.3	40226.77	2715.73	
4	040103002001	余方弃置	一、二类土；运距 8km	m^3	5446.00	23.29	126837.3	1962.55	98018.51	
5	040301004001	泥浆护壁成孔灌注桩	桩径 $D1000$；回旋钻机成孔；混凝土强度等级 C25	m	1812.78	1103.3	2000040	332300.7	409978.32	
6	040301011001	截桩头	桩径 $D1000$；混凝土强度等级 C25；有钢筋	m^3	30.14	311.45	9387.1	5847.76	1536.84	
7	040303001001	混凝土垫层	混凝土强度等级 C15	m^3	72.96	465.54	33965.8	2709	835.39	
8	040303002001	混凝土基础	混凝土强度等级 C25	m^3	90.00	482.94	43464.6	3159	800.1	
9	040303003001	混凝土承台	混凝土强度等级 C25	m^3	684.40	491.18	336163.6	19587.53	253.23	
10	040303004001	混凝土台帽	混凝土强度等级 C25	m^3	158.15	503.58	79641.18	5960.67	77.49	

续表

序号	项目编码	项目名称	项目特征描述	计量单位	工程量	综合单价/元	合价/元	其中		备注
								人工费/元	机械费/元	
11	040303005001	混凝土台身	混凝土强度等级C20	m³	1200.10	478.16	573839.8	36675.06	564.05	
12	040303016001	混凝土挡墙压顶	混凝土强度等级C25	m³	4.38	486.09	2129.07	86.64	3.02	
13	040303018001	混凝土防撞护栏	混凝土强度等级C25	m	58.00	179.08	10386.64	770.24	15.08	
14	040303019001	混凝土桥面铺装	混凝土强度等级C40；混凝土厚度8cm	m²	745.36	67.55	50349.07	4971.55	44.72	
15	040303019002	混凝土桥面铺装	混凝土强度等级C40；混凝土厚度14cm	m²	154.08	77.85	11995.13	714.93	16.95	
16	040203003001	透层	石油沥青	m²	577.80	1.78	1028.48	52	11.56	
17	040303019003	沥青混凝土桥面铺装	沥青混凝土厚度6cm；粗粒式	m²	154.08	48.02	7398.92	115.56	269.64	
18	040303019004	沥青混凝土桥面铺装	沥青混凝土厚度4cm；细粒式	m²	577.80	39.7	22938.66	607.46	1361.3	
19	040303024001	桥面系地梁	混凝土强度等级C25	m³	16.71	516.68	8633.72	1070.61	22.73	
20	040304001001	预制混凝土梁	空心板梁；混凝土强度等级C40	m³	450.00	955.88	430146	67450.5	79056	
21	040304005001	预制混凝土其他构件	混凝土强度等级C25；人行道板、盖板	m³	15.69	532.82	8359.95	1205.56	27.32	
22	040305003001	浆砌块石挡墙	砂浆强度等级M10	m³	257.24	499.57	128509.4	32821.25	565.93	
23	040308003001	镶贴面层	2.5cm厚花岗岩	m²	162.86	210.72	38477.47	4670.91	34.69	
24	040309002001	石质栏杆	米黄色花岗岩	m	46.40	2300	106720			
25	040309004001	氯丁橡胶支座	型号为200mm×200mm×28mm	个	96	65.51	6288.96	1741.44		
26	040309004002	四氟板橡胶支座	型号为200mm×200mm×28mm	个	96	185.91	17847.36	1741.44		
27	040309007001	型钢伸缩缝	RG40	m	49.80	705.84	35150.83	2538.31	1238.53	
28	040309007002	U形锌铁皮伸缩缝	C40；沥青胶	m	52.80	67.51	3564.53	945.12		

续表

序号	项目编码	项目名称	项目特征描述	计量单位	工程量	综合单价/元	合价/元	其中 人工费/元	其中 机械费/元	备注
29	040901001001	下部结构圆钢	钢筋等级HPB300	t	4.207	5517.86	23213.64	4498.12	171.56	
30	040901001002	下部结构螺纹钢	钢筋等级HRB335	t	34.671	4920.53	170599.7	25200.27	890.7	
31	040901001003	桥面结构圆钢	钢筋等级HPB300	t	8.283	5517.86	45704.43	8856.18	337.78	
32	040901001004	桥面结构螺纹钢	钢筋等级HRB335	t	5.844	4920.53	28755.58	4247.65	150.13	
33	040901002001	上部结构圆钢	钢筋等级HPB300	t	27.238	5517.86	150295.5	29122.87	1110.77	
34	040901002002	上部结构螺纹钢	钢筋等级HRB335	t	34.780	4920.53	171136	25279.5	893.5	
35	040901002003	小型构件圆钢	钢筋等级HPB300	t	2.012	5517.86	11101.93	2151.23	82.05	
36	040901004001	D1000钢筋笼圆钢	钢筋等级HPB300	t	8.342	5341.78	44561.13	6389.89	1377.85	
37	040901004002	D1000钢筋笼螺纹钢	钢筋等级HRB335	t	55.699	5258.22	292877.6	41349.27	11865.56	
38	040901006001	后张法预应力钢筋	1860MPa，ϕ15.24钢绞线	t	17.121	15116.1	258802.8	52808.7	10733.84	
合计							6027247.88	779006.09	635779.44	

2．措施项目清单与计价表编制

1）施工技术措施项目清单与计价表编制

（1）计价工程量计算。

依据施工图与《浙江省市政工程预算定额》（2018版），列取定额分项，计算计价工程量（定额分项工程量）。

◎	041102001001	垫层模板	m²	37.21

混凝土垫层模板：6-1090。

定额项目混凝土垫层模板与清单项目垫层模板工程量相等，为37.21m²。

◎	041102002001	基础模板	m²	78.00

混凝土基础模板：3-190。

定额项目混凝土基础模板与清单项目基础模板工程量相等，为78.00m²。

◎	041102003001	承台模板	m²	310.56

混凝土承台模板：3-192。

定额项目混凝土承台模板与清单项目承台模板工程量相等，为310.56m²。

| ◎ | 041102004001 | 台帽模板 | m² | 356.13 |

台帽模板：3-211。
本项目定额工程量与清单工程量相等，为356.13m²。

| ◎ | 041102005001 | 台身模板 | m² | 1242.84 |

台身模板：3-201。
本项目定额工程量与清单工程量相等，为1242.84m²。

| ◎ | 041102015001 | 板梁模板 | m² | 5149.44 |

板梁模板：3-303。
本项目定额工程量与清单工程量相等，为5149.44m²。

| ◎ | 041102018001 | 压顶模板 | m² | 16.88 |

压顶模板：1-183。
本项目定额工程量与清单工程量相等，为16.88m²。

| ◎ | 041102019001 | 防撞护栏模板 | m² | 143.80 |

防撞护栏模板：3-257。
本项目定额工程量与清单工程量相等，为143.80m²。

| ◎ | 041102021001 | 小型构件模板 | m² | 101.11 |

人行道板模板：3-317。
定额项目人行道板模板与清单项目小型构件模板工程量相等，为101.11m²。

| ◎ | 041102037001 | 其他现浇构件模板 | m² | 178.23 |

地梁模板：3-262。
定额项目地梁模板与清单项目其他现浇构件模板工程量相等，为178.23m²。

| ◎ | 041102039001 | 水上桩基础支架、平台 | m² | 1239.49 |

水上支架：3-497。
定额项目水上支架与清单项目水上桩基础支架、平台工程量相等，为1239.49m²。
注：钻孔灌注桩孔径 $\phi \leqslant 1000mm$ 时，套用水上支架锤重1800kg，钻孔灌注桩孔径 $\phi > 1000mm$ 时，套用水上支架锤重2500kg。

| ◎ | 041103001001 | 围堰 | m | 40.00 |

编织袋围堰：1-497。
堰顶宽为1m，堰高 1.22-（-0.84）+0.5=2.56（m），迎水坡坡度为1∶0.75，背水坡坡度为1∶0.5，则编织袋围堰工程量=（1+1+2.56×0.75+2.56×0.5）/2×2.56×40=266.24（m³）。

| ◎ | 041104003001 | 预制场 | 项 | 1 |

分析：预制场主要根据地模、堆梁场、原材料堆场、钢筋加工棚、混凝土拌合站、运输通道、起重机安置等因素，确定预制场面积；并根据场地原状地貌确定场地制作标准。

本案例预估预制场面积2500m²，制作C25地模8个，地面硬化考虑采用20cm山皮石和12cmC25混凝土面层。

① 场地平整：2-1。

场地平整工程量为预制场面积，即2500m²。

② 20cm山皮石填筑：2-117。

20cm山皮石填筑工程量为预制场面积，即2500m²。

③ C25混凝土面层：2-213、2-214。

C25混凝土面层工程量为预制场面积，即2500m²。

④ C25地模：3-521。

工程量=0.99×20×0.1×8=15.84（m³）。

⑤ 地模模板：3-522。

工程量=（0.99+20）×2×0.1×8=33.584（m²）。

| ◎ | 041106001001 | 大型机械进出场 | 台·次 | 8 |

① 履带式挖掘机场外运输：3001。

工程量按1台履带式挖掘机考虑，合计1台·次。

② 压路机场外运输：3010。

工程量按2台压路机考虑（沥青路面用），合计2台·次。

③ 沥青摊铺机场外运输：3012。

工程量按1台沥青摊铺机考虑，合计1台·次。

④ D120转盘式钻机场外运输：3026。

工程量按4台D120转盘式钻机考虑，合计4台·次。

| ◎ | 041106001002 | 大型机械安拆 | 台·次 | 4 |

D120转盘式钻机安拆：2002。

工程量按4台D120转盘式钻机考虑，合计4台·次。

| ◎ | 041107002001 | 排水、降水 | 项 | 1 |

分析：

基坑底尺寸宽×长=（5m+2×1m）×（60.1m+2×1m）=7m×62.1m；

基坑顶尺寸宽×长=（7m+0.33×5.34m×2）×（62.1m+0.33×5.34m×2）=10.52m×65.62m；

井点距离基坑边1m布置，则井点布置轴线宽×长=12.52m×67.62m。

① 轻型井点安装：1-518。

基坑井点布置总长=（12.52+67.62）×2=160.28（m）；

井点管数量=2×160.28/1.2=267（根）；

轻型井点安装工程量为267根。

② 轻型井点拆除：1-519。

轻型井点拆除工程量与轻型井点安装工程量相等，为267根。

③ 轻型井点使用：1-520。

轻型井点50根为1套，即267/50＝5.5（套），则使用数量为5.5×14=77（套·天）。

注：1.轻型井点按基坑四周布置，能满足降水要求考虑；

2.轻型井点使用周期按从基坑开挖到基坑回填考虑，单个基坑一个使用周期取14天。

④ 抽水：1-553。

分析：水深取1.22-（-0.84）=2.06（m），抽水河段宽度取20m，抽水河段长度取60+20+10=90（m）。

工程量=2.06×20×90=3708（m³）。

（2）施工技术措施项目清单与计价表。

计价工程量（定额工程量）计算完成后，将各项工程量汇总，使用计价软件套取定额，得到综合单价，形成施工技术措施项目清单与计价表，见表3-61。

表3-61 施工技术措施项目清单与计价表

单位工程及专业工程名称：市政-桥梁工程

序号	项目编码	项目名称	项目特征描述	计量单位	工程量	综合单价/元	合价/元	其中 人工费/元	其中 机械费/元	备注
1	041102001001	垫层模板	木模	m²	37.21	28.45	1058.63	370.14	15.62	
2	041102002001	基础模板	组合钢模	m²	78.00	49.45	3857.10	1701.96	283.14	
3	041102003001	承台模板	组合钢模	m²	310.56	41.69	12947.25	6313.68	736.03	
4	041102004001	台帽模板	胶合板	m²	356.13	86.61	30844.42	11453.14	3166	
5	041102005001	台身模板	胶合板	m²	1242.84	68.86	85581.96	40208.68	12527.71	
6	041102015001	板梁模板	钢模	m²	5149.44	121.08	623494.2	304905.68	56082.82	
7	041102018001	压顶模板	木模	m²	16.88	43.34	731.58	267.38	13.50	
8	041102019001	防撞护栏模板	钢模	m²	143.80	69.95	10058.81	5113.53	1889.53	
9	041102021001	小型构件模板	木模	m²	101.11	64.63	6534.74	3939.25	247.72	
10	041102037001	其他现浇构件模板	木模	m²	178.23	53.06	9456.88	4345.49	187.15	
11	041102039001	水上桩基础支架、平台	圆木桩	m²	1239.49	240.84	298518.77	110576.69	88439.04	
12	041103001001	围堰	草袋围堰	m	40.00	787.30	31492.00	19059.60	631.60	
13	041104003001	预制场	板梁预制场	项	1	195676.58	195676.60	18681.41	6413.72	
14	041106001001	大型机械进出场	反铲挖掘机等	台·次	8	4265.30	34122.40	4860.00	15968.72	

续表

序号	项目编码	项目名称	项目特征描述	计量单位	工程量	综合单价/元	合价/元	其中		备注
								人工费/元	机械费/元	
15	041106001002	大型机械安拆	钻孔桩机	台·次	4	6176.24	24704.96	12960.00	6448.72	
16	041107002001	排水、降水	轻型井点、抽水	项	1	124233.55	124233.60	49276.44	35181.38	
		合计					1493313.82	594033.07	228232.40	

2）施工组织措施项目清单与计价表编制

（1）按设计要求，结合项目特点，选取施工组织措施项目；并依据《浙江省建设工程计价规则》（2018 版）与企业管理水平，确定各项费率。

◎	041109001001	安全文明施工	项	1

依据《浙江省建设工程计价规则》（2018 版）中表 4.3.3-1，安全文明施工费费率取市区工程安全文明施工费中值费率 8.51%。

◎	041109005001	行车、行人干扰	项	1

依据《浙江省建设工程计价规则》（2018 版）中表 4.3.3-1，行车、行人干扰费率取市区工程行车干扰费中值费率 1.69%。

（2）使用计价软件，形成施工组织措施项目清单与计价表（表 3-62）。

表 3-62 施工组织措施项目清单与计价表

单位工程及专业工程名称：市政-桥梁工程

序号	项目编码	项目名称	计算基数	费率/（%）	金额/元	备注
1	041109001001	安全文明施工	人工费+机械费	8.51	190373.04	
2	041109005001	行车、行人干扰	人工费+机械费	1.69	37806.16	
		合计			228179.20	

3．其他项目计价表编制

（1）按招标文件要求或项目特点，确定其他项目的价格。

◎	1	暂列金额	项	1

本例计算工程总价较低，以除暂列金额外工程总价的 10%来计价，并以万元的整数倍来取值。

◎	2	计日工	工日	

计日工单价一般以建筑劳务市场零工日工资单价为基准，如：2019 年 1 月至 12 月，杭州市区建筑劳务市场零工日工资为 250～400 元；承包人的工资标准不能是政府相关部门公布的数据，而必须是企业实际从市场招募工人的工资。

（2）使用计价软件形成其他项目计价表，见表3-63。

表3-63 其他项目计价表

单位工程及专业工程名称：市政-桥梁工程

序号	项目名称	单位	数量	单价/元	金额/元	备注
1	暂列金额	项	1	600000.00	600000.00	
2	计日工	工日		325.00		
合计						

4．规费、税金项目计价表编制

按招标文件要求并依据《浙江省建设工程计价规则》（2018版）确定规费和税金的费率。

◎	1	规费	项	1

依据《浙江省建设工程计价规则》（2018版）中表4.3.5，规费费率取为22.84%。

◎	2	税金	项	1

依据《财政部 税务总局 海关总署关于深化增值税改革有关政策的公告》（财政部 税务总局 海关总署公告2019年第39号），税金费率取为9%。

使用计价软件，将计算得到的各项费用汇总，得到单位工程招标控制价（报价）汇总表（表3-64）。

表3-64 单位工程招标控制价（报价）汇总表

单位工程及专业工程名称：市政-桥梁工程

序号	费用名称	计算公式	金额/元
1	分部分项工程费	∑（分部分项工程量×综合单价）	6027247.88
1.1	其中：人工费+机械费	∑分部分项（人工费＋机械费）	1414785.53
2	措施项目费	2.1+2.2	1721066.55
2.1	施工技术措施项目费	∑（施工技术措施项目工程量×综合单价）	1493313.82
2.1.1	其中：人工费+机械费	∑施工技术措施项目（人工费＋机械费）	822265.47
2.2	施工组织措施项目费	∑（人工费＋机械费）×施工组织措施项目费费率	228179.20
2.2.1	安全文明施工费	（人工费+机械费）×安全文明施工费费率	190373.04
3	其他项目费	3.1+3.2+3.3+3.4	600000.00
3.1	暂列金额		600000.00
3.2	暂估价		
3.3	计日工		
3.4	总承包服务费		

续表

序号	费用名称	计算公式	金额/元
4	规费	（人工费+机械费）×规费费率	419447.06
5	税金	(1+2+3+4)×税金费率	789136.92
	合计	1+2+3+4+5	9557324.88

注：1.其他项目费中的专业工程暂估价若已包含在分部分项工程费中，则本项不能重复计价，也不再重复计入工程总价。

2.计日工为备用单价，非有效工程价格，不应计入工程总价。

3.暂列金额也不是有效工程价格，原则上不应计取税金，但应计入工程总价。

3.2.4 实训任务

完成配套图集桥梁工程计价清单编制。

1. 实施要求

（1）所有桩基础均按水中桩施工。

（2）桥墩脚手架地基处理可不考虑。

（3）预制梁台座上需铺设 4mm 厚钢板。

（4）预制构件均应考虑场内运输。

（5）梁板预制场按野外自建场地考虑，场地处理至少应包含场地平整、粒料垫层、混凝土面层等工作。

（6）按一般计税法计税。

2. 指导说明

（1）基坑开挖时，地面标高取地形图最近点标高。

（2）预制场至桥位距离，统一按 1km 以内考虑。

（3）伸缩缝需在桥侧边外伸 10cm。

（4）模板工程优先选用钢模。

（5）若基坑深度超过 6m，应考虑设置两级井点，井点管距离基坑边缘 1~1.5m 布设。

（6）伸缩缝槽按预留处理。

学习启示

党的二十大报告指出，坚持安全第一、预防为主，建立大安全大应急框架，完善公共安全体系，推动公共安全治理模式向事前预防转型。安全生产一直是建筑生产的第一要务，特别是桥梁工程施工中的危险源非常密集，因此桥梁工程的安全生产相关费用比其他专业工程投入要高；这就要求我们在计量计价活动中科学规划并充分考虑，合理计算相关措施费用，这是完善公共安全体系、保障安全生产的重要前提。

小　结

本任务阐述了市政桥梁工程常用清单项目的计价过程与方法，包括清单项目定额工作的确定、定额工程量计算规则与方法、费率选取、综合单价计算等。本任务的重难点是大量的组价内容在图纸中无法直接明示；未出现在清单中的工作内容，应依据施工工艺与施工方法，计入关联清单子目，进行组价。桥梁工程在计价前，应先进行施工现场的考察。

思考练习题

1. 3.2.3 任务分析与实施中，透层若不单设清单项，应计入哪一项，即作为哪一项的定额分项？
2. 若防撞护栏上设钢管扶手，可计入哪些清单项目？
3. 大型机械设备进出场及安拆中，钻机数量的确定应考虑哪些因素？
4. 什么情况下应考虑行车干扰费？
5. 配套图集中排水、道路、桥梁三个专业工程中，哪一项的风险费应该最高？哪一项应该最低？为什么？

在线答题

第2部分 市政工程结算

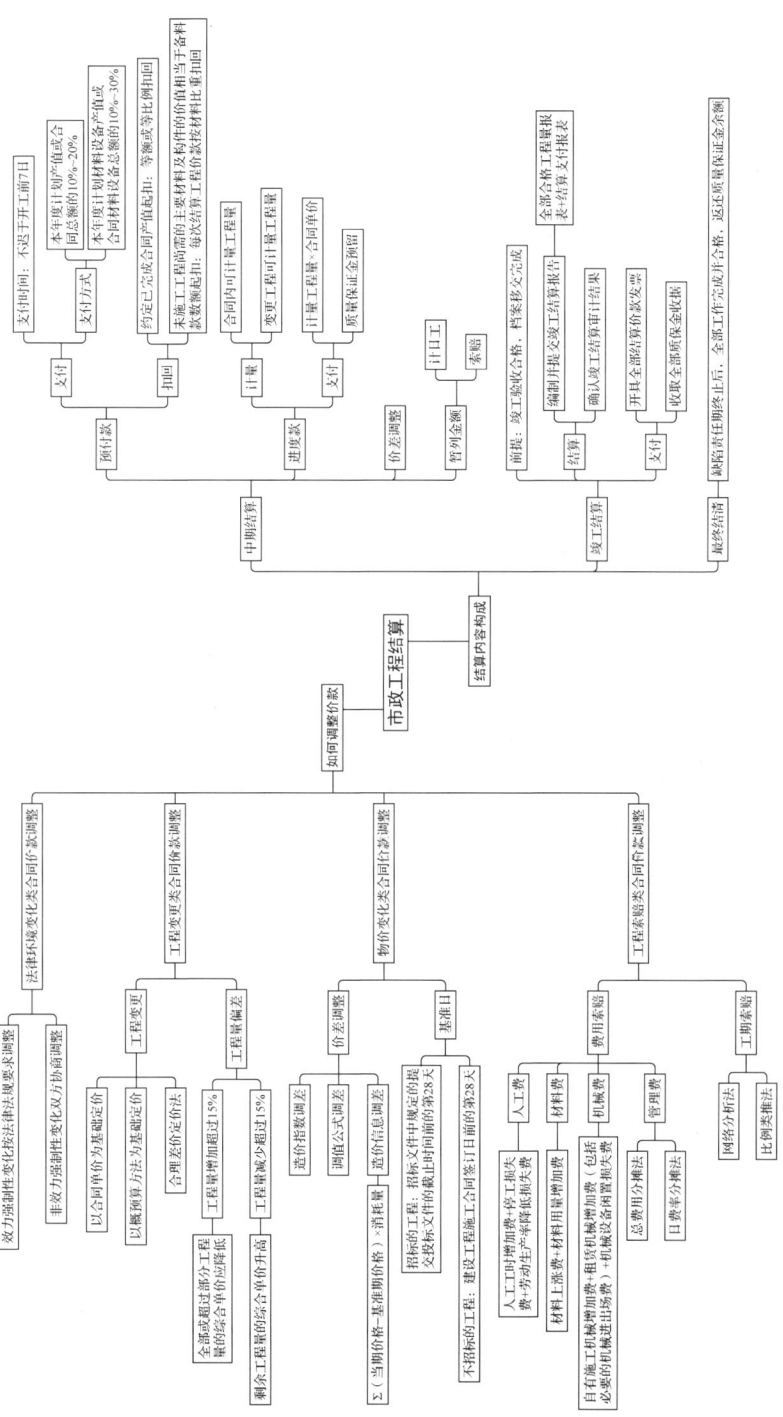

第2部分思维导图

项目 4　市政工程结算

教学目标

1. 掌握市政工程结算的定义与结算方式；
2. 掌握市政工程结算的程序；
3. 掌握市政工程结算的内容与结算价格取定原则；
4. 理解计量、支付与结算的概念与相互关系。

4.1　工程结算的概念

4.1.1　工程结算的定义

工程结算又称工程价款结算，是指对建设工程的发承包合同价款进行约定，并依据合同约定进行工程预付款、工程进度款、工程竣工价款结算的经济活动。工程结算包含工程预付款结算、工程进度款结算和工程竣工结算三种不同的结算活动。

1. 工程预付款结算

工程预付款是承包人为合同工程施工购置材料、工程设备，购置或租赁施工设备，修建临时设施以及组织施工队伍进场等所需的周转资金，由发包人在开工前拨付给承包人。

工程预付款结算是发承包双方按合同的约定，进行工程预付款支付与扣回的活动。

2. 工程进度款结算

工程进度款是指在施工过程中，按一定时间（或形象进度、控制界面等）所完成的工程数量，计算的各项费用总和。

工程进度款结算是发承包双方按合同的约定，进行工程进度款申请与支付的活动。

3. 工程竣工结算

工程竣工结算是指承包人完成全部合同工作，并验收合格后，发承包双方按合同的约定，进行最终工程款结算的活动。

4.1.2 各类结算方式

1. 工程预付款结算

依据发包人对工程预付款使用范围的限制,工程预付款可分为备料预付款和动员预付款。

备料预付款:一般仅用于永久性材料与设备的采购准备。

动员预付款:一般不限制使用范围,可用于材料、设备采购,临时设施搭建,人员与机械组织等所有与工程有关的准备工作。

工程预付款的结算需要支付与扣回两个过程,扣回通常与工程进度款结算合并完成,因此通常将工程预付款结算与工程进度款结算统称为中间结算。

2. 工程进度款结算

按结算点划分的不同,工程进度款结算可分为按时间结算和分段结算。

按时间结算,即实行进度款每月(季度)结算支付。合同工期在两年以上的工程,还可在每年年终进行年度结算。

分段结算,即对当年开工、当年不能竣工的工程,按照工程形象进度,划分不同阶段,支付工程进度款。

3. 工程竣工结算

按结算范围的不同,工程竣工结算可分为单位工程竣工结算、单项工程竣工结算、建设项目竣工总结算。施工合同承包范围为单位工程时,仅办理单位工程竣工结算;承包范围为单项工程时,需办理多次单位工程竣工结算和一次单项工程竣工结算;承包范围为整个建设项目时,需办理多次单位工程竣工结算、多次单项工程竣工结算,以及一次建设项目竣工总结算。

4.1.3 结算的依据

从管理的角度来看,工程结算是指承包人按照承包合同的约定,向发包人办理工程价款清算的经济活动。我们将结算的主要依据分为施工合同、现行法律法规、计价规范、其他依据四类。

1. 施工合同

施工合同是发包人和承包人为完成建筑安装工程施工任务,明确相互之间权利、义务关系的书面协议。由于工程建造的复杂性,仅凭合同文本无法将合同任务描述完整,因此施工合同的内容不仅仅是合同文本,还应包括在合同订立中形成的各类相关文件,一般应包含以下文件。

(1)合同协议书。

(2)中标通知书(如果有)。

(3)投标函及其附录(如果有)。

（4）专用合同条款及其附件。
（5）通用合同条款。
（6）技术标准和要求。
（7）图纸。
（8）已标价工程量清单或预算书。

在建设工程合同履约（民事行为）中，依法订立的有效合同文件具有优先于法律一般规定的地位，也是发承包双方进行工程结算的首要依据。在各类工程结算活动中，首先要遵从合同的约定；在履约过程中，对合同文件所做出的补充和修改，应以最新签署的为准；但经过招投标订立的合同，在履约中对原合同中已经明确的实质性内容做出的修改无效。

2．现行法律法规

从狭义的角度讲，法律法规仅包含法律、行政法规和地方性法规三类；当结算中存在合同未约定事项时，可依次依据法律、行政法规、地方性法规，确定结算条款；当合同约定事项与法律法规不一致时，若合同约定违反了法律法规效力性强制性规定的，该约定无效，除此以外，应以合同约定作为结算条款。

从广义的角度讲，法律法规除包含法律、行政法规和地方性法规外，还应包含部门规章、地方政府规章及其他规范性文件。当结算中存在合同未约定或约定事项与法律法规不一致且法律、行政法规、地方性法规也未明确的事项时，可在部门规章、地方政府规章及其他规范性文件中确定结算条款；要注意，部门规章、地方政府规章及其他规范性文件的优先选用顺序应遵照合同约定。此外，部门规章、地方政府规章及其他规范性文件确定的事项不可以直接使用，一般应由发承包双方依据文件要求，协商一致并签订补充协议。

3．计价规范

计价规范应包含计量规范与计价标准两部分内容，《建设工程工程量清单计价规范》（GB 50500—2013）是工程造价计算的总体规范。

市政工程计量规范，目前就是指《市政工程工程量计算规范》（GB 50857—2013），除各省补充的内容外，其他任何文件标准都不能作为通用计量规范。

市政工程计价标准相对内容较多，一般包括各省现行市政专业预算定额、取费定额、机械台班定额、材料基价等。除此以外，还应包括资源信息价、价格指数等工程造价管理部门发布的信息。

4．其他依据

在合同执行过程中形成的与造价有关的文件，是工程结算的重要基础依据，这些文件，按照性质可分为管理文件与技术文件两类。

管理文件应包括设计答疑纪要（图纸会审纪要）、施工组织设计、开工报告（开工令）、设计变更文件、技术联系单、会议纪要（会议记录）、洽商纪要、竣工报告（竣工验收证书）、收发文记录等。

技术文件应包括施工记录、质量检验检测记录、试验报告、样品合格证、分部分项质量评定文件、外部检查（评估）报告等。

4.2 中间结算

4.2.1 中间结算的概念

工程的建造相对于一般商品的生产来说，是一个耗时极长的过程，短则几个月，长则几年，因此工程商品无法一次性交付成品并收取货款，通常是建造完成一部分并检验合格后，就可以结算并收取该合格部分的价款，我们将这个活动称为中间结算。

中间结算是建设管理的关键环节，它的计算精度将直接关系着概算、预算的实际执行情况，是投资控制的一种表现手段，也是发包人和承包人经济利益的焦点和核心问题，对加快承包人的资金周转，维护发包人的最终利益都具有十分重要的意义；中间结算应包括计量与支付两个环节。

1. 计量

计量是按合同约定的方法，对承包人所完成的符合要求的已完工程的数量进行的测量、计算、核查和确认的工作。计量是监理人的基本职责和基本权力，也是工程造价咨询的基本环节。精准的计量是承包合同正常履行的保障。

计量的任务是确定实际的工程数量（以下简称工程量）。工程量有预估工程量与实际工程量之分。合同清单的工程量是在编制招标文件时估算出来的，不能作为结算工程量；实际工程量只有通过计量才能确定。按实际完成的工程量结算，可以减少估算误差给合同双方带来的风险，增强计价结果的公平性，这正是单价合同的优点之一。

计量必须真实、合法、准确、及时。真实是指被计量工程内容必须真实可靠，不存在虚假、重复或隐瞒；合法是指计量工作必须按约定的程序进行，且被计量工程均已验收合格；准确是指计量结果是必须正确地按照规定的计量方法和计算原则得出的，且方法正确，结果无误；及时是指计量工作必须按合同约定的时间进行，无提前或拖延。

> **特别提示**
>
> 计量工程量必须是经验收合格的分项工程或工作，验收合格不仅是实体尺寸与位置验收合格，还应包括工程及原材料试验、检测报告，验收记录及质量评定文件等验收资料齐全；验收资料不全的工程量不能计量。

2. 支付

支付是指按合同约定，对承包人的结算款项进行确认并办理付款手续的过程。支付是发包人与承包人之间的一种货款收支活动，既是施工合同中经济关系全面实现的一个主要环节，也是合同双方相互制约的有力手段。合理的支付是工程顺利进行的前提和条件。

支付的签认是工程控制的最后一个环节，是对承包人履约行为的最终评价，是工程建设管理和施工管理的关键与核心。支付必须以合同为依据，以计量为基础，以质量为前提。

只有符合合同约定的价款才能签认；对合同中约定不明确的，依据合同精神，实事求是地去确认，如索赔金额、变更的估价等。支付也同计量一样，必须做到真实、合法、准确、及时。

3．计量与支付的原则

1）合同原则

无论是计量还是支付，在合同文件中都应有明确的约定。在计量与支付工作中，要全面理解合同条款、技术规范、施工图纸、已标价工程量清单等各类合同文件，准确把握合同对计量与支付的要求，如不可计量工程量的价值分摊如何实现，效力更高的文件是否在任何情况下都可以得到优先执行，依据合同要求进行单价调整时是否应该考虑承包人的实际成本。总之，合同双方必须严格遵守合同约定来进行计量与支付。

2）公正原则

监理工程师和造价工程师在计量与支付工作中有广泛的权力。准确的计量与支付首先取决于监理工程师签认的工程量真实准确，因此监理工程师只有坚持公正原则，才能正确使用自身的权力；而造价工程师在工程变更、索赔等风险事项发生时，要公正且独立地做出评估与判断，确保发包人与承包人之间的交易公平。唯有公正才能理清合同双方各自的权利和义务，才能准确地协调好双方之间的利益关系，才能保证计量与支付的真实、合法、准确。

3）时效性原则

计量与支付都具有严格的时间要求，时效性极强。计量不及时，会影响施工进度；支付不及时，会产生合同纠纷。严格按合同约定的时间进行计量与支付，是工程建设进度的重要保障。

4）程序性原则

为了保证计量与支付的真实、合法和准确，合同条款中应详细约定计量与支付的程序，明确各项工程细目和各项工程费用进行计量与支付的条件、办法，以及计算、复核、审批的环节，以确保准确和公正，如计量必须以质量合格为前提，支付必须以计量为基础，等等。因此，计量与支付必须遵守既定程序，通过按程序办事来提高数据的真实性、合法性和准确性。

4．计量与支付的程序

1）计量程序

工程计量必须由承包人向监理人提出，并附有必要的中间验收资料或质量合格证明。监理人对工程的任何部分进行计量时，都应按照合同约定，事先通知承包人。承包人应立即委派相关人员前往协助监理人进行计量工作，还应提供必要的人员、设备和交通工具。计量工作可以由监理人和承包人双方人员在现场进行，也可以根据记录和图纸，在室内按计量规则进行计算。其结果都必须经监理人和承包人同意并签字认可。

如果承包人在收到监理人的计量通知后，未派人参加计量工作，则可由监理人派出人员单方面进行工程计量，经监理人批准，应认为是正确的工程计量，可以作为支付的依据，承包人无权对此种计量提出异议。

如果对永久工程采用记录和图纸的方式计量，监理人则应准备该项工程的记录和图纸，当承包人被通知要求参加此项计量时,应在通知发出 14 天内同监理人一同查阅和确认记录和图纸的准确性,在双方取得相同意见时签字确认。如果承包人不参加上述记录和图纸的审查与确认,则应认为这些记录和图纸是正确无误的;除非承包人在上述计量后 14 天内向监理人提出申辩,说明上述记录和图纸的不正确之处。监理人在收到承包人的申辩后,应进一步检查记录和图纸,或者维持原议,或者进行修改,并将复议后的结果通知承包人。

2)支付程序

(1)承包人提出要求。

支付工程费用时,一般由承包人先通过监理人向发包人提出付款申请,承包人在提出付款申请时要出具一系列报表,以说明申请金额的准确性。

承包人的报表要表明在这个支付期间内应结算或收取的价款金额,一般包括已完成的永久性工程的价款金额;应结算或扣回的工程预付款金额;价格调整款项的金额;预留质量保证金金额;承包人的设备、临时工程、计日工等款项金额;按合同约定可以获得的其他任何金额(如索赔和逾期付款利息等)。

(2)监理人审核与签认。

审核工作应满足公平性、准确性、及时性的要求。就公平性而言,监理人一方面应通过审核,剔除承包人付款申请中不符合合同约定的付款要求,并扣除承包人的违约金或其他损害赔偿,保护发包人的合法权益不受损害;另一方面对承包人付款申请中符合合同规定的付款要求,应及时予以确认并办理付款签证,以保护承包人的合法权益。就准确性而言,在审核过程中,监理人应注意承包人的付款申请中原始凭据是否齐全,是否有合同依据,并复核计算过程的准确性。就及时性而言,监理人在完成审核工作后,应及时签发付款证书。

监理人对承包人的报表进行全面审核和计算,在逐项审核和计算的基础上签认应支付的工程价款,一般以支付证书的方式确认具体数额。

(3)发包人付款。

发包人收到监理人签认的支付证书后,在合同约定的时间内支付费用给承包人。

4.2.2 中间结算费用项目

1. 工程量清单内,结算的费用项目

1)工程进度款

工程进度款是根据承包人每个支付期实际完成的符合质量要求的并经监理人计量确认的工程数量,乘以相应的单价计算确定的。

2)计日工

合同中通常含有计日工明细表,表中列有不同劳务、材料、施工设备的估计数量,计日工单价由承包人报价。工程实施过程中,发包人认为有必要时,由监理人通知承包人以计日工方式实施变更的零星工作。

采用计日工计价的任何一项变更的零星工作,应从暂列金额中支付,承包人在实施过程中,提交以下报表和有关凭证报送审批。

(1) 工作名称、内容和数量。
(2) 投入该工作所有人员的姓名、工种、级别和耗用工时。
(3) 投入该工作的材料类别和数量。
(4) 投入该工作的施工设备型号、台数和耗用台时。
(5) 其他资料和凭证。

计日工由承包人汇总后，按合同的约定列入进度付款申请单，由监理人复核并经发包人同意后，列入工程进度款。

3）暂列金额

暂列金额在已标价工程量清单中列出，用于协议书签订时尚未确定或不可预见变更的施工及其所需材料、工程设备、服务等的费用，包括以计日工方式支付的费用。

发包人有权要求承包人提供有关暂列金额支出的所有报价单、发票、凭证和账单（或收据），除非该工作是根据已标价工程量清单列明的单价或总价进行的计价。

知识延伸

计入暂列金额的工作如果可以计入其他的清单细目中，则暂列金额的结算细目中可以不反映此类工作的价款。一般要在结算文件中，另附计入暂列金额的全部价款明细，该价款明细仅反映暂列金额的使用情况，不计入结算总价。

4）暂估价

在招标阶段已经确定的材料、设备或专业工程，但又无法在当时确定其准确价格，进而可能影响招标效果时，发包人可在工程量清单中给定一个暂估价。因此，暂估价是用于支付必然发生，但暂时不能确定价格的材料、设备或专业工程的金额。

在工程实施过程中，对不同类型的材料、设备或专业工程，暂估价可采用不同的计价方法。

对于达到依法必须招标标准的材料、设备或专业工程，暂估价由发包人或承包人以招标方式确定实际价格，实际价格与暂估价的差额以及相应税金可列入合同价格。

对于未达到依法必须招标标准的材料、设备或专业工程，暂估价应由承包人按合同的约定提供实际价格。经发包人确认后，实际价格与暂估价的差额以及相应税金可列入合同价格。

2．工程量清单外，合同内结算的费用项目

工程量清单外，合同内结算的费用项目，是指那些没有包括在工程量清单以内，但根据合同条款应该结算的费用项目，包括工程预付款、质量保证金、工程变更费用、价格调整费用、逾期付款利息、索赔费用、逾期付款违约金、提前竣工奖金等。

1）工程预付款

依据合同约定，承包人有权得到发包人提供的一笔相当于合同价值一定比例（通常约定为合同价的 5%~10%）的无息预付款，用于支付开工初期的各项准备工作的款项。工程预付款的金额在合同条款中约定，并且在施工期间按合同约定分批扣回。

工程预付款有以下支付条件。

(1) 签订了合同协议书。

（2）提交了履约担保。

（3）提交了工程预付款担保。

在承包人完成上述工作后，发包人按约定方式，向承包人支付工程预付款。

2）质量保证金

质量保证金（以下简称质保金）是指发包人与承包人在承包合同中约定，从应付的工程款中预留，用以保证承包人在缺陷责任期内对工程出现的缺陷进行维修的担保资金。

> **知识延伸**
>
> 质保金是承包人对缺陷责任期内承担缺陷修复责任的担保，履约保证金是承包人对履行合同义务的担保，而缺陷修复义务是承包人的合同义务之一，因此从法律的角度来看，质保金与履约保证金是重叠的。目前的工程实践中，履约保证金通常仅担保工期和质量等主要合同义务，在竣工验收后即可退还履约保证金，之后的履约担保由质保金承担。

（1）质保金的扣留。

质保金是按合同条款中约定的百分比扣留的。扣留时间从第一个付款周期开始，在应支付给承包人的工程结算款中扣留，至金额达到质保金限额为止。

（2）缺陷修复责任。

缺陷责任期内，由承包人原因造成的工程缺陷，承包人应负责维修，并承担鉴定及维修费用。如承包人不维修也不承担费用，发包人可按合同约定扣除质保金，并由承包人承担违约责任。承包人维修并承担相应费用后，不免除对工程的一般损失赔偿责任。由他人原因造成的缺陷，发包人负责组织维修且承包人不承担费用，发包人不得从质保金中扣除费用。

缺陷责任期满时，承包人没有完成缺陷修复责任的，发包人有权扣留与未履行责任工作所需金额相应的质保金余额，并有权根据约定要求延长缺陷责任期，至完成剩余工作为止。

> **知识延伸**
>
> 缺陷责任期一般有6个月、12个月或者24个月，具体由发承包双方在合同中约定。
>
> 缺陷责任期从工程通过竣（交）工验收之日起计算，由发包人原因导致工程无法按规定期限进行竣（交）工验收的，在承包人提交竣（交）工验收报告90天后，工程自动进入缺陷责任期；在全部工程竣（交）工验收前，发包人已经提前验收的单位工程，其缺陷责任期起算日期相应提前。

（3）质保金的退还。

缺陷责任期内，承包人应认真履行合同约定的责任。约定的缺陷责任期满，承包人向发包人申请返还质保金。发包人在接到承包人返还质保金申请后，应于14日内会同承包人按照合同约定的内容进行核实。如无异议，发包人应当在核实后14日内将质保金返还给承包人；逾期支付的，从逾期之日起，按照同期银行贷款利率计付利息，并承担违约责任。发包人在接到承包人返还质保金申请后14日内不予答复，经催告后14日内仍不予答复，视同认可承包人的返还质保金申请。

3）工程变更费用

工程变更是指在工程实施中，对某些工作内容做出修改、追加或取消的行为。由于勘测、设计、试验与实际的差异，在合同执行过程中，工程变更是不可避免的；为了更加合理地完成工程，工程变更也是很有必要的。当工程发生变更时，发包人应根据合同文件和工程实际情况，对工程变更费用进行合理的预估。

4）价格调整费用

工程建设的周期往往都比较长，在这样一个比较长的建设周期中，无论是发包人还是承包人，都必须考虑到与合同执行有关的各种价格因素变化。为了避免双方的风险损失，降低投标报价及合理确定工程造价，合同条款应对价格调整做出专门的约定，合同双方要严格按约定进行调整。

5）逾期付款利息

按时收到支付款项是合同赋予承包人的权利，即承包人有权在合同约定的时间期限内从发包人处得到支付款项。如果发包人不按约定时间付款，则应支付承包人逾期付款利息。

标准链接

利息属于法定孳息。发包人欠付工程款时，除应承担向债权人继续支付工程款的责任外，还应支付拖欠工程款的利息。这是法律规定的作为债务人的发包人应承担的法定义务，无须双方约定。

对于拖欠工程款利息的计算标准，当事人对利息计算标准有约定的，按照约定处理；当事人没有约定的，按照中国人民银行发布的同期同类贷款利率计息。

6）索赔费用

索赔是施工合同履行过程中，当事人一方因并非自己的过错，而是由于对方没有按照合同约定正确地履行合同，或合同约定由对方承担风险时，造成当事人一方损害，当事人一方通过一定的合法程序向对方提出经济或时间补偿的一种要求。因此，从理论上讲，索赔是双向的，既可以是承包人向发包人的索赔，也可以是发包人向承包人的索赔。在结算时，承包人向发包人索赔的金额，经监理人确认后计入支付证书，发包人向承包人索赔的金额，则从支付证书中扣除。

知识延伸

在工程实践中，中间结算实际上是以工程进度款为主体，另包含了计日工、工程预付款、质保金、工程变更费用、价格调整费用、索赔费用等。而工程预付款通常在开工之前预付完成，因此中间结算金额=工程进度款+计日工+工程变更费用-应扣回工程预付款-质保金预留+价格调整费用+索赔费用。

4.3 工程预付款结算

4.3.1 工程预付款的定义

工程预付款是在开工前,发包人按照合同约定,预先支付给承包人用于购买合同工程施工所需的材料、工程设备以及组织施工机械和人员进场等的款项。它是施工准备所需流动资金的主要来源,工程预付款只能用于合同工程。工程预付款相当于发包人给承包人的一笔无息贷款。

通常在合同中会约定工程预付款的使用范围,目前使用最多的工程预付款有两类:一类是指定范围,通常是材料或设备;另一类是不指定范围,只要是用于合同工程的准备工作都可以动用工程预付款。为了加以区分,我们将第一类工程预付款称为备料预付款,第二类工程预付款称为动员预付款或预付款。

4.3.2 工程预付款额度

工程预付款额度即预付给承包人的金额,由合同约定具体的金额或计算比例。预付比例一般不低于合同总价(或有效合同价)的10%,不高于合同总价(或有效合同价)的30%。此外,还可以区分实体工程费和非实体工程费,分别约定预付款比例。

1. 备料预付款

备料预付款限额有以下两种计算方法。

1)数学分析法(考虑材料比重)

$$备料预付款限额 = \frac{年度承包工程总值 \times 主要材料所占比重}{年度施工日历天数} \times 材料储备天数 \qquad (4-1)$$

采用数学分析法计算时,通常按年度预付,即每年备料预付款金额按当年计划总产值计算。

2)百分比法

采用百分比法计算时,备料预付款通常以合同材料总额的15%~30%为预付限额。

2. 动员预付款

动员预付款通常以合同总额的10%~15%为预付限额。

动员预付款可以一次性预付,也可以分年度预付。

> **知识延伸**
>
> 备料预付款仅用于合同中永久工程或临时工程所需材料设备的采购,不包含人工与机械的准备费用,也不可用于项目部现场管理的开支;而动员预付款并不指明专门用途,可

用于合同中所有准备工作的开支。但目前多数工程实践中并不区分两者的不同用法，仅仅是对同一概念的不同称谓。

4.3.3 工程预付款支付程序

工程预付款一次性支付、分期支付的次数与金额、支付时间等均由合同约定。通常按照《建设工程工程量清单计价规范》（GB 50500—2013）等规范文件的规定，在具备施工条件的前提下，发包人应在双方签订合同后的一个月内或不迟于约定的开工日期前的7天内支付工程预付款；发包人不按约定预付的，承包人在约定预付时间7天后向发包人发出要求预付的通知，发包人收到通知后仍不能按要求预付的，承包人可在发出通知后7天停止施工，发包人应从约定应付之日起向承包人额外支付应付款的利息，并承担违约责任。

工程预付款仅用于承包人支付合同约定的动员费用。如承包人滥用此款，发包人有权收回。除专用合同条款另有约定外，承包人应在收到工程预付款的同时向发包人提交工程预付款保函，工程预付款保函的担保金额与工程预付款金额相同，在发包人全部扣回工程预付款之前，该银行保函将一直有效；但工程预付款被扣回后，工程预付款保函金额可相应递减。

4.3.4 工程预付款扣回

开工后，随着工程进度款的支付，工程预付款应以抵充工程款的方式陆续扣回，扣回方式应在合同中明确约定。

工程预付款有数学分析法和百分比法两种扣回计算方法。

1. 数学分析法（考虑材料比重）

工程预付款从未施工工程尚需的主要材料及构件的价值相当于工程预付款数额时起扣，从每次结算工程价款中，按材料所占比重扣抵工程价款，完工前全部扣清。具体可按式（4-2）计算。

$$T = P - \frac{M}{N} \tag{4-2}$$

式中 T——工程预付款起扣点，即工程预付款开始扣回时的累计完成工作量金额；

M——工程预付款限额；

N——主要材料所占比重；

P——承包工程价款总额。

【例4.1】某道路工程签约合同总价900万元，约定工程预付款为合同总价的15%。材料费占合同总价的65%，合同约定工程款每月结算，当未施工工程尚需的材料价值相当于备料款数额时起扣，从每月结算工程价款中，按材料所占比重扣回工程预付款，完工前全部扣清。该工程实际完成产值见表4-1。

表 4-1 该工程实际完成产值

月次	1	2	3	4	5	6	合计
产值/万元	160	100	240	200	150	50	900

请计算：1.工程预付款限额；
2.工程预付款起扣点；
3.每月应扣回工程预付款金额。

解：（1）工程预付款限额 900×15%=135（万元）。
（2）工程预付款起扣点 900-135/65%=692.31（万元）。
（3）每月应扣回工程预付款金额：
1—3 月累计完成产值 500 万元，未达到起扣点，1—3 月结算中不扣回工程预付款；
4 月应扣工程预付款（500+200-692.31）×65%=5（万元）；
5 月应扣工程预付款 150×65%=97.5（万元）；
6 月应扣工程预付款 50×65%=32.5（万元）；
截至 6 月累计扣回 5+97.5+32.5=135（万元）。

2. 百分比法

工程预付款一般是在承包人累计完成进度达到签约合同总价一定比例之后开始扣回，发包人从每次结算款中扣回一定数额的工程预付款，每次扣回金额按等额或等比例方式确定。工程完工前必须全额扣清。

【例 4.2】某桥梁工程签约合同总价 5660.0586 万元，约定工程预付款为合同总价的 10%，工期 24 个月。合同约定工程款每月结算。工程预付款按以下方式扣回：工程预付款在工程进度的累计金额达到签约合同总价的 20%之前不予扣回，在达到签约合同总价的 20%之后，开始按工程进度，以固定比例分期从各月的进度付款中扣回，全部金额在进度累计金额达到签约合同总价的 80%时扣完。该工程实际完成产值见表 4-2。

表 4-2 该工程实际完成产值

月次	1~5	6	7	8	9
产值/万元	1098.4302	305.1519	312.9982	161.4440	147.0772

1.计算工程预付款起扣点；确定应从第几个月开始扣回工程预付款；
2.计算第 6、7 个月的应扣工程预付款金额；
3.将工程预付款扣回方法改为：开工预付款在工程进度的累计金额未达到签约合同价的 20%之前不予扣回，在达到签约合同价 20%之后，开始按工程进度以固定金额分期从各月的进度付款中扣回，全部金额在完工前分 10 个月等额扣完。计算第 8 个月的应扣预付款金额。

解：（1）工程预付款起扣点 5660.0586×20%=1132.0117（万元），因此应从第 6 个月开始扣回工程预付款；
（2）第 6 个月应扣工程预付款 [305.1519-（1132.0117-1098.4302）]/6=45.2617（万元）；
第 7 个月应扣工程预付款 312.9982/6=52.1664（万元）；

（3）工程预付款总额 5660.0586×10%=566.0059（万元）；

第 8 个月的应扣工程预付款 566.0059/10=56.6006（万元）。

> **特别提示**
>
> 暂列金额一般是一个固定总金额，将来这笔款项做什么用，由招标人确定，也就是说在签约阶段，该笔款项是没有具体工作内容的，因此通常将签约合同价减去暂列金额后的价格称为"有效合同价"。在各部分结算中，是以"签约合同价"作为计算基数，还是以"有效合同价"作为计算基数，要注意合同中的约定。

4.4 工程进度款结算

工程进度款是在工程施工过程中，发包人按照合同约定对付款周期内承包人完成的合同价款给予支付的款项，也是合同价款的中期结算支付。发承包双方应按照合同约定的时间、程序和方法，根据工程计量结果，办理中期价款结算，支付工程进度款。工程进度款的支付周期应与合同约定的工程计量周期一致，即工程计量是支付工程进度款的前提和依据。

4.4.1 计量规则与方法

计量规则和方法主要在合同计量与计价规则的有关内容和工程量清单中明确给予规定，但目前市政工程计量与计价体系中一般不单独编写计量与计价规则，而是全部引用国标清单规范。常见计量规则与方法包括以下几点。

（1）不符合合同要求的工程不予计量。工程必须满足设计图纸、技术规范等合同对其在工程质量上的要求，同时有关的工程质量验收资料齐全、手续完备，满足合同对其在工程管理上的要求。

（2）按合同所约定的方法、范围、内容和单位进行计量。工程计量的方法、范围、内容和单位受合同文件的约束，其中工程量清单、技术规范、合同条款均会从不同角度、不同侧面涉及这方面的内容，计量时要严格遵守这些文件的规定，并且一定要结合起来使用。

（3）因承包人原因造成的超出施工图要求或合同范围的，或返工的工程量不予计量。

（4）除合同另有约定外，工程变更费用中可按合同清单方式计量的工程量应在工程进度款中计量结算。

（5）总价合同也应进行计量工作，但该工作不能直接影响工程进度款结算。

（6）除不可抗力或施工工艺造成时间差外，严格禁止提前或延后计量。

（7）承包人应按合同约定的计量周期和时间提出当期已完工程的工程量报告。发包人应在收到报告 7 天内核实，并将核实计量结果通知承包人。发包人未在约定时间内进行核实的，承包人提交的计量报告中所列的工程量应视为承包人实际完成的工程量。

（8）当发包人认为需要现场计量核实时，应在计量前 24 小时通知承包人，承包人应为计量提供便利条件并派人参加。当双方均同意核实结果时，双方应在上述记录上签字确认。承包人收到通知后不派人参加计量，视为认可发包人的计量核实结果。发包人不按约定时间通知承包人，致使承包人未能派人参加计量，计量核实结果无效。

（9）当承包人认为发包人核实后的计量结果有误时，应在收到计量结果通知后的 7 天内向发包人提出书面意见，并应附上其认为正确的计量结果和详细的计算资料。发包人收到书面意见后，应在 7 天内对承包人的计量结果进行复核后通知承包人。承包人对复核结果仍有异议的，应按照合同约定的争议解决办法处理。

（10）承包人完成已标价工程量清单中每个项目的工程量并经发包人核实无误后，发承包双方应对每个项目的历次计量报表进行汇总，以核实最终结算工程量。

4.4.2 支付款项计算

1. 已完工程的合同价款

（1）已完工程单价项目价款。合同清单中的单价项目，承包人按计量确认的工程量与合同综合单价计算，综合单价发生调整的，以发承包双方确认调整的综合单价计算。

$$单价项目价款 = \sum 支付期间实际完成的合格工程量 \times 相应的合同综合单价 \quad (4-3)$$

（2）应支付总价项目价款。合同清单中的总价项目，承包人应按照合同中约定的支付比例分解，明确总价项目价款的支付时间和金额。具体可由承包人根据施工进度计划和总价构成、费用性质、计划发生时间和相应的工程量等因素，按计量周期进行分解。

总价项目支付分解方法如下。

① 将总价项目的总金额在各个计量周期或总工期内平均支付。

② 按总价项目的总金额占单价合同总价（有效合同价）的百分比，以及各个计量支付周期内所完成的单价项目的总金额，以比例方式均摊支付。

③ 按总价项目组成的性质（如时间、与单价项目的关联性等）分解到计量周期中，与单价项目一起支付。

> **特别提示**
>
> 变更工程的单价项目一般应在工程进度款中予以结算。变更工程的总价项目是否在工程进度款中支付应遵循合同约定，即变更工程的总价项目可以在中间结算，也可以在竣工期结算。

2. 支付比例

工程进度款的支付比例按照合同约定，通常不低于 60%，不高于 90%。《建设工程工程量清单计价规范》（GB 50500—2013）未在工程进度款支付中要求扣减质保金，因为工程进度款支付比例最高不超过 90%，实质上已包括质保金的扣留。《建设工程质量保证金管理办法》第七条规定"保证金总预留比例不得高于工程价款结算总额的 3%"，这里的保证金为质保金。在工程进度款支付中扣减质保金增加了中期结算工作量，但在竣工结算价款中预留质保金，可能会产生末期款项不足的问题，因此质保金总额较大时应在进度款中分期预留。

分期预留应在合同中明确分期预留比例，一般为当期工程进度款的5%~10%（应大于限额比例），预留达到限额后不再进行扣留。

知识延伸

质保金的计算基数一般不包括工程预付款的支付、扣回以及价格调整等金额。

【例4.3】 某工程项目发承包双方签订了施工合同，工期为4个月。有关工程款及其支付条款约定如下。

1.合同价款约定

（1）分部分项工程费合计59.2万元，包括分项工程A、B、C三项，其清单工程量分别为600m^3、800m^3、900m^2，其综合单价分别为300元/m^3、380元/m^3、120元/m^2。

（2）单价措施项目费6万元。

（3）总价措施项目费8万元，其中，安全文明施工费按分部分项工程费和单价措施项目费之和的5%计取。

（4）暂列金额5万元。

（5）管理费和利润按人工费、材料费、机械费（简称人材机费）之和的18%计取，规费按人材机费和管理费、利润之和的5%计取，增值税税率为10%。

（6）上述费用均不包含可抵扣进项税额。

2.工程款支付条款约定

（1）开工前，发包人分部分项工程费和单价措施项目费的20%支付给承包人作为工程预付款（在第2~4个月的工程进度款中平均扣回）。安全文明施工费在开工前全额预付给承包人，在竣工结算支付中扣回。

（2）分项工程价款按当月完成价款的85%支付，另需扣留3%的质保金。

（3）单价措施项目费和除安全文明施工费之外的总价措施项目费在工期第1~4个月均衡考虑，按85%的比例逐月支付。

（4）其他项目工程款的85%在发生当月支付。

（5）开工第2个月，分项工程A、B、C分别完成200m^3、300m^3、200m^2。

（6）在施工至第3个月，新增分项工程D。经合同双方核实确认，其工程量为300m^2，每平方米需不含税人工费和机械费为110元，每平方米机械费可抵扣进项税额为10元；每平方米所需甲、乙、丙三种材料不含税费用分别为80元、50元、30元，可抵扣进项税率分别为3%、11%、17%。

问题：

1.该工程签约合同价为多少万元？开工前发包人应支付给承包人的工程预付款和安全文明施工费分别为多少万元？

2.第2个月承包人完成的工程进度款为多少？发包人应扣留的价款为多少？

3.新增分项工程D的综合单价为多少？该分项工程费为多少？销项税额、可抵扣进项税额、应缴纳增值税额分别为多少?

解:1.签约合同价 (59.2+6+8+5)×(1+5%)×(1+10%)=90.321(万元);

工程预付款 (59.2+6)×1.155×20%=15.0612(万元);

安全文明施工费 (59.2+6)×5%×1.155=3.7653(万元)。

2. 第2个月完成工程进度款 {(200×300+300×380+200×120)/10000+[6+8-(59.2+6)×5%]/4}×1.155=25.9702(万元);

应扣留工程进度款 25.9702×15%=3.8955(万元);

应扣留质保金 25.9702×85%×3%=0.6622(万元);

应扣回工程预付款 15.0612/3=5.0204(万元)。

3. 分项工程D的综合单价 (110+80+50+30)×(1+18%)=318.6(元/m^2);

D分项工程费 300×318.6/10000=9.558(万元);

销项税额 9.558×(1+5%)×10%=1.0036(万元);

可抵扣进项税额 300×(10+80×3%+50×11%+30×17%)/10000=0.69(万元);

应缴纳增值税额 1.0036-0.69=0.3136(万元)。

【例4.4】东辰市政建设集团有限公司中标某市船闸工程,中标总价5459.0616万元,工期21个月。合同约定如下。

1. 在开工前支付合同总额的10%作为工程预付款,工程预付款在工程进度款累计金额未达到签约合同价的30%之前不予扣回,在达到签约合同价的30%之后,开始按工程进度以固定比例(每完成签约合同价的1%,扣回工程预付款的2%)分期从各月的工程进度款中扣回,全部金额在工程进度款的累计金额达到签约合同价的80%时扣完。

2. 本项目质保金为签约合同价的5%,从第一个付款周期开始,在发包人的工程进度款中,按10%扣留质保金,至扣留的质保金总额达到限额为止。

3. 本项目按月进行计量工作,但各月工程进度款最低限额150万元。在中间支付阶段,支付到发包人核准的工程进度款的80%,保留20%的工程进度款(含质保金),在整个工程验收后支付至合同总额的85%。

4. 截至2017年5月,累计支付工程进度款1598.4462万元,累计扣留质保金159.8446万元。

5. 2017年6月完成合同产值116.03万元;7月完成合同产值209.54万元。

试计算6月和7月的实际付款数额。

解:(1)6月完成合同产值116.03万元。

应支付工程款为本期合同产值的80%,即116.03×80%=92.824(万元);

6月应扣留质保金 92.824×10%=9.2824(万元);

截至6月,累计付款应为1598.4462+92.824=1691.2702(万元),超过签约合同价的30%,本月开始扣回工程预付款,应扣回工程预付款为(1691.2702-5459.0616×30%)/5=10.7103(万元);

本月应支付工程进度款数额小于最低限额150万元,本月不进行实际付款。

(2)7月完成合同产值209.54万元。

应支付工程款为本期合同产值的80%,即209.54×80%=167.632(万元);

7月应扣留质保金 167.632×10%=16.7632（万元）；
7月应扣回工程预付款 167.632/5=33.5264（万元）；
7月应付工程进度款 167.632+92.824=260.456（万元），
其中扣留质保金 16.7632+9.2824=26.0456（万元）；
扣回工程预付款 33.5264+10.7103=44.2367（万元）；
7月实际付款 260.456-26.0456-44.2367=190.1737（万元）。

4.5 价差调整

市政工程一般施工期较长，在施工过程中人工、材料、工程设备以及机械等生产要素的市场价格变动极大地影响工程造价，科学并及时地调整价差，对合理确定和有效控制工程造价具有十分重要的意义。各种生产要素市场价格的变化对合同双方来讲是合同履行的风险问题，该种风险会造成施工成本的增加或减少，若不考虑这种风险，当价格上升时发包人受益，当价格下降时承包人受益，同时也增加了风险承受一方的成本负担，必然会影响工程的正常建设秩序。因此合理考虑价格风险并及时调整合同价款，不仅保障了合同双方的权益，还保障了工程项目建设的效益。

价差调整的法律基础是合同风险的公平合理分担原则，因此，招标人在编制招标文件或合同双方在拟定合同条款时，要充分考虑价格风险。承包合同中应详细计列纳入调差范围的材料和工程设备的种类，合理确定范围与幅度，选用科学严谨的价差计算方法。当合同没有约定或突破合同调差规则时，合同双方必须协商一致并签订补充协议。甲方供应的材料和工程设备，由发包人按照实际变化调整并计入工程总造价。

知识延伸

依据《中华人民共和国招标投标法》第四十六条，《最高人民法院关于审理建设工程施工合同纠纷案件适用法律问题的解释（一）》第二条、第二十三条等的规定，通过招标签订的承包合同，后期签订相关补充协议时一定要注意，修改条款或增加条款都是因为发生无法预见的履约条件变化，上述变化是补充协议有效的必要条件而非充分条件，否则可能会因投标风险转移而被判定补充协议无效。

4.5.1 价差调整的范围与原则

工程造价价差是指建设工程所需的人工、设备、材料费等，因价格变动对工程造价产生的变化值。其调整的范围应包括人工费、材料费、施工机械使用费、管理费、税费。其中管理费是受人工费、材料费、施工机械使用费变化的间接影响，一般价格变化很难达到管理费需要调整的标准，实际上绝大多数工程的价差调整都不调整管理费。税费的调整只能是由国家税务部门修改税率或计税方法引起，实际工程中一般也不会涉及。

（1）人工费的调整：应按国家有关劳动工资政策、规定及定额人工费的组成内容执行。

（2）材料费的调整：应区别不同的供应渠道、价格形势，以有关主管部门发布的预算价格及其执行时间为准，同时应扣除必要的材料储备等费用。

（3）施工机械使用费的调整：按规定允许调整的部分（如机械台班费中的燃料动力费、人工费、车船使用费及养路费），按有关主管部门规定执行。

（4）管理费的调整：应以人工、材料、施工机械预算价格变动产生的价差为基础，进行计取。

（5）建设期的价差调整应控制在批准的初步设计总概算价差预备费之内。一般对于合同工期较短或较简单的工程，可由承包人一次包死，不做调整。对于合同工期较长或较复杂的工程，实行部分包干，即对主要材料、设备价差进行调整，对次要材料、设备价差包干。对价差的包干、调整方法，价差调整期限以及延误工期的责任等，均应在承包合同中做出明确规定。

> **特别提示**
>
> 市场价格或实际价格与合同（预算）价格的价差，除税金外不应计取其他费用。

4.5.2 价差调整的方法

1. 工程造价指数的测定

工程造价指数是反映一定时期内，价格变化对工程造价影响程度的一种指标，可分为单项价格指数和综合造价指数。

（1）单项价格指数是分别反映各类工程的人工、材料、施工机械及生产设备等的报告期（当期）价格相对于基准期价格的变化程度的指标，式（4-4）为材料（设备、人工、机械）价格指数计算式。

$$材料（设备、人工、机械）价格指数 = \frac{P_n}{P_o} \qquad (4-4)$$

式中 P_o——基准期材料（设备、人工、机械）预算价格；

P_n——当期（设备、人工、机械）预算价格。

（2）综合造价指数是综合反映各类工程的人工、材料、施工机械及生产设备等的当期价格相对于基准期价格的变化程度的指标，如建筑安装工程造价指数、建设项目（或单项工程）造价指数等。

式（4-5）为建筑安装工程造价指数的计算式，式（4-6）为建设项目（或单项工程）造价指数的计算式。

建筑安装工程造价指数=人工价格指数×基准期人工费占建筑安装工程造价比例+∑（单项材料价格指数×基准期该单项材料费占建筑安装工程造价比例）+∑（单项施工机械价格指数×基准期该单项机械费占建筑安装工程造价比例）+其他费综合造价指数×基准期其他

费占建筑安装工程造价比例　　　　　　　　　　　　　　　　　　　　（4-5）

建设项目（或单项工程）造价指数=建筑安装工程造价指数×基准期建筑安装工程费占总造价的比例+∑（单项设备价格指数×基准期该项设备费占总造价的比例）+其他费综合指数×基准期其他费占总造价的比例　　　　　　　　　　　　　　　　　　　　　　　（4-6）

> **特别提示**
>
> 为使建设项目（或单项工程）造价指数具有一定的准确度，被测算的设备、材料的费用应分别占建设项目（或单项工程）设备、材料费总值的80%以上。

2. 调值公式

因人工、材料和设备等价格波动影响合同价格时，根据合同中的价格指数和权重表约定的数据，按式（4-7）计算价差并调整合同价格。

$$\Delta P = P_0 \left[A + \left(B_1 \cdot \frac{F_{t1}}{F_{01}} + B_2 \cdot \frac{F_{t2}}{F_{02}} + B_3 \cdot \frac{F_{t3}}{F_{03}} + \cdots + B_n \cdot \frac{F_{tn}}{F_{0n}} \right) - 1 \right] \quad (4-7)$$

式中　ΔP——需调整的价差；

P_0——计量期内已完成工程量价款的金额，此项金额应不包括价格调整、质保金的扣留和工程预付款的支付和扣回，变更工程及其他项目的价格若已按现行价格计价的，也不计算在内；

A——定值权重（即不调部分的权重），$A = 1 - (B_1 + B_2 + B_3 + \cdots + B_n)$；

$B_1, B_2, B_3, \cdots, B_n$——各可调因子的变值权重（即可调部分的权重），为各可调因子在合同价中所占的比例；

$F_{t1}, F_{t2}, F_{t3}, \cdots, F_{tn}$——各可调因子的当期价格或价格指数，计量期周期最后一天的前42天的各可调因子的价格或价格指数；

$F_{01}, F_{02}, F_{03}, \cdots, F_{0n}$——各可调因子的基准期价格或价格指数。

以上价差调整式中的各可调因子、定值和变值权重，以及基准期价格或价格指数及其来源应在合同中约定。价格或价格指数应首先采用行业造价主管部门提供的价格或价格指数，当缺乏上述价格或价格指数时，可用有关部门提供的价格代替。

【例4.5】某工程有效合同价为2000万元，第一个分项土石方工程造价为460万元，第二个分项钢筋混凝土工程造价为1540万元，各要素占土石方、钢筋混凝土两个分项工程费用比例，以及各要素在不同时期的价格指数见表4-3，不调值的造价占工程总价的15%。

表4-3　各分项工程费用比例、有关价格指数

各要素	人工	机械	钢筋	水泥
土石方中占比	37%	63%	0	0
钢筋混凝土中占比	30%	15%	35%	20%
2019年1月价格指数	100%	156.4%	155.4%	156.5%
2019年8月价格指数	115%	163.5%	189.5%	178.4%
2019年9月价格指数	121%	168.5%	191.2%	180.5%

若 2019 年 9 月完成的合同价款 312.55 万元，试计算该月需调整的价差为多少。

解：1.计算各要素参加调值的费用占工程总价的比例。

（1）人工权重。

$$a = \left(37\% \times \frac{460}{2000} + 30\% \times \frac{1540}{2000}\right) \times 0.85 = 0.269$$

（2）机械权重。

$$b = \left(63\% \times \frac{460}{2000} + 15\% \times \frac{1540}{2000}\right) \times 0.85 = 0.221$$

（3）钢筋权重。

$$c = \left(0 \times \frac{460}{2000} + 35\% \times \frac{1540}{2000}\right) \times 0.85 = 0.229$$

（4）水泥权重。

$$d = \left(0 \times \frac{460}{2000} + 20\% \times \frac{1540}{2000}\right) \times 0.85 = 0.131$$

2.计算 2019 年 9 月需调整的价差：9 月完成工程应取 9 月底前 42 天的价格指数，即在上个月备料，因此取 8 月的价格指数。

2019 年 9 月需调整的价差为

$$\Delta P = 312.55 \times \left(0.15 + 0.269 \times \frac{115\%}{100\%} + 0.221 \times \frac{163.5\%}{156.4\%} + 0.229 \times \frac{189.5\%}{155.4\%} + 0.131 \times \frac{178.4\%}{156.5\%} - 1\right)$$
$$= 37.1824（万元）$$

3．采用造价信息，调整价差

施工期内，因人工、材料、设备和施工机械使用价格波动影响合同价格时，人工、施工机械使用费按照国家或省、自治区、直辖市建设行政主管部门、行业管理部门或其授权的工程造价管理机构发布的人工单价信息、机械台班单价或机械使用费系数进行调整。需要进行价格调整的材料，其单价和调整数量应经过复核，才能作为计取合同价价差的依据。

1）调差原则

明确在合同执行期间，准许进行价差调整的人工、材料、施工机械（以下简称人材机）的详细种类、规格，还要确定价格风险范围。一般有以下 3 种风险分担方式。

（1）若价格变化不超过既定的幅度，则不进行价差调整，若价格变化超过了既定的幅度，则进行价差调整，调整的价差为价差超过既定幅度的部分。

（2）若价格变化不超过既定的幅度，则不进行价差调整，若价格变化超过了既定的幅度，则进行价差调整，调整的价差为价差的全额。

（3）有价格变化就调整，即全额补差。

2）基准期价格

调整价差时，要明确调差要素基准期价格的取定方法，或给定调差要素的基准期价格。

3）当期价格

选取要素信息价时，一般首先是选用本行政区划内本行业的造价主管部门发布的信息价，其次是本行政区划内其他行业的造价主管部门发布的信息价，再次是本行业的造价主管部门或行业协会发布的参考价格,最后是有效的实际采购价格。参考价格和实际采购价格需要换算成预算单价。

此外,必须明确取用的信息价的时间,一般首选计量期最后一天之前第28~42天的价格,其次可以取计量当月的价格。也有些工程使用施工期平均信息价,但这种方式只能用于结算期一次性调差。

$$价差=当期价格-基准期价格 \qquad (4-8)$$

4)调差数量

人材机的调差数量可以按以下3种消耗量标准计算。

(1)按现行预算定额人材机消耗量计算。

(2)按合同单价分析表中的人材机消耗量计算。

(3)按施工配合比的材料消耗量计算。

5)调差周期

调差周期应与计量周期一致,确保真实反映投资进度。但价差支付周期可以与计量支付周期一致,如每月调差,每月支付;也可以不一致,如每月调差,每季度支付。

4.6 竣 工 结 算

竣工结算的编制与施工图预算基本相同。其费用构成和编制方法与施工图预算也基本相同,只是结合施工中历次设计变更、图纸修改、现场签证、工程量核定、材料差价等实际变动情况,在合同所列基础上进行增减调整计算。

4.6.1 竣工结算编制的依据

编制竣工结算应具备全套竣工图纸,计价定额,材料价格,或材料、设备采购凭证,以及以下(包括但不限于)资料。

(1)工程合同或协议书。

(2)施工图。

(3)设计交底纪要。

(4)设计变更通知。

(5)技术联系单。

(6)施工报表。

(7)施工组织设计或施工方案。

(8)开、停(交)工报告。

(9)中期计量与支付报告。

(10)验收记录或施工记录文件。

(11)竣工验收证书。

4.6.2 竣工结算的计价原则

在采用工程量清单计价模式下,竣工结算的计价原则一般有以下9个。

(1)分部分项工程与单价措施项目应依据最终计量确认的工程量与合同单价计算。新增的子目价格,应以合同约定的方法组价,并按合同双方确认后的综合单价计算。

(2)措施项目中的总价措施项目应依据合同约定的项目和金额计算。依据合同可以调整的,以合同双方确认调整的金额计算,其中安全文明施工费通常按照国家或省、自治区、直辖市建设行政主管部门的规定计算。

(3)计日工必须要有技术联系单、施工方案、施工记录、洽商记录、会议纪要以及签证单等相关材料,并依据合同约定的计价方法计算单价和总价。

(4)以招标的方式进行采购的暂估价工程,应以实际采购合同价格或结算价格计取相应的规费、税金,以实际采购合同价格或结算价格计入竣工结算。未使用招标的方式进行采购的暂估价工程,应按变更工程进行计价。

(5)总承包服务费应依据合同约定金额或费率计算,通常该金额或费率是不可调整的。

(6)施工索赔费应依据合同双方确认的索赔事项和金额计算。

(7)暂列金额实质上是合同的预备费用,在签约时没有确定的费用项目,在竣工结算表中一般不独立呈现。但应依据合同要求列出暂列金额动用的明细以及动用子目的归属。

(8)规费和税金应按照合同费率计算。规费中的工程排污费应按实际缴纳的费用,按实际计入。

(9)除非合同中约定了采用扣减方式计算结算总价,否则不能采用从签约合同价中扣减相关费用的方法计算结算总价。

4.6.3 变更估价的一般方法

对于变更工程单价,在实践中可以采用以下方法确定。

1. 以合同单价为基础进行定价

如某合同中沥青路面原设计厚度为4cm,其合同单价为36元/m^2,现设计变更为厚度5cm,则变更后路面的单价为:5/4×36=45(元/m^2)。

这种方法的优点是简单且有合同依据。但不足的是,合同单价是由不变成本和可变成本构成,可变成本随工程量的增加而增加,不变成本是相对固定的,当工程量增加时,分摊在合同单价中的不变成本下降,而不是随工程量增加而增加,本方法显然忽略了这一问题。

2. 以概预算方法为基础进行定价

按照概预算方法确定单价时,应首先确定施工方案和施工方法,其次确定资源的价格,最后按照定额和相应的编制办法确定其预算单价。预算单价乘以投标报价的降幅后确定执行单价。

这种方法的优点是有法律依据，产生的价格相对合理，能真实地反映完成变更工程的成本和利润。其缺点是不同的施工方案和施工方法单价不同，概预算方法反映的是社会平均水平，不能反映承包人的实际水平和市场竞争对价格的影响，特别是当承包人采用了不平衡报价时，以概预算方法确定的变更工程单价，可能会加剧总造价的不合理性。

3. 合理差价定价法

合理差价定价法是在考虑单价时，在保持原有报价不受实质影响的前提下，对新增工程量以合理定价的差价计算，变更工程的新单价是在承包人原有报价的基础上加上合理定价的差价。如某合同中沥青路面原设计厚度为4cm，其合理单价为40元/m^2，现设计变更为厚度5cm，其合理单价为49.5元/m^2，承包人的原报价是32元/m^2，则变更后的新单价为：32+（49.6-40）=41.6（元/m^2）。

知识延伸

变更工程定价的最重要原则是工程变更价款不改变承包人的合同利润水平，承包人不因工程变更而额外受益，也不因工程变更而受损。上述第1种和第3种方法都尽量考虑合同状态，但在实践中受到诸多因素的影响而应用困难，如合同中没有单价分析表就很难取得真实可靠的单价计算要素。而第2种方法完全使用统一定额计算，则抛弃了承包人的合同利润水平，但它应用简单，且计算较少有歧义，反而被多数工程项目采用。目前《建设工程工程量清单计价规范》（GB 50500—2013）的变更估价原则也是基于第2种方法。

《建设工程工程量清单计价规范》（GB 50500—2013）的变更估价中下浮率的使用实质上是将承包人的中标价与发包人的控制价直接关联，这有悖于承包人自主定价的市场要求。但这也是使用第2种方法进行变更估价后，唯一可以参考对照合同状态的手段。

4.6.4 索赔分析的一般方法

索赔诉求必须是承包人根据合同条款约定，向发包人索取的合同价款以外的费用。

1. 费用索赔

1）人工费、材料费、机械费

$$\text{人工费索赔额}=\text{人工工时增加费}+\text{停工损失费}+\text{劳动生产率降低损失费} \quad (4\text{-}9)$$

$$\text{材料费索赔额}=\text{材料单价上涨费}+\text{材料用量增加费} \quad (4\text{-}10)$$

$$\text{机械费索赔额}=\text{自有机械增加费}+\text{租赁机械增加费（包括必要的}$$
$$\text{机械进出场费）}+\text{机械设备闲置损失费} \quad (4\text{-}11)$$

合同价款调整

其中人工工时增加费应按照计日工计算，而停工损失费和劳动生产率降低损失费则按窝工费计算，窝工费的标准双方应在合同中约定。当工作内容增加引起机械费索赔时，可以按照机械台班费计算；因窝工引起的机械费索赔，如果施工机械是施工企业自有的，则按照机械折旧费计算索赔费用；当施工机械是外部租赁时，则按照设备租赁费计算。

2）企业管理费

企业管理费分摊的方法主要有以下两种。

（1）总费用分摊法：将工程直接费作为比较基础来分摊企业管理费。

$$企业管理费索赔额=单位定额直接费的企业管理费费率×索赔项目直接费 \quad (4-12)$$

$$单位定额直接费的企业管理费费率=企业管理费总额/定额直接费总额 \quad (4-13)$$

（2）日费率分摊法：按合同额分配企业管理费，再用日费率法计算应分摊的企业管理费索赔额。

$$企业管理费索赔额=本工程每日企业管理费费率×工程延期天数 \quad (4-14)$$

$$本工程每日企业管理费费率=本工程应分摊的企业管理费/合同工期 \quad (4-15)$$

$$本工程应分摊的企业管理费=同期内企业的总管理费×本工程的合同总额/$$
$$合同期内企业的总合同额 \quad (4-16)$$

知识延伸

在建筑企业管理中，企业管理费实质上是一种分摊费用，即企业一个时期（通常为一年）内企业管理费总额分摊到某个项目上的费用。而索赔的一个重要特征是赔付实际损失，因此企业管理费索赔额以企业总部年管理费总额为计算基础是最科学合理的。但在工程实践中这样的数据很难取得完整，因此日费率分摊法也难以被完整地应用。

2. 工期索赔

1）网络分析法

工期索赔首先要确定索赔事件对工期的影响量，即工期索赔值。网络分析法的一般思路是：假定工程按基准网络计划确定的施工顺序和时间施工，当索赔事件发生后，网络中的某个活动受到干扰而延长施工时间，将这些活动受干扰后的新的工作时间代入网络中，重新进行网络分析和计算，以此计算延误对工期的影响。网络分析法是一种科学合理的计算方法，它是通过分析索赔事件发生前后网络计划的差异，进而计算工期索赔值。

根据分析侧重点的不同，可以采用以下两种分析方法。

（1）动态更新分析法。

动态更新分析法是根据工程的时间跨度将整个合同期分解为若干个时间段，通常根据不同情况可分为周、旬或月，然后逐步分析单个时间段内的各种影响工程进展的延误事件，进而分析其对整个合同工期的影响。更新后的施工进度计划将成为后一时间段分析的基准进度计划。随着分析时间段的推移，施工进度计划也逐渐被更新。动态更新分析法主要以分析某时间段内的关键线路上的活动为主，最适合 CPM 施工进度计划被定期动态更新的工程项目。

由于 CPM 施工进度计划已经被定期更新，因此该方法所采用的分析数据是从实际信息中提取的，分析结果比较客观。同时，由于所分析时间段的跨度不超过一个月，延误事件相对较少，使得分析逻辑关系、关键线路的变化及同期延误相对简单。

（2）影响事件插入法。

影响事件插入法是以基准进度计划为分析基础，逐一对所有延误事件所造成的影响进行客观分析计算，然后将这些量化后的客观计算值插入基准进度计划中，用以计算和论证这些事件对工程完工时间的影响，并通过与基准进度计划的比较得出承包人可获得的工期延长时间。

与动态更新分析法相比，这种方法不需要对延误事件发生时工程的实际状态和同期文件进行分析（如每个活动的实际开始及结束时间），同时该方法研究时段为整个施工期，因而不需要定期对基准进度计划进行更新和分析，所以分析相对简单和方便。影响事件插入法是将每个延误事件作为一个新增活动来考虑，并根据合同文件和正常施工条件下对延误事件所需投入的资源及持续时间进行客观估算，所以计算结果也比较准确。

2）比例类推法

在实际工程中，若延误事件仅影响某些分部分项工程的工期，要分析它们对总工期的影响，可采用较简单的比例类推法。比例类推法可根据工程量进行类推，也可以根据工程造价进行类推。

（1）按工程量进行比例类推。

$$\text{工期索赔值}=\text{原合同工期}\times\text{额外增加的工程量}/\text{原合同工程量} \qquad (4\text{-}17)$$

（2）按工程造价进行比例类推。

$$\text{工期索赔值}=\text{原合同工期}\times\text{额外增加的工程造价}/\text{原合同总造价} \qquad (4\text{-}18)$$

比例类推法简单、方便，易于被人们理解和接受，但不尽科学、合理，有时不符合工程实际情况。有些索赔事件可能会增加工程造价，但不一定会影响工期；有些索赔事件可能很少甚至不增加工程造价，却会显著地延长工期。因此，在采用比例类推法时应与进度计划结合起来分析。

3）直接法

有时延误事件发生在关键线路上或一次性地发生在一个子项目上，进而造成总工期的延误。这时可以通过施工日志、变更指令等资料，直接将这些资料中记载的延误时间作为工期索赔值。

4.6.5　竣工结算的一般程序

1. 承包人提交竣工结算文件

合同工程完工后，承包人应详细汇总计量支付报告，完成竣工结算文件编制，在竣工验收证书或工程接收证书颁发之后向发包人提交竣工结算文件。

竣工结算程序通常由承包人发起，如果承包人不发起这个程序，发包人可以按以下程序处理。

（1）若承包人未在合同约定的期限内提交竣工结算文件，发包人需要在前述期限之后向承包人发出催告函，要求承包人在某一明确期限内提交结算材料。

（2）经发包人催告后14天内仍未提交或没有明确答复的，发包人可根据已有资料自行编制竣工结算文件，作为办理竣工结算和支付结算款的依据。

（3）发包人将自行结算结果发函告知承包人，并要求承包人在某一明确期限内办理支付手续并告知可能产生的法律后果。

2. 发包人审核竣工结算文件

发包人可以自行审核竣工结算文件,也可以委托专业咨询人审核竣工结算文件。

1) 发包人自行审核竣工结算文件

(1) 发包人应在收到承包人提交的竣工结算文件后的 28 天内审核。经审核,认为承包人还应进一步补充资料和修改结算文件,应在上述时间内向承包人提出审核意见,承包人在收到审核意见后的 28 天内应按照发包人提出的合理要求补充资料,修改竣工结算文件,并再次提交给发包人审核。

(2) 发包人应在收到承包人再次提交的竣工结算文件后的 28 天内予以审核,并将审核结果通知承包人。如果承包人对审核结果无异议,应在 7 天内在竣工结算文件上签字确认。如果承包人对审核结果有异议,则对无异议部分办理不完全竣工结算;有异议部分由发承包双方协商解决,协商不成的,按照合同约定的争议解决方式处理。

(3) 发包人在收到承包人竣工结算文件后的 28 天内,不确认也未提出异议的,应视为承包人提交的竣工结算文件已被发包人认可。

(4) 承包人在收到发包人提出的审核意见后的 28 天内,不确认也未提出异议的,应视为发包人提出的审核意见已被承包人认可。

2) 发包人委托专业咨询人审核竣工结算文件

发包人委托专业咨询人审核竣工结算文件的,专业咨询人应在约定期限内审核完毕,审核结论与承包人竣工结算文件不一致的,应提交承包人核对;承包人应在 14 天内将同意审核结论或不同意见的说明提交给专业咨询人。专业咨询人收到承包人提出的异议后,应再次复核,复核无异议的,发承包双方应在 7 天内在竣工结算文件上签字确认,竣工结算办理完毕。复核后仍有异议的,对无异议部分办理不完全竣工结算;有异议部分由发承包双方协商解决,协商不成的,按照合同约定的争议解决方式处理。

承包人逾期未提出书面异议的,视为专业咨询人审核的竣工结算文件已经被承包人认可。

3. 竣工结算文件的签字确认

竣工结算文件经发包人或发包人委托的专业咨询人与承包人核对无异议后,发承包双方都应在其上签字确认,如其中一方拒不签字的,可按下列规定办理。

(1) 若发包人拒不签字且不能提出具体异议及相关证据的,承包人可不提供竣工验收备案资料,并有权拒绝重新核对竣工结算文件的要求。

(2) 若承包人拒不签字且不能提出具体异议及相关证据的,发包人要求办理竣工验收备案的,承包人不得拒绝提供竣工验收备案资料,否则,由此造成的损失由承包人承担。同时承包人不能再主张逾期付款利息。

(3) 竣工结算核对完成,发承包双方签字确认后,发包人不得要求承包人与其他咨询人重新核对竣工结算文件。

4. 支付竣工结算款

1) 承包人提交竣工结算支付申请

竣工结算支付申请应包括下列内容。

(1) 竣工结算总价:必须与签字确认的竣工结算文件总额一致。

（2）发包人已支付承包人的工程价款：必须与最后一期的中间付款证书中载明的累计支付额一致，除非该金额有计算错误。

（3）应扣留的质保金：质保金总额必须与合同约定总额一致。

① 若在中间支付中已经全额预留了质保金，竣工支付中不再考虑该金额。

② 若在中间支付中未全额预留质保金，竣工支付中不再按约定比例扣留，应一次性将不足部分全额扣留。

③ 若质保金为保函形式，应先办理质保金保函，并确保保函期限满足合同要求。

（4）应支付的竣工付款额。

竣工付款额=竣工结算总价-累计已支付价款-未预留的质保金-未扣回的工程预付款（4-19）

> **特别提示**
> 竣工支付中除未预留的质保金和未扣回的工程预付款外，不再扣留任何费用。

2）签发竣工结算支付证书

发包人应在收到承包人提交竣工结算支付申请后的 7 天内向承包人签发竣工结算支付证书。

3）支付竣工结算款

发包人签发竣工结算支付证书后的 14 天内，按照竣工结算支付证书列明的金额向合同约定的承包人账户支付竣工结算款。

知识延伸

付款与工程款发票的开具顺序是由合同约定的。

至竣工付款完成，承包人向发包人开具的工程款发票总额应与结算总额一致。质保金是承包人向发包人缴纳的担保，因此承包人向发包人开具工程款发票的同时，还应该收取发包人向承包人出具的质保金收据，中间支付活动中亦是如此。

4.6.6 最终结清

1. 最终结清时间

最终结清是在合同约定的缺陷责任期满后，承包人按照合同约定完成全部质保任务与剩余工作，且质量合格，发包人与承包人结算全部质保款项的活动。最终结清的时间就是合同约定的缺陷责任期终止后。

缺陷责任期是承包人按照合同约定承担缺陷修复义务的期限，自竣工验收证书或工程接收证书签发之日起计算。缺陷责任期一般为 6 个月、12 个月或 24 个月，具体可由发承包双方在合同中约定。

单位工程先于全部工程进行验收，经验收合格并交付使用的，该单位工程缺陷责任期自单位工程验收合格之日起算。因发包人原因导致工程无法按合同约定期限进行竣工验收的，缺陷责任期自承包人提交竣工验收申请报告之日起开始计算；发包人未经竣工验收擅自使用工程的，缺陷责任期自工程转移占有之日起开始计算。

缺陷责任期不同于保修期。缺陷责任期实质是合同约定的质保期，属于约定保修，它的质保涵盖了合同指向的工程整体。而保修期是法律规定的质保期，属于法定保修，它的质保仅限于法律规定的专业工程。

知识延伸

《建设工程质量管理条例》第四十条规定，在正常使用条件下，建设工程的最低保修期限为：

（一）基础设施工程、房屋建筑的地基基础工程和主体结构工程，为设计文件规定的该工程的合理使用年限；

（二）屋面防水工程，有防水要求的卫生间、房间和外墙面的防渗漏，为 5 年；

（三）供热与供冷系统，为 2 个采暖期、供冷期；

（四）电气管线、给排水管道、设备安装和装修工程，为 2 年。

其他项目的保修期限由发包方与承包方约定。

2. 缺陷责任

承包人应按照合同约定履行工程缺陷修复义务，即因承包人原因造成的工程缺陷、损害，承包人应负责修复，并承担修复的费用以及因工程的缺陷、损害造成的人身伤害和财产损失。承包人拒绝维修或未能在合理期限内修复缺陷，经发包人书面催告后仍未修复的，发包人有权自行修复，所需费用由承包人承担。发包人有权从质保金中扣除用于缺陷修复的各项支出。

工程缺陷是因发包人原因造成的或超过承包人缺陷责任范围的，应由发包人承担查验和缺陷修复的费用，受发包人安排，由承包人修复该部分缺陷时，不能动用承包人质保金。

质保金在缺陷责任期满后办理清算，但不等于承包人在缺陷责任期满后对修复部分不再承担责任。

3. 最终结清程序

1）最终结清支付申请

缺陷责任期满后，承包人应按照合同约定的期限向发包人提交最终结清支付申请，并提供相应证明材料，详细说明承包人根据合同约定已经完成的全部修复工程的价款和其他款项。发包人对最终结清支付申请有异议的，有权要求承包人进行修正和提供补充资料。承包人修正后，应再次向发包人提交修正后的最终结清支付申请。最终结清支付申请中的总金额即最终支付款，其计算方法可见式（4-20）。

$$最终支付款=预留的质保金+因发包人原因造成缺陷的修复金额-承包人未修复缺陷由发包人修复的金额 \quad (4-20)$$

2）最终结清支付证书

发包人应在收到最终结清支付申请后的 14 天内予以复核，并向承包人签发最终结清支付证书。发包人未在约定时间内复核或未提出具体意见的，视为承包人提交的最终结清支付申请已被发包人认可。

3）最终支付

发包人应在签发最终结清支付证书后的 14 天内，按照最终结清支付证书列明的金额向承包人支付最终结清款。

（1）支付完最终结清款后，承包人在合同内享有的索赔权利也自行终止。发包人未按期支付的，承包人可催告发包人在合理的期限内支付，并有权获得延迟支付的利息。

（2）最终结清时，如果承包人预留的质保金不足以抵减发包人工程缺陷修复费用，承包人应承担不足部分的赔偿责任。

（3）最终结清款支付涉及政府投资资金的，按照国库集中支付等国家相关规定和专用合同条款的约定处理。

4.7 综合例题

4.7.1 项目背景

浙江××建设集团有限公司通过竞标承建××市黄东岭大桥工程，工程于 2021 年 3 月 15 日开工，合同工期 20 个月，工程于 2023 年 3 月 23 日完工，2023 年 8 月 23 日通过竣工验收。合同主要内容如下。

一、合同协议书

<u>××市城建开发有限公司</u>（以下简称"发包人"）为实施南北快速路工程，已接受<u>浙江××建设集团有限公司</u>（以下简称"承包人"）对该项目<u>第 2 标段黄东岭大桥工程</u>施工的投标。发包人和承包人共同达成如下协议。

1.第 2 标段：起讫桩号主线 K2+000～K5+200，路线全长 3.2km，主要工程内容为路基、桥涵、交叉工程等的施工及缺陷责任期缺陷修复等。

2.下列文件应视为合同文件的组成部分：

（1）合同协议书及各种合同附件（含廉政合同、安全生产合同、工程质量合同、工程资金监管协议及评标期间和合同谈判过程中的澄清文件和补充资料）；

（2）中标通知书；

（3）投标函及投标函附录；

（4）项目专用合同条款（含招标文件补遗书中与此有关的部分）；

（5）通用合同条款；

（6）项目专用技术规范（含施工补充设计图纸和招标文件补遗书中与此有关的部分）；

（7）通用技术规范；

（8）图纸（含施工补充设计图纸和招标文件补遗书中与此有关的部分）；

（9）已标价工程量清单；

（10）承包人有关人员、设备投入、财务能力的承诺及投标文件中的施工组织设计；

（11）其他合同文件。

3.上述文件互相补充和解释，如有不明确或不一致之处，以合同约定次序在先者为准。

4.根据工程量清单所列的预计数量和单价或总价计算的签约合同价：<u>人民币（大写）贰亿壹仟陆佰零捌万捌仟柒佰叁拾贰元整</u>（¥216088732元）。

5.承包人项目经理：<u>潘××</u>。承包人项目总工：<u>李××</u>。

6.工程质量符合：<u>工程竣工验收的质量评定：**90分及以上**</u>。

7.承包人承诺按合同约定承担工程的实施、完成及缺陷修复。

8.发包人承诺按合同约定的条件、时间和方式向承包人支付合同价款。

9.承包人应按照监理人指示开工，工期为 20 个月。

10.本协议书在承包人提供履约担保后，由双方法定代表人或其委托代理人签署并加盖单位章后生效。全部工程完工后，经验收合格，缺陷责任期满签发缺陷责任终止证书后失效。

11.本协议书正本两份、副本 <u>六</u> 份，合同双方各执正本一份，副本 <u>三</u> 份，当正本与副本的内容不一致时，以正本为准。

12.合同未尽事宜，双方另行签订补充协议。补充协议是合同的组成部分。

发包人：<u>××市城建开发有限公司</u>（盖单位章）

法定代表人或其委托代理人：_____（签字）

<u>2021</u> 年 <u>1</u> 月 <u>5</u> 日

承包人：<u>浙江××建设集团有限公司</u>（盖单位章）

法定代表人或其委托代理人：_____（签字）

<u>2021</u> 年 <u>1</u> 月 <u>5</u> 日

二、通用合同条款

三、专用合同条款

1. 一般约定

1.1 词语定义

1.1.1 合同

……

1.1.1.8 已标价工程量清单：指构成合同文件组成部分的已标明价格、经算术性错误修正及其他错误修正（如有）且承包人已确认的最终的工程量清单，包括工程量清单说明、投标报价说明、其他说明及工程量清单各项表格（工程量清单表5.1、表5.3、表5.4、表5.5）。

1.1.2 合同当事人

……

1.1.2.2 发包人：××市城建开发有限公司为本项目发包人，负责本项目的建设管理和招标采购事宜，且是与承包人在合同协议书中签字的当事人。

……

1.4 合同文件的优先顺序

（1）合同协议书及各种合同附件（含廉政合同、安全生产合同、工程质量合同、工程资金监管协议及评标期间和合同谈判过程中的澄清文件和补充资料）；

（2）中标通知书；

（3）投标函及投标函附录；

（4）项目专用合同条款（含招标文件补遗书中与此有关的部分）；

（5）通用合同条款；

（6）项目专用技术规范（含施工图补充设计图纸和招标文件补遗书中与此有关的部分）；

（7）通用技术规范；

（8）图纸（含施工图补充设计图纸和招标文件补遗书中与此有关的部分）；

（9）已标价工程量清单；

（10）承包人有关人员、设备投入、财务能力的承诺及投标文件中的施工组织设计；

（11）其他合同文件。

……

1.6 图纸和承包人文件

图纸需要修改和补充的，应由监理人取得发包人同意后，在该工程或工程相应部位施工前的 7 天内签发图纸修改图和补充图给承包人。承包人应按修改和补充后的图纸施工。

1.7 联络

……

1.7.2 第 1.7.1 项中的通知、批准、证明、证书、指示、要求、请求、同意、意见、确定和决定等来往函件，均应在函件发出 24 小时内送达指定地点和接收人，并办理签收手续。

……

4. 承包人

4.1 承包人的一般义务

……

4.1.3 完成各项承包工作

承包人应按合同约定以及监理人根据第 3.4 款做出的指示，实施、完成全部工程，并修补工程中的任何缺陷。承包人应提供为完成合同工作所需的劳务、材料、施工设备、工程设备和其他物品，并按合同约定负责临时设施的设计、建造、运行、维护、管理和拆除。

承包人应在签订合同协议书后 14 天内为本合同实施设立现场项目经理部，该项目经理部应成为承包人授权的代理人或代表的合法机构，承包人应保证该项目经理部履行职责至合同期满为止。

……

4.1.8 为他人提供方便

承包人应按监理人的指示为他人（包括发包人、设计人、质量监督部门、主管部门、其他承包人等）在施工场地或附近实施与工程有关的其他各项工作提供可能的条件（包括交通等）。除合同另有约定外，提供有关条件可能发生的费用，由承包人承担。

……

4.1.10 其他义务

……

（2）承包人应承担并支付为获得本合同工程所需的石料、砂、砾石、黏土或其他当地材料等所发生的料场使用费、资源费及其他开支或补偿费。发包人应尽可能协助承包人办理料场租用手续及解决使用过程中的有关问题。

发包人协助办理的成功与否，不免除根据合同文件规定的承包人的一切责任。

（3）承包人应严格遵守国家有关解决拖欠工程款和农民工工资的法律、法规，及时支付工程中的材料、设备货款及农民工工资等费用。承包人不得以任何借口拖欠材料、设备货款及农民工工资等费用，如果出现此种现象，发包人有权代为支付其拖欠的材料、设备货款及农民工工资，并从应付给承包人的任何款项中扣除相应款项。对恶意拖欠和拒不按计划支付的，作为不良记录纳入公路建设市场信用信息管理系统。

承包人的项目经理部是农民工工资支付行为的主体，承包人的项目经理是农民工工资支付的责任人。项目经理部要建立全体农民工花名册和工资支付表，确保将工资直接发放给农民工本人，或委托银行发放农民工工资，严禁发放给"包工头"或其他不具备用工主体资格的组织和个人。

工资支付表应如实记录支付单位、支付时间、支付对象、支付数额、支付对象的身份证号和签字等信息。农民工花名册和工资支付表应报监理人备查。

承包人在本工程中，应严格执行《关于进一步完善建筑业企业农民工工资支付保证金制度的意见》，将农民工工资支付保证金缴纳至××市住房和城乡建设局设立的建设领域农民工工资支付保证金专户。对在本省行政区域内注册的承包人，缴纳农民工工资支付保证金实行市域统筹制度，做到"一地缴纳，全市通用"。承包人缴纳农民工工资支付保证金后，由有关部门出具相关证明，承包人在该设区市内跨县（市、区）承接业务时不再缴纳农民工工资支付保证金。注册地不在本省行政区域内的承包人在工程所在地缴纳农民工工资支付保证金。

农民工工资支付保证金以企业为单位缴纳，不以承接的工程项目为单位缴纳。本工程每标段承包人的最高缴纳金额不超过120万元。

承包人应按照《关于进一步落实交通建设领域施工企业农民工记工考勤卡等事宜的通知》的规定，在用工后15天内与农民工签订劳动合同，根据劳动合同签订情况，统计农民工人数，按照实际人数办理记工考勤卡。项目完工后或农民工提前离开工地时，承包人应在合同约定期限之内对农民工工资进行结算，并一次性付清所有应发放的工资，同时承包人应在项目经理部和新闻媒介上分阶段公示工资支付情况，并公开2个监督电话（电话为当地建设主管部门和劳动保障部门等第三方单位可打通的号码），公示期为5个工作日。公示期满，且在30天内无农民工投诉情况发生，承包人可以会同发包人向开设农民工工资支付保证金账户的主管部门提出返款申请，并填制《退还工资支付保证金申请表》，经当地劳动保障部门核签后，开户银行凭此将农民工工资支付保证金本息（利息按中国人民银行规定的活期存款利息计算）转入承包人账户。承包人应加强劳动合同管理，规范公路建设用工行为。不拖欠农民工工资，及时、足额发放农民工工资。

（4）项目审计（含跟踪审计）、稽查和检查等的配合。

① 与本工程项目相关的审计和稽查，承包人应高度重视并委派专人积极予以配合。

② 有关单位对本项目的各种检查和视察等活动，承包人有义务予以积极配合各项工作。

③ 本工程项目有关的各类统计报表、汇报材料包括交（竣）工验收和项目后评价报告等，承包人有义务配合发包人做好编制工作并提供相应的资料。

④ 承包人应按发包人、监理人和有关文件要求，建立相应的计量、支付和变更台账，同时承包人应配合发包人、监理人建立相应的台账，并保持其持续有效直至工程决算完成。

⑤ 承包人应按发包人要求，将有关材料的供货合同等资料提供给发包人和监理人备案。取材的料场或供货人和货源应保持相对固定，承包人及其供货人应接受发包人和监理人的监督检查，如有变更应及时通知发包人或监理人，并送交相应有关资料。监理人有权要求承包人更换不符合要求的料场，承包人必须接受。

（5）与第三方检测、监控、科研单位及其他相关单位的配合。

① 承包人必须积极配合、协助第三方检测、监控、科研单位的工作，委派专人做好配合工作。

② 承包人应熟悉第三方检测、监控、科研单位的检测、监控、科研实施方案和流程，配合工作也应有相应的方案，该方案须经监理人审批同意。

③ 施工检测、监控、科研过程中，应在监理人的统一调配下，承包人应尽可能地提供人员、材料、设备的便利，以便施工检测、监控、科研工作顺利地进行。

④ 承包人应参与检测、监控、科研资料的总结与分析工作。

（6）地方道路、市政道路的维护和管理。

承包人在使用现有地方道路、市政道路过程中，承包人须对地方道路、市政道路的桥梁承载能力进行调查，采取一切措施确保车辆正常通行，做到施工、通车两不误，方便车辆通行，同时道路维护管理考虑限制超载情况。承包人应针对通车路段的施工特点，提出通车路段的施工维护及通行计划方案，报监理人及相关部门批准，并认真组织实施。施工方案和措施应包括以下内容。

① 成立维护、管理组织，负责正常道路维护和交通管理工作。

② 落实施工措施，根据实际情况合理分段、分幅安排施工，要控制施工长度，维持足够宽度，保持良好平整度，做到排水顺畅，路面无低洼积水，确保车辆能顺利交会，车辆平稳通过。

③ 配备交通管理标志，指定专人维护交通秩序。

④ 加强与交警联系，争取交警参与，建立交通管理制度。

由于承包人措施不力，导致阻车、事故频发或损坏现有地方道路、市政道路，影响交通安全和正常运行，并造成重大影响，引起赔偿、诉讼费用及工程拖延或施工费用增加时，应由承包人承担一切责任和费用。

（7）几个承包人或与相邻标段或与相邻项目在同一区域内施工时，监理人有权协调工程的实施，并对工程衔接做出指示，承包人应在监理人的统一协调下工作，承包人因此增加的费用应认为已包括在合同价之中，发包人不另行支付。

本项目施工路段为市政工程，承包人在施工前应该根据本项目的实际情况，因地制宜编制完备的施工方案和文明施工措施，按照相关部门的规定要求，制定完善的洒水防尘、清扫、防振、防噪措施，减少对施工周边地区的干扰，承包人应参照《××市人民政府关于印发××市扬尘污染防治管理办法的通知》执行。承包人为完成上述工作而可能发生的全部费用计入投标报价中，发包人将不另行支付。如因承包人采取措施不力，给周边社区或个人造成的损失或由于上述原因造成工期的拖延或施工费用的增加，均由承包人自行承担。

（8）未经发包人事先批准，承包人不得在任何报纸、商业或技术文献上刊登或披露任何与本合同或与本工程有关的详细资料。

承包人不应在现场或施工设施上展示或允许展示任何贸易和商业性广告。在工地现场张贴布告，应事先得到监理人的批准，当监理人指示撤除时，应立即执行。

（9）承包人不得将任何种类的爆破器材给予、易货或以其他任何方式转给他人，承包人应遵守《民用爆炸物品安全管理条例》。承包人在进行爆破施工前应当编制详细并切实可行的实施方案，并报监理人及相关职能部门审批认可，应当综合考虑爆破振动对电力、水利等周边设施、建筑物、村庄、居民区和环境等的影响，避免对上述设施造成破坏，否则由此引起的一切费用均由承包人承担。

（10）工程完工后，承包人所在标段的遗留问题，如（不限于）河道清理、渣土清运、赔偿等，承包人应积极主动进行处理和解决，并承担所有费用。如果上述问题在发包人规定的期限内不能解决，发包人有权单独或委托其他单位进行处理，发生的全部费用从承包人的保留金中抵扣，承包人应无条件接受。

（11）承包人应按照《浙江省建筑施工安全生产标准化管理优良工地考评实施办法》的要求进行标准化工地建设和安全、文明施工。承包人应加强做好文明施工，和谐稳定工作，避免发生因承包人原因引起的群体性上访事件。

（12）承包人的工地食堂建设和运行应执行《关于进一步加强建筑工地食堂食品安全工作的通知》。加强工地食堂食品安全工作，切实保障建筑工人集体用餐安全，有效防范食品安全事故。

……

4.3 分包

具体的分包活动应符合《房屋建筑和市政基础设施工程施工分包管理办法》及相关的管理规定。

（1）允许专业分包的工程范围仅限于分部工程或分项工程、适合专业化队伍施工的工程（本项目桥梁工程不允许专业分包，其他须按规定执行）。

……

4.6 承包人人员的管理

……

4.6.6 承包人的所有管理、施工人员需统一着装，并按不同岗位佩证上岗。

4.6.7 项目经理及项目总工离开工地必须向监理人书面请假，并经发包人同意后才能离开；每月在工地天数应大于26天（特殊情况经监理人批准报发包人同意例外）。

4.6.8 除因管理原因发生重大质量安全事故不适合再任，因生病住院、终止劳动合同关系（需提供相关部门或单位的证明材料）等无法继续履行合同责任和义务，被责令停止执业、羁押或判刑外，承包人不得提出更换项目经理、项目总工。符合上述规定确需更换的，应征得发包人同意，并经有关行业行政主管部门备案，且更换后的人员不得低于原投标承诺人员所具有的资格和业绩条件。其中被更换的项目经理在原承担的合同工程项目未通过验收前，不得参加依法进行招标的其他国有投资工程建设项目的投标活动。

……

4.8　保障承包人人员的合法权益

承包人应至少设一名具有一定卫生常识及传染病防治知识的卫生监督员，负责承包人所在施工现场的传染病检查、控制、报告。

一旦暴发任何具有传染性的疾病时，承包人应遵守并执行当地政府或卫生防疫部门为防治和消灭上述传染病蔓延而制订的规章、命令和要求。建立人员流动登记制度、信息报告制度，与当地卫生防疫部门积极合作，做好各项防范措施的落实工作。

……

6. 施工设备和临时设施

……

6.3　要求承包人增加或更换施工设备

承包人承诺的施工设备必须按时到达现场，不得拖延、短缺或任意更换。尽管承包人已按承诺提供了上述设备，但若承包人使用的施工设备不能满足合同进度计划和（或）质量要求，监理人有权要求承包人增加或更换施工设备，承包人应及时增加或更换，由此增加的费用和（或）工期延误由承包人承担。

承包人的机械、车辆必须证（照）齐全，三无车辆不得进场。

违反本款规定，则按第22.1款承包人违约处理。

7. 交通运输

……

7.2　场内施工道路

7.2.2 承包人应允许发包人、监理人及发包人安排的其他相关人员无偿使用由承包人修建和维护的临时道路、桥梁等设施。承包人应允许与发包人签订有承包合同的其他承包人或其工作人员使用由承包人修建和维护的临时道路、桥梁等设施；如其他承包人或其工作人员在使用中对临时设施有损坏时，承包人可通过监理人提出由其他承包人给予修复或赔偿的要求。

……

9. 施工安全、治安保卫和环境保护

……

9.2　承包人的施工安全责任

……

9.2.12 承包人要保持施工场地相对封闭，施工入口设置岗亭管理，施工车辆等凭通行证进入施工场地，通行证由发包人进行统一发放。承包人承担施工场地内的安全生产以及交通安全管理等其他责任。

9.2.13 在工程移交发包人前，承包人应做好防损坏、防盗等工作，否则因此引起的后果由承包人自行负责。

9.2.14 在合同执行期间，承包人应根据本标段的工程内容，针对桥梁工程中的安全施工，按照文件的具体要求做好桥梁工程施工安全风险评估工作，承包人因此增加的费用认为已包括在投标价之中，发包人不另行支付。

9.2.15 在合同执行期间，承包人应综合考虑本项目交通组织维护等方面的特殊性，严格执行国家、地方政府、发包人等各有关施工安全管理方面的法律、法规及规章制度，同时严格执行本项目安全生产管理方面的规章制度、交通组织维护方案、各项安全应急预案、安全检查程序及施工安全管理要求，以及监理人有关安全工作的指示。

9.2.16 在合同执行期间，因承包人原因引起的交通事故，其所涉及的停工、索赔、诉讼费用及工程拖延或施工费用增加时，应由承包人承担一切责任和费用。

违反本款规定，则按第22.1款承包人违约处理。

10. 进度计划

10.1 合同进度计划

承包人编制施工方案的内容应包括（但不限于）：

（1）总体施工组织布置及规划；
（2）主要工程项目的施工方案、方法与技术措施；
（3）工期保证体系及保证措施；
（4）工程质量管理体系及保证措施；
（5）安全生产管理体系及保证措施；
（6）环境保护、水土保持保证体系及保证措施；
（7）文明施工、文物保护保证体系及保证措施；
（8）项目风险预测与防范，事故应急预案；
（9）其他应说明的事项以及相应的图表。

……

10.5 季度计划、月度计划、旬计划

（1）季度计划。

承包人在年度计划总体要求下编制季度计划，其格式统一按发包人批准后下发的填报要求执行。季度计划必须保证年度计划的实现。季度计划应在上一个季度的最后一个月的25日前提交给监理人。

（2）月度计划。

承包人在季度计划的要求下编制月度计划，其格式统一按发包人批准后下发的填报要求执行。月度计划必须保证季度计划的实现。月度计划应在上个月25日前交给监理人，月度计划如未能完成，应在文字介绍里详述原因，并在剩余工期中的下一阶段进度计划中补回来，且详述补救措施。

（3）旬计划。

承包人应根据批复的月度计划编制旬计划，并按要求定期向发包人上报旬计划及完成情况汇报资料。

11. 开工和竣工

……

11.4 异常恶劣的气候条件

（1）异常恶劣的气候条件，对本项目而言，是指发生龙卷风、工地受淹、超过桥梁设计洪水位以及不利降水等引起延误的情况。

（2）不利降水的衡量标准为：

①按本省气象部门统计的项目所在地降水资料，取最近20年的平均降水天数为标准；

②按项目所在地实际统计的年降水天数与①中所指的年降水天数之差，每年计算一次。

（3）异常恶劣气候的时间，监理人将根据承包人的申请和提交的证明予以评定，但在评定时还将考虑按同等标准，用施工期限内其他月份良好气候的时间予以抵补。恶劣气候在每个月对工程进度影响的评定，应在整个合同期内予以累计。

（4）若异常恶劣气候只是对局部工程有影响，承包人应采取合同措施予以弥补，而不能推迟工程的总工期。

（5）受本款所述的异常恶劣气候影响的分项工程，只有在工程施工进度网络计划的关键线路上，监理人才能考虑延长工程总工期。

11.5 承包人的工期延误

由于承包人原因，未能按合同进度计划完成工作，或监理人认为承包人施工进度不能满足合同工期要求的，承包人应采取措施加快进度，并承担加快进度所增加的费用。由于承包人原因造成工期延误，承包人应支付逾期竣工违约金。逾期竣工违约金的计算方法在专用合同条款中约定。承包人工期延误期间的正价差（上涨），发包人将不予补偿；负价差（下降），发包人将全额扣回。

......

13. 工程质量

13.1 工程质量要求

工程质量验收按技术规范及《城市桥梁工程施工与质量验收规范》（CJJ 2—2008）执行。本工程的质量目标为工程竣工验收的质量评定在90分及以上。

......

13.5 工程隐蔽部位覆盖前的检查

隐蔽工程覆盖前应经监理人检查签认，分阶段（工序）进行摄像或照相，并向监理人提供相关资料作为计量支付的依据。

13.6 清除不合格工程

（1）承包人使用不合格材料、工程设备，或采用不适当的施工工艺，或未按图纸施工，或施工不当，造成工程不合格的，监理人可以随时发出指示，要求承包人立即采取措施进行替换、补救或拆除重建，直至达到合同要求的质量标准，由此增加的费用和（或）工期延误由承包人承担。

......

13.7 质量抽检

质量监督部门或其委托授权的质量监督机构有权对施工质量随时进行抽检，并通过监理人对工程质量实施否决，承包人应积极配合并免费提供试验用的试件。承包人为配合上述工作发生的材料、机械、人员及试验和检验等费用不另行支付。

13.8 质量奖励

项目申报并获得"钱江杯优质工程奖"，发包人按项目专用合同条款数据表中规定的金额给予奖励。

14. 试验和检验

14.1 材料、工程设备和工程的试验和检验

……

14.1.3 监理人对承包人的试验和检验结果有疑问的，或为查清承包人试验和检验成果的可靠性要求承包人重新试验和检验的，可按合同约定由监理人与承包人共同进行，或由监理人委托给第三方独立的检验单位，该检验单位必须具有国家技术监督局或专业机构的认证资格。重新试验和检验的结果证明该项材料、工程设备或工程的质量不符合合同要求的，由此增加的费用和（或）工期延误由承包人承担；重新试验和检验结果证明该项材料、工程设备和工程符合合同要求，由发包人承担由此增加的费用和（或）工期延误，并支付承包人合理利润。

15. 变更

……

15.4 变更的估价原则

……

15.4.2 已标价的工程量清单中有适用于变更工作子目的，采用该子目的单价。但是，如果合同的工程量清单中某一个支付子目所列的"合价"超过签约合同价的2%，而且该支付子目变更后的工程实际数量超过或少于工程量清单中所列数量的25%，则该支付子目的单价应予以调整，新单价的确定原则适用15.4.4项的规定，调整后的新单价适用于该支付子目已完工的全部工程数量（本项目不执行）。

……

15.4.4 已标价工程量清单中无适用或类似子目的单价时，按以下原则进行组价。

（1）定额套用：《浙江省市政工程预算定额》（2018版）及补充定额。

（2）取费标准、人工费、机械台班费用按《浙江省建设工程计价规则》（2018版）执行。

（3）材料：按本项目合同专用条款16.1款公布的基准期价格计入，16.1款无规定基准期价格的材料，按投标截止期前1个月浙江省造价管理部门发布的信息价计入；无信息价的，由监理人、发包人、承包人商定。

（4）无法套用上述定额和取费标准的，依次按公路、水运、水利、建筑定额和取费标准的顺序进行组价；上述定额有区域性的，优先适用浙江定额与取费标准。

（5）无法套用任何现行定额的，由承包人报监理人审核，并经发包人审批同意后计取。

（6）根据上述原则组价的综合单价，乘以承包人的投标价与招标时经公布的工程量清单预算价的比例，作为该子目的单价。

……

16. 价格调整

16.1 物价波动引起的价格调整

……

16.1.2 采用造价信息调整价差

在本合同执行期间，仅对用于永久性工程的山皮石、钢筋（含高强精轧螺纹钢筋）、钢

筋网片（按带肋钢筋调差）、水泥［32.5号散装水泥、42.5号散装水泥、52.5号散装水泥（按42.5号散装水泥调差）、袋装水泥按对应标号的散装水泥调差］、钢绞线、沥青进行价格调差，其余均不调价。仅对材料价格进行调整，不再另计其他费率。

（1）基准期价格。

山皮石 50.8 元/m³（堆方），光圆钢筋 3267 元/t，带肋钢筋 3203 元/t，钢绞线 4874 元/t，32.5号散装水泥 321 元/t，42.5号散装水泥 352 元/t，普通沥青 4628 元/t。

（2）当期价格。

当期价格为承包人全工期（开工月至竣工前1个月）信息价平均值。

（3）调差方法。

①数量。

钢筋、钢筋网片、钢板、钢绞线根据计量的数量，各级水泥混凝土消耗量根据《浙江省市政工程预算定额》（2018版）附录计算。

路面用沥青、碎石的消耗量根据试验路段经发包人批准的混合料配合比来计算。

②调差规则。

光圆钢筋、带肋钢筋、钢绞线、32.5号散装水泥、42.5号散装水泥分别按对应品种进行调差，钢筋网片、高强精轧螺纹钢筋按带肋钢筋进行调差。

③价差：价差=当期价格-基准期价格。

④调整价差。

若价差不超过基准期价格的±5%（含），则不进行调差；若价差超过基准期价格的±5%，则进行调差，调差为价差超过±5%部分。

（4）调差周期：竣工结算期间一次性调整。

（5）调差程序：由承包人提出调差计算表，报监理人审核，由发包人审定。

（6）发包人仅对材料价格进行调整，其他费用不再调整。

17. 计量与支付

……

17.2 工程预付款

17.2.1 工程预付款的金额为签约合同价的10%。在承包人签订了合同协议书并提交了工程预付款保函后，监理人应在当期进度付款证书中向承包人支付工程预付款的30%的价款；在承包人承诺的主要人员、设备进场、承包人项目部驻地建设完成并经监理人确认后，再支付工程预付款的70%。

承包人不得将该工程预付款用于与本工程无关的支出，监理人有权监督承包人对该项费用的使用，如经查实承包人滥用工程预付款，发包人有权立即通过向银行发出通知收回工程预付款保函的方式，将该款项收回。

……

17.2.3 工程预付款的扣回与还清

在进度付款证书的累计金额达到签约合同价20%之后，工程预付款开始按工程进度以固定比例（即每完成签约合同价的1%，扣回工程预付款的2%）扣回，工程预付款在进度付款证书的累计金额达到签约合同价的70%时扣完。

17.3 工程进度款支付

……

17.3.3 工程进度款付款证书和支付时间。

……

（5）在中间支付阶段支付到发包人核准额的 80%，保留 20%的工程款（含质保金），在整个工程竣工验收后支付至发包人核准额的 85%，经上级主管部门审计完成后 28 天内支付到决算审计价的 95%，剩余 5%在整个工程竣工验收后结清。

……

20. 保险

……

20.6 对各项保险的一般要求

……

20.6.4 保险金的赔偿金额以有资质的公估单位确定的金额为准，免赔额和超过赔偿限额的部分由承包人承担。

21. 不可抗力

21.1 不可抗力的确认

……

21.1.1（6）不可抗力的其他情形：＿＿＿／＿＿＿＿＿＿。

22. 违约

22.1 承包人违约

22.1.1 承包人违约的情形。

在履行合同过程中发生下列情形时，属承包人违约。

（1）承包人违反第 1.8 款或第 4.3 款的约定，私自将合同的全部或部分权利转让给其他人，或私自将合同的全部或部分义务转移给其他人。

（2）承包人违反第 5.3 款或第 6.4 款的约定，未经监理人批准，私自将已按合同约定进入施工场地的施工设备、临时设施、材料或工程设备撤离施工场地。

（3）承包人违反第 5.4 款的约定使用了不合格材料或工程设备，工程质量达不到标准要求，又拒绝清除不合格工程。

（4）承包人未能按合同进度计划及时完成合同约定的工作，已造成或预期造成工期延误。

（5）承包人在缺陷责任期内，未能对工程接收证书所列的缺陷清单的内容或缺陷责任期内发生的缺陷进行修复，而又拒绝按监理人指示再进行修补。

（6）承包人无法继续履行或明确表示不履行或实质上已停止履行合同。

（7）项目已具备开工条件，因承包人原因，承包人未能按期开工。

（8）承包人违反第 6.3 款的规定，未按承诺或未按监理人的要求及时配备合同约定的关键施工设备。

（9）经监理人和发包人检查，发现承包人有安全问题或有违反安全管理规章制度的情形。

（10）承包人违反第13.1.1项的约定，工程质量未达到标段竣工验收的质量评定要求的。

（11）承包人违反第4.9款的约定，将发包人支付给承包人的各项价款转移或用于其他工程。

（12）承包人违反第4.6款的约定，未按承诺或未按监理人的要求及时配备称职的主要管理人员、技术骨干，或未按规定替换，或擅离职守的。

（13）承包人违反投标人须知3.5.8项的规定，在合同实施期间发现承包人在投标时提供了虚假资料的。

（14）承包人违反第9.2.16项的约定，在合同执行期间由承包人原因引起交通事故的。

22.1.2　对承包人违约的处理。

（1）承包人发生第22.1.1（6）目约定的违约情形时，发包人可通知承包人立即解除合同，并按有关法律处理。

（2）承包人发生除第22.1.1（6）目约定以外的其他违约情形时，监理人可向承包人发出整改通知，要求其在指定的期限内改正。承包人应承担其违约所引起的费用增加和（或）工期延误。

（3）经检查证明承包人已采取了有效措施纠正违约行为，具备复工条件的，可由监理人签发复工通知，进行复工。

（4）承包人发生第22.1.1项约定的违约情形时，无论发包人是否解除合同，发包人均有权向承包人课以违约金，并由发包人将其违约行为上报省级交通运输主管部门，作为不良记录纳入浙江省建筑市场监管与诚信系统。具体约定如下。

①承包人发生第22.1.1项（1）目中违反第1.8款约定的情形，除责令立即纠正外，并课以不超过1%签约合同价的违约金；发生第22.1.1项（1）目中违反第4.3款约定的情形，在发包人向承包人发出书面通知的14天内未见纠正后，发包人将酌情向承包人课以不超过1%签约合同价的违约金。即使缴纳了违约金，承包人仍应按合同规定继续实施和完成本合同工程及其缺陷修复。

②承包人发生第22.1.1项（2）目中违反第5.3款约定的情形，在发包人向承包人发出书面通知的14天内未见纠正后，发包人将向承包人课以不超过材料和工程设备价值两倍的违约金；发生第22.1.1项（2）目中违反第6.4款约定的情形，在发包人向承包人发出书面通知的14天内未见纠正后，发包人将向承包人课以不超过其台班费两倍的违约金。

③承包人发生第22.1.1项（3）目情形，在发包人向承包人发出书面通知的14天内未见纠正后，发包人将按每一情形酌情向承包人课以不超过0.5%签约合同价的违约金。即使缴纳了违约金，承包人仍应按合同规定继续实施和完成本合同工程及其缺陷修复。

④承包人发生第22.1.1项（4）目情形，则按第11.5款规定处理。

⑤承包人发生第22.1.1项（5）目情形，则按第19.2.4项规定处理。

⑥承包人发生第22.1.1项（7）目情形，发包人有权按第11.5款规定的逾期竣工违约金的二分之一乘以未按期开工天数处理。

⑦承包人发生第22.1.1项（8）目情形，在发包人向承包人发出书面通知的14天内未见纠正后，发包人将向承包人课以不超过0.5%签约合同价的违约金。

⑧承包人发生第22.1.1项（9）目情形，发包人将责令整改；情节严重的，将停工整顿，

并酌情扣除安全生产费。

⑨承包人发生第22.1.1项（10）目情形，则课以不超过1%签约合同价的违约金。

⑩承包人发生第22.1.1项（11）目情形，则课以与转移（挪用）资金等额的违约金。

⑪承包人发生第22.1.1项（12）目情形，项目经理或项目总工未经发包人同意擅自离开工地，每天课以违约金5000元/人；若每月在工地天数不足26天（特殊情形经监理人批准报发包人同意例外）者，每不足一天课以违约金1000元/人；承包人未经发包人书面同意更换项目经理、项目总工的，课以每人次20万元的违约金，更换其他主要管理人员、技术人员课以每人次5万元的违约金。

⑫承包人发生第22.1.1项（13）目情形，在合同实施期间发现承包人在投标时提供了虚假材料的，课以不超过5%签约合同价的违约金。

⑬承包人发生第22.1.1项（14）目情形，在合同执行期间由承包人原因引起交通事故的，其所涉及的停工、索赔、诉讼费用及工程拖延或施工费用增加时，由承包人承担一切责任和费用。

22.2　发包人违约

22.2.1　发包人违约的情形。

在履行合同过程中发生以下情形时，属发包人违约。

（1）发包人未能按合同约定支付工程预付款或合同价款，或拖延、拒绝批准付款申请和支付凭证，导致付款延误的（包括未按照第17.4.2项规定及时退还质保金的）。

（2）由于发包人征地拆迁不到位、开工的正常条件不具备，导致承包人无法按合同约定如期开工的。

（3）由于发包人的下列原因造成停工的。

①合同约定应由发包人提供的材料、设备未能按时交货或质量不符合要求或变更交货地点导致承包人停工的；

②发包人提供的施工图纸延误或施工图存在差错影响施工，工程变更通知未及时下达导致承包人停工的。

③非承包人原因发生第三方阻工，而发包人未及时协调处理导致承包人停工的。

④监理人无正当理由没有在约定期限内发出复工指示，导致承包人无法复工的。

（4）发包人无法继续履行或明确表示不履行或实质上已停止履行合同的。

（5）发包人不履行合同约定其他义务的。

22.2.2　承包人有权暂停施工

发包人发生除第22.2.1（2）和22.2.1（4）目以外的违约情况时，承包人可向发包人发出通知，要求发包人采取有效措施纠正违约行为。发包人收到承包人通知后的28天内仍不履行合同义务，承包人有权暂停施工，并通知监理人，发包人应承担由此增加的费用和（或）工期延误，并支付承包人合理利润。发生22.2.1（2）目由于发包人征地拆迁不到位等原因不具备全面开工条件的，承包人应精心组织施工，克服困难。如影响到工期，发包人应承担由此增加的工期延误，但不承担由此增加的延期1年内的费用和承包人利润，延期超过1年增加的费用和承包人利润双方协商解决。

……

表 4-4 所示为项目专用合同条款数据表。

表 4-4 项目专用合同条款数据表

说明：本数据表是项目专用合同条款中适用于本项目的信息和数据的归纳与提示，是项目专用合同条款的组成部分。

序号	条目号	信息或数据
1	1.1.2.2	发包人：××市城建开发有限公司 地　址：××市延安路 3399 号　邮政编码：××××××
2	1.1.2.6	监理人：签订合同后，通知承包人 地　址：　　　　　　　　　　　　　邮政编码：
3	1.1.4.5	缺陷责任期：自实际竣工日期（竣工证书颁发之日）起计算 <u>24</u> 个月
4	1.6.3	图纸需要修改和补充的，应由监理人取得发包人同意后，在该工程或工程相应部位施工前 <u>7</u> 天内签发图纸修改和补充图给承包人
5	3.1.1	监理人在行使下列权力前需经发包人事先批准： （6）根据第 15.3 款发出的变更指示，所有涉及本项目的工程变更
6	5.2.1	发包人是否提供材料或工程设备：<u>否</u>
7	6.2	发包人是否提供施工设备和临时设施：<u>否</u>
8	8.1.1	发包人提供测量基准点、基准线和水准点及其书面资料的期限：<u>在签订合同协议书后 7 天内</u> 承包人将施工控制网资料报送监理人审批的期限：<u>在收到发包人提供的上述资料后 28 天内</u>
9	11.5	逾期竣工违约金：<u>50000</u> 元 / 天
10	11.5	逾期竣工违约金限额：<u>10</u> %签约合同价
11	11.6	提前竣工的奖金：<u>／</u> 元 / 天
12	11.6	提前竣工的奖金限额：<u>／</u> %签约合同价
13	13.8	项目获得"钱江杯优质工程奖"，予以奖励人民币 <u>300</u> 万元
14	15.5.2	承包人提出的合理化建议降低了合同价格或者提高了工程经济效益的，发包人按所节约成本的<u>／</u>%或增加收益的<u>／</u>%给予奖励
15	16.1	因物价波动引起的价格调整按照<u>第 16.1.2 项</u>约定的原则处理
16	17.2.1	工程预付款金额：<u>10</u> %签约合同价
17	17.2.1	材料、设备预付款比例：用于本项目永久性工程的钢筋（含钢筋网片）、水泥、钢绞线、路面用碎石及沥青主要材料单据所列费用的 40%
18	17.3.2	承包人在每个付款周期末向监理人提交进度付款申请单的份数：<u>6</u> 份
19	17.3.3（1）	施工进度款付款证书最低限额：<u>300</u> 万元
20	17.3.3（2）	逾期付款违约金的利率：中国人民银行发布的同期 6 个月以内（含 6 个月）短期贷款基准利率（不计复利）

续表

序号	条目号	信息或数据
21	17.3.3（5）	在中间支付阶段支付到发包人核准额的 80%，保留 20%的工程款（含质保金），在整个工程竣工验收后支付至发包人核准额的 85%，经上级主管部门审计完成后 28 天内支付到决算审计价的 95%，剩余 5%在整个工程竣工验收后结清
22	17.4.1	质保金百分比：月支付额的 10 %
23	17.4.1	质保金限额： 5 %签约合同价
24	17.5.1	承包人向监理人提交竣工付款申请单（包括相关证明材料）的份数： 6 份
25	17.6.1	承包人向监理人提交最终结清申请单（包括相关证明材料）的份数： 6 份
26	18.2	竣工资料的份数： 10 份
27	18.5.1	单位工程或工程设备是否需投入施工期运行： 保证边施工边通车
28	18.6.1	本工程及工程设备是否进行试运行： 否
29	19.7	保修期：自实际竣工日期起 2 年
30	20.1	建筑工程一切险的保险费率： 3 ‰
31	20.4.2	第三者责任险的最低投保金额： 200 万元，事故次数不限（不计免赔额）。保险费率： 5 ‰
32	24.1	争议的最终解决方式： 诉讼 。 司法机构名称： 有管辖权的法院

四．合同清单

合同清单包括投标价计算表（表 4-5）、分部分项工程清单与计价表（表 4-6）、施工组织（总价）措施项目清单与计价表（表 4-7）、其他项目计价表（表 4-8）、主要材料价格一览表（表 4-9）。

表 4-5 投标价计算表

工程名称：第 2 标段黄东岭大桥工程

序号	费用名称	计算公式	金额/万元	备注
1	分部分项工程费（含技术措施费）	∑（分部分项工程数量×综合单价）	16201.2207	
1.1	其中 人工费+机械费	∑分部分项（人工费+机械费）	5644.9220	
2	措施项目费		762.0667	
2.1	施工技术措施项目费	已含在 1 中		
2.1.1	其中人工费+机械费	已含在 1.1 中		
2.2	施工组织措施项目费	按实际发生项之和进行计算	762.0667	
3	其他项目费		810.0000	
3.1	暂列金额		810.0000	

续表

序号	费用名称	计算公式	金额/万元	备注
3.2	暂估价		—	
3.3	计日工			
3.4	施工总承包服务费		—	
4	规费	1.1×22.84%	1289.3002	
5	增值税	（1+2+3+4）×9%	1715.6328	
	投标总价	1+2+3+4+5	20778.2204	

注：本项目不单设施工技术措施项目，施工技术措施项目全部归入或分摊在相应分部分项工程中。

表 4-6 分部分项工程清单与计价表

工程名称：第 2 标段黄东岭大桥工程

序号	项目编码	项目名称	项目特征	计量单位	工程量	综合单价	合价	人工费	机械费	备注
		0401 土石方工程					29713915			
1	0401B001	清除表土	1.清除表土；2.砍树挖根	m^2	103660	3.82	395981	20688	375293	
2	040101001001	挖一般土方	路基开挖三类土	m^3	6959	14.37	100001	3998	96003	
3	040101003001	挖基坑土方	墩台基坑三类土	m^3	603	45.42	27388	13862	13526	
4	040101005001	挖淤泥	挖深 3m	m^3	48249	23.13	1115999	46539	1069460	
5	040103001001	填方	路基填筑一、二类土	m^3	42155	35.00	1475425	48177	660232	
6	040103001002	填方	路基填筑山皮石	m^3	417171	53.88	22477173	1246607	3819299	
7	040103001003	填方	台背回填碎石	m^3	30455	130.24	3966459	517310	554816	
8	040103001004	填方	锥坡回填	m^3	4024	38.64	155487	155487		
		0402 道路工程					37272037			
9	040201001001	路基预压	等载预压与超载预压	m^3	90036	48.82	4395558	1675536	2673671	
10	040201020001	碎石垫层	厚 8cm	m^3	72319	130.24	9418827	244739	377883	
11	040201020002	山皮石垫层	厚 16cm	m^3	11923	68.64	818395	16099	16440	
12	040201009001	塑料排水板	长 7.5m	m	1570170	3.95	6202172	982489	1467768	
13	040201021001	土工布	300g/m^2	m^2	136578	15.76	2152469	549478		
14	040201021002	经编土工格栅	单向搭接	m^2	136578	16.04	2190711	630458		
15	040201013001	水泥搅拌桩	ϕ500	m	16929	53.12	899268	97674	270405	
16	0402B002	钢塑格栅	80kN/m	m^2	45116	19.33	872092	250977		

续表

序号	项目编码	项目名称	项目特征	计量单位	工程量	金额/元		其中		备注
						综合单价	合价	人工费	机械费	
17	0402B003	预应力管桩	ϕ400	m	61834	162.39	10041223	613129	2084054	
18	0402B004	护坡植草		m²	25051	11.23	281323	72592		
		0403 桥梁工程					54602170			
19	040301004001	钻孔灌注桩	ϕ0.8m，C25	m	843	893.77	753448	99652	449366	
20	040301004002	钻孔灌注桩	ϕ1.2m，C25	m	4758	1521.54	7239487	1616280	3569516	
21	040301004003	钻孔灌注桩	ϕ1.3m，C25	m	5804	1816.92	10545404	2307313	4987554	
22	040301004004	钻孔灌注桩	ϕ1.5m，C25	m	1532	2232.32	3419914	721877	1486709	
23	040303002001	混凝土基础	C25	m³	95	719.28	68332	6765	8433	
24	040303005001	混凝土墩台	C30	m³	5129	793.12	4067912	972452	847658	
25	040304001001	混凝土预制空心板	C50	m³	3630	1179.18	4280423	1253051	777073	
26	040304001002	混凝土预制小箱梁	C50	m³	8967	1249.3487	11202910	3801832	1802277	
27	040303024001	混凝土湿接头	C50	m³	1785	767.32	1369666	420578	184227	
28	040303024002	混凝土铰缝	C50 细石混凝土	m³	414	815.11	337456	61764	33157	
29	040303024003	混凝土附属结构	C30	m³	2689	614.35	1651987	358750	176472	
30	040304001003	预制人行道板	C30	m³	235	715.29	168093	74209	13904	
31	040309002001	护栏	花岗岩	m	1400	1350.01	1890014	86316		
32	040305001001	砂砾垫层	锥坡	m³	305	130.08	39674	456	466	
33	040305003001	浆砌片石锥坡基础	M7.5	m³	474	276.23	130933	49086	315	
34	040305005001	砌块锥坡	C20混凝土预制六角空心块	m³	288	734.23	211458	91116	2118	
35	040303019001	混凝土桥面铺装	1.厚10cm；2.C50	m²	29964	72.23	2164300	458434	251607	
36	040309009001	桥面泄水管	铸铁管 ϕ75	套	334	32.24	10768	304		
37	040309004001	板式橡胶支座	GJZ 250mm×250mm×41mm	个	1224	310.19	379673	61194		
38	040309004002	板式橡胶支座	GJZF4 200mm×200mm×37mm	个	272	337.27	91737	7139	1721	
39	040309004003	板式橡胶支座	GYZ 450mm×99mm	个	64	621.31	39764	6409		
40	040309004004	板式橡胶支座	GYZ 400mm×69mm	个	384	804.82	309051	49811		
41	040309004005	板式橡胶支座	GYZF4 350mm×76mm	个	64	1245.95	79741	6205	1496	
42	040309004006	板式橡胶支座	GYZF4 300mm×65mm	个	256	1200.46	307318	23915	5764	
43	040309007001	型钢伸缩缝	GQF-F60	m	255	1352.24	344821	57763	13092	

续表

序号	项目编码	项目名称	项目特征	计量单位	工程量	综合单价	合价	人工费	机械费	备注
44	040309007002	型钢伸缩缝	GQF-F80	m	155	1429.11	221512	8642	3695	
45	040309007003	梳齿板式伸缩缝	120型	m	80.8	2412.72	194948	9311	4263	
46	040309007004	简易伸缩缝	人行道	m	56	615.19	34451	7460	5539	
47	0403B005	钢筋混凝土圆管涵	ϕ1.5m	m	733.3	1476.51	1082725	424833	69121	
48	0403B006	钢筋混凝土箱涵	6m×3.65m	m	145.5	13500.00	1964250	485898	178413	
		0409 钢筋工程					40376826			
49	040901001001	基础光圆钢筋	1.灌注桩、承台、系梁；2.HPB300	kg	178611	5.39	962713	81201	58185	
50	040901001002	基础带肋钢筋	1.灌注桩、承台、系梁；2.HRB335、HRB400	kg	937328	5.40	5061571	426351	305499	
51	040901001003	下部结构光圆钢筋	1.墩台身、盖梁、耳背墙、中系梁等；2.HPB300	kg	161966	5.42	877856	127265	33220	
52	040901001004	下部结构带肋钢筋	1.墩台身、盖梁、耳背墙、中系梁等；2.HRB400	kg	675038	5.44	3672207	531687	138785	
53	040901001005	附属结构光圆钢筋	1.护栏、缘石、人行道、伸缩缝等；2.HPB300	kg	99558	5.52	549560	86259	10170	
54	040901001006	附属结构带肋钢筋	1.护栏、缘石、人行道、伸缩缝等；2.HRB335、HRB400	kg	424088	5.55	2353688	368952	43386	
55	040901002001	上部结构光圆钢筋	1.铺装、结构；2.HPB300	kg	831690	5.45	4532711	656278	240791	
56	040901002002	上部结构带肋钢筋	1.铺装、结构；2.HRB335、HRB400	kg	2388870	5.45	13019342	1882665	690759	
57	040901002003	钢筋网	冷轧带肋钢筋网	kg	468483	5.91	2768735	412894	173630	
58	040901006001	后张法预应力钢绞线	ϕ15.2 高强低松弛钢绞线	kg	507596	12.96	6578444	758109	308415	
		0410 拆除工程					47259			
59	041001001001	拆除旧路面	沥青混凝土	m³	1782	26.52	47259	3219	44040	
		总 计					162012207	26049534	30399686	

表 4-7 施工组织（总价）措施项目清单与计价表

工程名称：第2标段黄东岭大桥工程

序号	项目名称	计算基础	费率/（%）	金额/万元	备注
1	安全文明施工费	人工费+机械费	6.57	370.8714	
2	工程保险费	分部分项工程费	0.32	51.8439	
3	农民工工伤保险费	分部分项工程费	0.13	21.0616	
4	施工环保费	人工费+机械费	0.20	11.2898	
5	临时占地费			27.0000	
6	临时交通组织费			280.0000	
	合计			762.0667	

表 4-8 其他项目计价表

工程名称：第2标段黄东岭大桥工程

序号	项目名称	金额/万元	备注
1	暂列金额	810.0000	
1.1	标化工地增加费		
1.2	优质工程增加费		
1.3	其他暂列金额		
2	暂估价	—	
2.1	材料（工程设备）暂估价（结算价）		
2.2	专业工程暂估价（结算价）		
2.3	专项技术措施暂估价		
3	计日工		350元/工日
4	施工总承包服务费	—	
	合计	810.0000	

表 4-9 主要材料价格一览表

工程名称：第2标段黄东岭大桥工程

序号	名称、规格、型号	单位	数量	合同单价/元	备注
1	山皮石 8cm 以下	m³		50.8	除税价
2	圆钢综合	t		3267	除税价
3	螺纹钢综合	t		3203	除税价
4	32.5 号散装水泥	t		321	除税价
5	42.5 号散装水泥	t		352	除税价
6	ϕ15.2 钢绞线	t		4874	除税价

续表

序号	名称、规格、型号	单位	数量	合同单价/元	备注
7	普通沥青 AH-90	t		4628	除税价
8	水	m³		4	除税价
9	中（粗）砂	t		75	除税价
10	碎石（4cm）	t		62	除税价
	合计				

4.7.2 履约情况

1. 第一次监理例会会议纪要

监理例会就部分项目的计量支付方法、材料调差等问题进行了商讨并形成纪要如下。

（1）合同中关于材料当期价格取定并不适用沥青材料，会议决定采用公路工程沥青材料参考价格，沥青材料参考价格取用方法如下。

一般沥青当期价格为承包人计量申报日期前一个月的 15 日厂家参考信息价平均值［浙江省公路造价管理站发布的厂家参考信息价为镇海 SK 宝盈沥青库（韩国 SK70#沥青）、杭州沥青库（韩国 SK70#沥青，东海 70#A 级、90#A 级沥青，东海 AH-70、AH-90 沥青）、金华塘雅沥青库（韩国 SK70#沥青，东海 70#A 级、90#A 级沥青，东海 AH-70、AH-90 沥青）的平均价格］。

（2）总价项目按以下方式计量支付。

① 安全文明施工费：在开工第一周内支付全额的 30%，剩余 70%按 15 个月平均投入进行计量，与分部分项工程同期支付，即不单独支付安全文明施工费。本项金额不做调整。

② 工程保险费与农民工工伤保险费：开工前承包人应完成建筑工程一切保险、第三者责任险与农民工工伤保险的投标；凭保险发票和保单在下一次支付中给付。本项金额按实际支付保费支付。

③ 施工环保费：施工期未受环保部门警告、处罚或积极处理纠正了相关事项，本项费用在竣工支付中一次性给付。本项金额不做调整。

④ 临时占地费：办理相关借地手续后在下一次支付时给付全额的 80%，竣工验收后凭土地归还证明，在竣工支付中给付余款。本项金额不做调整。

⑤ 临时交通组织费：临时交通组织方案审查通过后支付全额的 60%，剩余 40%在方案实施期内平均投入进行计量，与分部分项工程同期支付，即不单独支付临时交通组织费。除交通管理部门额外要求的工作外，本项金额不做调整。

⑥ 规费、税金按约定费率，以每期支付分部分项工程费和措施项目费为基数计算，每期支付。

2. 施工进度与管理

（1）工程保险与农民工工伤保险于 2021 年 3 月 25 日完成投保，并取得保险票据。

（2）2021 年 5 月 27 日完成临时用地借地手续。

（3）临时交通组织方案于 2021 年 7 月 15 日通过专家评审。

（4）2021 年 9 月 5 日，设计单位出具 009 号设计变更技术联系单，桥梁混凝土基础（子目号 040303002001）由 C25 混凝土变更为 C30 混凝土。

（5）2022 年 4 月 13 日，承包人上报 034 号变更申请，因地质报告不准确，主墩第 34～43 号 1.5m 桩基（子目号 040301004004）和边跨第 11～20 号 1.3m 桩基（子目号 040301004003）入岩深度分别增加 2.5m 和 2.2m；经发包人复核同意，新增 1.5m 桩基入岩单价 633.25 元/m，1.3m 桩基入岩单价 467.91 元/m；1.5m 桩基入岩增加工程量 478.11m，1.3m 桩基入岩增加工程量 362.77m；增加造价合计 472507 元。

（6）2022 年 4 月 30 日，承包人上报 001 号计日工报告单，依据发包人工作联系单，完成因暴雨造成的临时边沟损坏清理 38 工日。

（7）2022 年 5 月 12 日，承包人上报 002 号计日工报告单，依据发包人工作联系单，完成主线左侧横树村村民搬迁 62.5 工日。

（8）至 2022 年 7 月，工程预付款全部扣回；至 2023 年 1 月，质保金全额扣留。

（9）2022 年 7 月 3 日，承包人上报 061 号变更申请，因地质报告不准确，护坡地基承载力不足，经设计同意采用换填石灰土施工，新增换填石灰土单价 33.76 元/m³，工程量预计 547.32m³。

（10）2022 年 8 月 22 日，发包人出具 013 号变更联系单，取消旧沥青路面拆除工作（子目号 041001001001）。

（11）2023 年 1 月 12 日，设计单位出具 023 号设计变更技术联系单，混凝土桥面铺装（子目号 040303019001）厚度变更为 13cm。

（12）本项目沥青相关工作没有独立子项，经监理工程师确定沥青总用量 173.06t。

3. 中期计量支付情况

（1）2021 年 2 月 15 日与 2021 年 3 月 7 日分别支付工程预付款的 70%与 30%。

（2）2021 年 5 月 25 日进行第一次计量，并于 6 月 7 日完成第一次中期支付共 576.3098 万元。其中安全文明施工费 111.2614 万元，工程保险费与农民工工伤保险费合同全额 72.9055 万元，临时占地费 21.6 万元。

（3）2021 年 7 月 25 日，完成表 4-10 所示计量工作。

表 4-10　分部分项工程量清单

工程名称：第 2 标段黄东岭大桥工程-第 2 期

序号	项目编码	项目名称	项目特征	计量单位	工程量
		0401 土石方工程			
1	040101005001	挖淤泥	挖深 3m	m³	41833.61
2	040103001001	填方	路基填筑一、二类土	m³	54692.95

续表

序号	项目编码	项目名称	项目特征	计量单位	工程量
3	040103001002	填方	路基填筑山皮石	m³	61328.14
		0402 道路工程			
4	040201020001	碎石垫层	厚8cm	m³	18159.00
5	040201020002	山皮石垫层	厚16cm	m³	1926.75
6	040201009001	塑料排水板	长7.5m	m	215541.90
7	040201021001	土工布	300g/m²	m²	34278.00
8	040201021002	经编土工格栅	单向搭接	m²	34278.00
9	040201013001	水泥搅拌桩	$\phi 500$	m	16929.00
10	0402B002	钢塑格栅	80kN/m	m²	7287.00
		0403 桥梁工程			
11	040301004003	钻孔灌注桩	$\phi 1.3$m，C25	m	312.00
12	040301004004	钻孔灌注桩	$\phi 1.5$m，C25	m	387.34
		0409 钢筋工程			
13	040901001001	基础光圆钢筋	1.灌注桩、承台、系梁；2.HPB300	kg	11035.80
14	040901001002	基础带肋钢筋	1.灌注桩、承台、系梁；2.HRB335、HRB400	kg	61935.20

4．其他材料

（1）混凝土配合比定额（表4-11～表4-13）。

表4-11 混凝土配合比定额（一） 计量单位：m³

定额编号			114	115	116	117	118	119
项目			碎石（最大粒径：40mm）					
			现浇混凝土强度等级					
			C10	C15	C20	C25	C30	C35
基价/元			269.57	276.46	284.89	298.96	305.80	312.52
名称	单位	单价/元	消耗量					
普通硅酸盐水泥 P·O 42.5	kg	0.34	162.000	202.000	246.000	300.000	341.000	385.000
黄砂 净砂	t	92.23	0.989	0.913	0.820	0.747	0.691	0.676
碎石 综合	t	102.00	1.201	1.204	1.224	1.248	1.229	1.201
水	m³	4.27	0.180	0.180	0.180	0.180	0.180	0.180

表4-12 混凝土配合比定额（二）　　　　　　　　　　　　　　　　　　计量单位：m³

定额编号				120	121	122
项目				碎石（最大粒径：40mm）		
				现浇混凝土强度等级		
				C40	C45	C50
基价/元				330.72	341.19	349.33
名称		单位	单价/元	消耗量		
普通硅酸盐水泥 P·O 42.5		kg	0.34	442.000	485.000	—
普通硅酸盐水泥 P·O 52.5		kg	0.39	—	—	430.000
黄砂　净砂		t	92.23	0.600	0.587	0.604
碎石　综合		t	102.00	1.219	1.190	1.227
水		m³	4.27	0.180	0.180	0.180

注：现浇混凝土损耗率为1%。

表4-13 混凝土配合比定额（三）　　　　　　　　　　　　　　　　　　计量单位：m³

定额编号				153	154	155
项目				碎石（最大粒径：40mm）		
				水下混凝土强度等级		
				C20	C25	C30
基价/元				315.02	324.98	337.40
名称		单位	单价/元	消耗量		
普通硅酸盐水泥 P·O 42.5		kg	0.34	349.000	397.000	449.000
黄砂　净砂		t	92.23	0.736	0.667	0.610
碎石　综合		t	102.00	1.250	1.250	1.250
水		m³	4.27	0.230	0.230	0.230

注：水下混凝土损耗率为20%。

（2）施工期主要材料信息价（表4-14）。

表 4-14 主要材料信息价表

工程名称：第 2 标段黄东岭大桥工程　　　　　　　　　　　　　　　　　　　单位：元

序号	日期	山皮石 8cm 以下	圆钢综合	螺纹钢综合	32.5 号水泥	42.5 号水泥	φ15.2 钢绞线	普通沥青 AH-90
		m³	t	t	t	t	t	t
1	2021 年 1 月	54	2614	2510	320	355	4387	3541
2	2021 年 2 月	54	2414	2236	311	346	4191	2862
3	2021 年 3 月	54	2314	2207	315	342	4062	2776
4	2021 年 4 月	57	2345	2257	268	311	3932	2879
5	2021 年 5 月	57	2287	2160	263	307	3888	3032
6	2021 年 6 月	57	2205	2090	263	307	3888	3332
7	2021 年 7 月	63	2094	1863	272	307	3888	3417
8	2021 年 8 月	63	2171	2018	272	307	3802	3417
9	2021 年 9 月	63	2130	1960	280	315	3802	3332
10	2021 年 10 月	64	2074	1885	289	324	3773	2990
11	2021 年 11 月	64	2031	1870	303	338	3628	2712
12	2021 年 12 月	64	1873	1682	303	338	3541	2520
13	2022 年 1 月	69	1965	1778	276	311	3081	2156
14	2022 年 2 月	69	1989	1809	276	311	2838	1921
15	2022 年 3 月	69	2135	1978	254	289	2995	1836
16	2022 年 4 月	69	2440	2351	264	290	3219	1900
17	2022 年 5 月	69	2519	2408	264	290	3763	2144
18	2022 年 6 月	69	2226	1983	253	281	3288	2229
19	2022 年 7 月	68	2328	2110	253	281	3225	2357
20	2022 年 8 月	68	2465	2263	268	305	3268	2443
21	2022 年 9 月	68	2502	2303	279	317	3357	2443
22	2022 年 10 月	68	2437	2219	300	337	3372	2400
23	2022 年 11 月	68	2725	2528	337	374	3611	2379
24	2022 年 12 月	68	3044	2912	337	374	3991	2525
25	2023 年 1 月	68	3195	2967	329	373	4193	2844
26	2023 年 2 月	68	3284	3065	329	373	4106	2815
27	2023 年 3 月	68	3517	3363	347	400	4207	2856
28	2023 年 4 月	74	3363	3183	364	426	4178	2763
29	2023 年 5 月	74	3323	3141	364	426	4020	2528
30	2023 年 6 月	74	3433	3325	356	386	4092	2464

4.7.3 中间结算-第 2 期

1. 2021 年 7 月（第 2 期）工程进度款

1）分部分项工程费

分部分项工程费依据计量报告与合同单价计算，具体计算过程见分部分项工程清单与计价表（表 4-15）。

表 4-15 分部分项工程清单与计价表

工程名称：第 2 标段黄东岭大桥工程-第 2 期

序号	项目编码	项目名称	项目特征	计量单位	工程量	金额/元				备注
						综合单价	合价	其中		
								人工费	机械费	
		0401 土石方工程					6186225			
1	040101005001	挖淤泥	挖深 3m	m^3	41833.61	23.13	967611	40351	927260	
2	040103001001	填方	路基填筑一、二类土	m^3	54692.95	35.00	1914253	62506	856602	
3	040103001002	填方	路基填筑山皮石	m^3	61328.14	53.88	3304360	183263	561474	
		0402 道路工程					5478837			
4	040201020001	碎石垫层	厚 8cm	m^3	18159.00	130.24	2365028	61453	94885	
5	040201020002	山皮石垫层	厚 16cm	m^3	1926.75	68.64	132252	2602	2657	
6	040201009001	塑料排水板	长 7.5m	m	215541.90	3.95	851391	134869	201485	
7	040201021001	土工布	300g/m^2	m^2	34278.00	15.76	540221	137907		
8	040201021002	经编土工格栅	单向搭接	m^2	34278.00	16.04	549819	158231		
9	040201013001	水泥搅拌桩	$\phi500$	m	16929.00	53.12	899268	97674	270405	
10	0402B002	钢塑格栅	80kN/m	m^2	7287.00	19.33	140858	40537		
		0403 桥梁工程					1431555			
11	040301004003	钻孔灌注桩	$\phi1.3m$，C25	m	312.00	1816.92	566879	124032	268111	
12	040301004004	钻孔灌注桩	$\phi1.5m$，C25	m	387.34	2232.32	864676	182516	375893	
		0409 钢筋工程					393933			

续表

序号	项目编码	项目名称	项目特征	计量单位	工程量	金额/元				备注
						综合单价	合价	其中		
								人工费	机械费	
13	040901001001	基础光圆钢筋	1.灌注桩、承台、系梁；2.HPB300	kg	11035.80	5.39	59483	5017	3595	
14	040901001002	基础带肋钢筋	1.灌注桩、承台、系梁；2.HRB335、HRB400	kg	61935.20	5.40	334450	28172	20186	
			本页小计				13490550	1259130	3582553	

2）总价措施费

（1）安全文明施工费：依据第一次监理例会会议纪要，在开工第一周内支付全额的30%，剩余70%按15个月平均投入。

本月应支付6月与7月安全文明施工费：370.8714×70%/15×2=34.6147（万元）。

（2）工程保险费与农民工工伤保险费：3月完成投保，应已在5月完成支付；本月无该项费用。

（3）施工环保费：依据第一次监理例会会议纪要，本项费用在竣工支付中一次性给付。本月不支付该项费用。

（4）临时占地费：依据第一次监理例会会议纪要，办理相关借地手续后，在下一次支付时给付全额的80%，竣工验收后凭土地归还证明，在竣工支付中给付余款。本项金额不做调整。本工程5月完成借地，应已在6月完成支付，本月无该项费用。

（5）临时交通组织费：依据第一次监理例会会议纪要，临时交通组织方案审查通过后支付全额的60%。

本项目在本月完成临时交通组织方案评审，应支付280×60%=168（万元）。

总价措施费具体内容可见施工组织（总价）措施项目清单与计价表（表4-16）。

表4-16 施工组织（总价）措施项目清单与计价表

工程名称：第2标段黄东岭大桥工程-第2期

序号	项目名称	计算基础	费率/（%）	金额/万元	备注
1	安全文明施工费	人工费+机械费	6.57	34.6147	
2	工程保险费	分部分项工程费	0.32	—	
3	农民工工伤保险费	分部分项工程费	0.13	—	
4	施工环保费	人工费+机械费	0.2		
5	临时占地费			—	
6	临时交通组织费			168.0000	
	合计			202.6147	

3）其他项目费

本月无其他项目费。

4）本月工程进度款

本月工程进度款总额为 1811.8565 万元（具体可见表 4-17 中期结算总价表）。

2. 工程预付款扣回

依据第 17.2.3 项，工程预付款的扣回在进度付款证书的累计金额达到签约合同价的 20%之后。

截至本期末，累计支付 576.3098+1811.8565×80%=2025.7950（万元）；占签约合同价的 9.75%，未达到 20%，本月暂不扣回工程预付款。

注：依据第 17.3.3（5）目，在中间支付阶段支付到发包人核准额的 80%，保留 20%的工程款（含质保金）；依据第 17.4.1 项，质保金百分比为月支付额的 10%，每期扣留 30%工程进度款，其中暂扣款 20%，质保金 10%。

质保金在支付活动中应作为已支付金额。

3. 价差调整

依据第 16.1.2 项，价差在竣工结算期间一次性调整。本项目在本月不进行价差调整。

表 4-17 所示为中期结算总价表。

表 4-17 中期结算总价表

工程名称：第 2 标段黄东岭大桥工程-第 2 期

序号	费用名称	计算公式	金额/万元	备注
1	分部分项工程费（含技术措施费）	∑（分部分项工程数量×综合单价）	1349.0550	
1.1	其中 人工费+机械费	∑分部分项（人工费+机械费）	484.1683	
2	措施项目费		202.6147	
2.1	施工技术措施项目	已含在 1 中		
2.1.1	其中 人工费+机械费	已含在 1.1 中		
2.2	施工组织措施项目费	按实际发生项之和进行计算	202.6147	
3	其他项目费		—	
3.1	暂列金额			
3.2	暂估价			
3.3	计日工			
3.4	施工总承包服务费		—	
4	规费	计算基数×费率	110.5840	
5	增值税	计算基数×费率	149.6028	
	投标总价	1+2+3+4+5	1811.8565	

注：本项目不单设施工技术措施项目，施工技术措施项目全部归入或分摊在相应分部分项工程中。

4. 质保金扣留

本期质保金为 1811.8565×80%×10%=144.9485（万元）。

5. 第 2 期支付凭证

第 2 期支付凭证具体可见第 2 标段黄东岭大桥工程中期支付证书（表 4-18）。

表 4-18　第 2 标段黄东岭大桥工程中期支付证书

施工单位：浙江××建设集团有限公司　　支付期号：02　　截止日期：2021 年 7 月 25 日

序号	项目内容	合同价及变更金额			到本期末完成		到上期末完成		本期完成	
		最终合同报价金额/元	变更总金额/元	变更后总金额/元	金额/元	其中变更	金额/元	其中变更	金额/元	其中变更
一	分部分项工程	162012207			17688359		4197809		13490550	
1	0401 土石方工程	29713915			8179231		1993006		6186225	
2	0402 道路工程	37272037			7091311		1612474		5478837	
3	0403 桥梁工程	54602170			1957337		525782		1431555	
4	0409 钢筋工程	40376826			460480		66547		393933	
5	0410 拆除工程	47259			0		0		0	
二	措施项目	7620667			4083816		2057669		2026147	
1	施工技术（单价）措施项目				0					
2	施工组织（总价）措施项目	7620667			4083816		2057669		2026147	
三	其他项目	8100000			0		0		0	
1	暂列金额	8100000								
2	计日工									
3	施工总承包服务费									
四	规费	12893002			1459419		353579		1105840	
五	税金	17156329			2090843		594815		1496028	
	合　　计	207782205			25322437		7203872		18118565	
	支付（70%）				20257950		5763098		14494852	
	价差调整				0		0		0	
	索赔金额									
	逾期付款利息									
	工程预付款				20778221		20778221			
	扣回工程预付款				0		0		0	
	质保金				−2025795		−576310		−1449485	
	实际支付				18232155		5186788		13045367	

发包人代表＿＿＿＿　监理＿＿＿＿　承包人＿＿＿＿　制表＿＿＿＿　编制日期：2021 年 7 月 30 日

4.7.4 竣工结算

1．分部分项工程

1）原合同清单项目

原合同清单项目，包括分部分项工程清单与计价表、施工组织（总价）措施项目清单与计价表、其他项目计价表及规费与税金在内的签约合同价。有效合同价=合同价-暂列金额=21608.8732-810×1.09=20725.9732（万元）。

2）工程变更

（1）第 034 号变更新增 1.5m 桩基入岩子目，单价 633.25 元/m；1.3m 桩基入岩子目单价 467.91 元/m；1.5m 桩基入岩增加工程量 478.11m，1.3m 桩基入岩增加工程量 362.77m；增加造价合计 472507 元。

（2）第 061 号变更申请，新增换填石灰土子目，单价 33.76 元/m^3；工程量预计 547.32m^3。

（3）第 013 号变更，取消旧沥青路面拆除工作，041001001001 子目完成工程量为 0。

（4）第 023 号设计变更技术联系单，混凝土桥面铺装（子目号 040303019001）厚度变更为 13cm。

该子目原设计厚度 10cm，单价 72.23 元/m^2，变更后单价为 72.23/10×13=93.90（元/m^2）。

（5）第 009 号设计变更技术联系单，桥梁混凝土基础由 C25 混凝土变更为 C30 混凝土。

该子目原单价 719.28 元/m^3，由 C25 变更为 C30，两者差异仅是混凝土单价不同，可以使用换算方式计算新单价，根据定额配比，具体计算过程见下文。

单方水泥量差为 341-300=41（kg），合同单价 0.321 元，单方价差 41×0.321=13.16（元）；

单方黄砂量差为 0.691-0.747=-0.056（t），合同单价 75 元，单方价差 0.056×75=-4.2（元）；

单方碎石量差为 1.229-1.248=-0.019（t），合同单价 62 元，单方价差-0.019×62=-1.18（元）；

单方水量差为 0.18-0.18=0（m^3），合同单价 4 元，单方价 0 元。

C30 相对于 C25，单方混凝土材料价差为 13.16-4.2-1.18=7.78（元）。

定额规定的现浇混凝土损耗率为 1%，因此 C30 混凝土基础单价为 719.28+7.78×1.01=727.14（元/m^3）。

3）单价调整

本项目依据 15.4.2 条，本工程不执行单价调整。变更调整后的分部分项工程清单与计价表见表 4-19。

表 4-19 分部分项工程清单与计价表

工程名称：第 2 标段黄东岭大桥工程-竣工结算

序号	项目编码	项目名称	项目特征	计量单位	工程量	金额/元				备注
						综合单价	合价	其中		
								人工费	机械费	
		0401 土石方工程					31119931			
1	0401B001	清除表土	1.清除表土；2.砍树挖根	m²	113247	3.82	432604	22601	410002	
2	040101001001	挖一般土方	路基开挖三类土	m³	10990	14.37	157926	6314	151613	
3	040101003001	挖基坑土方	墩台基坑三类土	m³	644	45.42	29250	14805	14446	
4	040101005001	挖淤泥	挖深 3m	m³	46771	23.13	1081813	45114	1036699	
5	040103001001	填方	路基填筑一、二类土	m³	52109	35.00	1823815	59553	816132	
6	040103001002	填方	路基填筑山皮石	m³	441109	53.88	23766953	1318139	4038457	
7	040103001003	填方	台背回填碎石	m³	28144	130.24	3665475	478055	512716	
8	040103001004	填方	锥坡回填	m³	4195	38.64	162095	162095		
9	040103001005	换填方	石灰土	m³	571.62	33.76	19298	2517	2699	
		0402 道路工程					38774797			
10	040201001001	路基预压	等载预压与超载预压	m³	114511	48.82	5590427	2131006	3400471	
11	040201020001	碎石垫层	厚 8cm	m³	68040	130.24	8861530	230258	355525	
12	040201020002	山皮石垫层	厚 16cm	m³	11707	68.64	803568	15807	16142	
13	040201009001	塑料排水板	长 7.5m	m	1682217	3.95	6644757	1052599	1572507	
14	040201021001	土工布	300g/m²	m²	139003	15.76	2190687	559234		
15	040201021002	经编土工格栅	单向搭接	m²	140057	16.04	2246514	646518		
16	040201013001	水泥搅拌桩	⌀500	m	18790	53.12	998125	108411	300131	
17	0402B002	钢塑格栅	80kN/m	m²	44026	19.33	851023	244914		
18	0402B003	预应力管桩	⌀400	m	63558	162.39	10321184	630223	2142160	
19	0402B004	护坡植草		m²	23774	11.23	266982	68892		
		0403 桥梁工程					55522624			

续表

序号	项目编码	项目名称	项目特征	计量单位	工程量	金额/元		其中		备注
						综合单价	合价	人工费	机械费	
20	040301004001	钻孔灌注桩	φ0.8m，C25	m	842	893.77	752554	99533	448833	
21	040301004002	钻孔灌注桩	φ1.2m，C25	m	4677	1521.54	7116243	1588764	3508749	
22	040301004003	钻孔灌注桩	φ1.3m，C25	m	5812	1816.92	10559939	2310493	4994428	
23	040301004004	钻孔灌注桩	φ1.5m，C25	m	1520	2232.32	3393126	716222	1475064	
24	040301004005	钻孔灌注桩	φ1.3m，入岩	m	362.77	467.91	169744	37140	80282	
25	040301004006	钻孔灌注桩	φ1.5m，入岩	m	478.11	633.25	302763	63907	131618	
26	040303002001	混凝土基础	C25	m^3	0	719.28	0	0	0	
27	040303002002	混凝土基础	C30	m^3	94	727.14	68351	6767	8435	
28	040303005001	混凝土墩台	C30	m^3	5122	793.12	4062361	971125	846501	
29	040304001001	混凝土预制空心板	C50	m^3	3633	1179.18	4283961	1254086	777715	
30	040304001002	混凝土预制小箱梁	C50	m^3	8897	1249.3487	11115455	3772153	1788208	
31	040303024001	混凝土湿接头	C50	m^3	1798	767.32	1379641	423641	185569	
32	040303024002	混凝土铰缝	C50 细石混凝土	m^3	422	815.11	343976	62957	33798	
33	040303024003	混凝土附属结构	C30	m^3	2544	614.35	1562906	339405	166956	
34	040304001003	预制人行道板	C30	m^3	238	715.29	170239	75156	14081	
35	040309002001	护栏	花岗岩	m	1400	1350.01	1890014	86316		
36	040305001001	砂砾垫层	锥坡	m^3	362	130.08	47089	542	552	
37	040305003001	浆砌片石锥坡基础	M7.5	m^3	594	276.23	164081	61512	394	
38	040305005001	砌块锥坡	C20 混凝土预制六角空心块	m^3	302	734.23	221737	95545	2221	
39	040303019001	混凝土桥面铺装	1.厚10cm；2.C50	m^2	28876	93.9	2711456	574330	315216	
40	040309009001	桥面泄水管	铸铁管 φ75	套	334	32.24	10768	304		
41	040309004001	板式橡胶支座	GJZ 250mm×250mm×41mm	个	1224	310.19	379673	61194		
42	040309004002	板式橡胶支座	GJZF4 200mm×200mm×37mm	个	272	337.27	91737	7139	1721	

续表

序号	项目编码	项目名称	项目特征	计量单位	工程量	综合单价	合价	人工费	机械费	备注
43	040309004003	板式橡胶支座	GYZ 450mm×99mm	个	64	621.31	39764	6409		
44	040309004004	板式橡胶支座	GYZ 400mm×69mm	个	384	804.82	309051	49811		
45	040309004005	板式橡胶支座	GYZF4 350mm×76mm	个	64	1245.95	79741	6205	1496	
46	040309004006	板式橡胶支座	GYZF4 300mm×65mm	个	256	1200.46	307318	23915	5764	
47	040309007001	型钢伸缩缝	GQF-F60	m	252	1352.24	340764	57084	12938	
48	040309007002	型钢伸缩缝	GQF-F80	m	256	1429.11	365852	14273	6103	
49	040309007003	梳齿板式伸缩缝	120型	m	82.5	2412.72	199049	9507	4352	
50	040309007004	简易伸缩缝	人行道	m	58	615.19	35681	7726	5737	
51	0403B005	钢筋混凝土圆管涵	φ1.5m	m	713.6	1476.51	1053638	413420	67264	
52	0403B006	钢筋混凝土箱涵	6m×3.65m	m	147.7	13500	1993950	493245	181110	
		0409 钢筋工程					39358509			
53	040901001001	基础光圆钢筋	1.灌注桩、承台、系梁；2.HPB300	kg	174533	5.39	940733	79347	56857	
54	040901001002	基础带肋钢筋	1.灌注桩、承台、系梁；2.HRB335、HRB400	kg	929646	5.40	5020088	422857	302995	
55	040901001003	下部结构光圆钢筋	1.墩台身、盖梁、耳背墙、中系梁等；2.HPB300	kg	160714	5.42	871070	126282	32963	
56	040901001004	下部结构带肋钢筋	1.墩台身、盖梁、耳背墙、中系梁等；2.HRB335、HRB400	kg	654520	5.44	3560589	515526	134566	
57	040901001005	附属结构光圆钢筋	1.护栏、缘石、人行道、伸缩缝等；2.HPB300	kg	94145	5.52	519680	81569	9618	
58	040901001006	附属结构带肋钢筋	1.护栏、缘石、人行道、伸缩缝等；2.HRB335、HRB400	kg	400663	5.55	2223680	348572	40989	

续表

序号	项目编码	项目名称	项目特征	计量单位	工程量	综合单价	合价	其中 人工费	其中 机械费	备注
59	040901002001	上部结构光圆钢筋	1.铺装、结构；2.HPB300	kg	824106	5.45	4491378	650293	238596	
60	040901002002	上部结构带肋钢筋	1.铺装、结构；2.HRB335、HRB400	kg	2331011	5.45	12704010	1837067	674029	
61	040901002003	钢筋网	冷轧带肋钢筋网	kg	467651	5.91	2763817	412161	173321	
62	040901006001	后张法预应力钢绞线	⌀15.2 高强低松弛钢绞线	kg	483292	12.96	6263464	721811	293648	
		总计					164775861	26682366	31792387	

2. 施工组织措施项目

本项目施工组织措施项目均按合同完成，不涉及费用调整，全额按合同价计入结算。表 4-20 为施工组织（总价）措施项目清单与计价表。

表 4-20 施工组织（总价）措施项目清单与计价表

工程名称：第 2 标段黄东岭大桥工程-竣工结算

序号	项目名称	计算基础	费率/（%）	金额/万元	备注
1	安全文明施工费	人工费+机械费	6.57	370.8714	
2	工程保险费	分部分项工程费	0.32	51.8439	
3	农民工工伤保险费	分部分项工程费	0.13	21.0616	
4	施工环保费	人工费+机械费	0.2	11.2898	
5	临时占地费			27.0000	
6	临时交通组织费			280.0000	
	合计			762.0667	

3. 其他项目

依据 001 号计日工报告单，完成因暴雨造成的临时边沟损坏清理 38 工日。本项工作为承包人施工措施或附属工作，应已经分摊在其他项目中，而且报告中未说明暴雨为承包人不可预见风险，因此可不计入结算。

依据 002 号计日工报告单，完成主线左侧横树村村民搬迁 62.5 工日。本项工作为合同外零星工作，可计入结算，应计费用 62.5×350=21875（元）。

竣工结算时，其他项目计价表见表 4-21。

表 4-21 其他项目计价表

工程名称：第 2 标段黄东岭大桥工程-竣工结算

序号	项目名称	金额/万元	备注
1	暂列金额	—	
1.1	标化工地增加费		
1.2	优质工程增加费		
1.3	其他暂列金额		
2	暂估价	—	
2.1	材料（工程设备）暂估价（结算价）		
2.2	专业工程暂估价（结算价）		
2.3	专项技术措施暂估价		
3	计日工	2.1875	350元/工日
4	施工总承包服务费	—	
	合计	2.1875	

4．索赔

本项目于 2021 年 3 月 15 日开工，合同工期 20 个月，应于 2022 年 11 月 15 日完工；实际 2023 年 3 月 23 日完工，延期 128 天。承包人未申请延期，应承担工期延误责任，依据第 11.5 款应承担违约金 128×50000=640（万元）。

5．价差调整

依据第 16.1.2 项，本项目采用全工期（开工月至竣工前 1 月）信息价平均值调差。当期价格与基准期价格价差超过基准期价格±5%时进行调差，调整价差为超过±5%部分。

1）数量

（1）山皮石：路基填筑 441109m^3，路基预压 114511m^3，山皮石垫层 11707m^3，合计 567327m^3。

（2）光圆钢筋：基础 174533kg，下部结构 160714kg，附属结构 94145kg，上部结构 824106kg，合计 1253.498t。

（3）带肋钢筋：基础 929646kg，下部结构 654520kg，附属结构 400663kg，上部结构 2331011kg，冷轧钢筋网 467651kg，合计 4783.491t。

（4）预应力钢绞线：483.292t。

（5）32.5 水泥：见水泥用量统计表（表 4-22）。

（6）42.5 水泥：见水泥用量统计表（表 4-22）。

（7）普通沥青（AH-90）173.06t。

注：桩混凝土用量计算中要加上超灌工程量，本例中超灌高度取 1 倍桩径。

表 4-22 水泥用量统计表

工程名称：第 2 标段黄东岭大桥工程-竣工结算

子目号	项目	单位	工程量	42.5 水泥 混凝土（砂浆）工程量	定额用量	混凝土消耗量	水泥消耗量	32.5 水泥 混凝土（砂浆）工程量	定额用量	混凝土消耗量	水泥消耗量
				m³	m³	m³	t	m³	m³	m³	t
040301004001	ϕ0.8m 钻孔灌注桩	m	842					432.08	1.20	518.496	206
040301004002	ϕ1.2m 钻孔灌注桩	m	4677					5430.71	1.20	6516.852	2587
040301004003	ϕ1.3m 钻孔灌注桩	m	6174.77					8402.98	1.20	10083.58	4003
040301004004	ϕ1.5m 钻孔灌注桩	m	2007.11					3639.63	1.20	4367.556	1734
040303002002	混凝土基础 C30	m³	94					94	1.01	94.94	32
040303005001	混凝土墩台 C30	m³	5122					5122	1.01	5173.22	1764
040304001001	混凝土预制空心板 C50	m³	3633	3633	1.01	3669.33	1578				
040304001002	混凝土预制小箱梁 C50	m³	8897	8897	1.01	8985.97	3864				
040303024001	混凝土湿接头 C50	m³	1798	1798	1.01	1815.98	868				
040303024002	混凝土铰缝 C50	m³	422	422	1.01	426.22	219				
040303024003	混凝土附属结构 C30	m³	2544					2544	1.01	2569.44	876
040304001003	预制人行道板 C30	m³	238					238	1.01	240.38	82
040305003001	浆砌片石锥坡基础 M7.5	m³	594					163.35	1.01	164.98	31
040303019001	混凝土桥面铺装 C50	m²	28876	3753.88	1.01	3791.4188	1630				
040201013001	ϕ500 水泥搅拌桩	m	18790					3689.41	0.2363		872
合计							8159				12187

2）价差

依据第 11.5 款：承包人工期延误期间的正价差（上涨），发包人将不予补偿；负价差（下降），发包人将全额扣回。山皮石、32.5 水泥、42.5 水泥以及预应力钢绞线 4 种材料在延误期间价格上涨，则该4种材料当期价格为2021年3月至2022年10月信息价平均值；光圆钢筋、带肋钢筋、普通沥青3种材料在延误期间价格下降，则该3种材料当期价格为2021年3月至2023年2月信息价平均值。

表4-23为价差调整表。

表4-23 价差调整表

工程名称：第2标段黄东岭大桥工程-竣工结算　　　　　　　　　　　　　　　　单位：元

序号	项目	单位	数量	定额用量	用量	基准期价格	价差 95%	价差 105%	当期价格	差价	补差额
1	山皮石	m³	567327	1.135	643916	50.8	48.26	53.34	64.6	11.26	7250494
2	光圆钢筋	t	1253.498	1.02	1279	3267	3103.65	3430.35	2363.75	-739.9	-946332
3	带肋钢筋	t	4783.491	1.02	4879	3203	3042.85	3363.15	2194.4	-848.5	-4139588
4	预应力钢绞线	t	483.292	1.04	503	4874	4630.3	5117.7	3530.5	-1100	-553199
5	32.5水泥	t	12187		12187	321	304.95	337.05	275.75	-29.2	-355860
6	42.5水泥	t	8159		8159	352	334.4	369.6	310.4	-24	-195816
7	普通沥青	t	173.06		173.06	4628	4396.6	4859.4	2616.63	-1780	-308042
	合计										751657

注：1.依据第16.1.2项，价差不再另计其他费率。
　　2.价格上涨，差价=当期价格-基准期价格×105%；价格下降，差价=当期价格-基准期价格×95%。

6．竣工结算总价

表4-24所示为竣工结算总价表。

表4-24 竣工结算总价表

工程名称：第2标段黄东岭大桥工程-竣工结算

序号	费用名称	计算公式	金额/万元	备注
1	分部分项工程费（含施工技术措施项目费）	∑（分部分项工程数量×综合单价）	16477.5861	
1.1	其中 人工费+机械费	∑分部分项（人工费+机械费）	5847.4753	
2	措施项目费		762.0667	
2.1	施工技术措施项目费	已含在1中		
2.1.1	其中人工费+机械费	已含在1.1中		
2.2	施工组织措施项目费	按实际发生项之和进行计算	762.0667	
3	其他项目费		-562.6468	
3.1	暂列金额		—	
3.2	暂估价			
3.3	计日工		2.1875	
3.4	施工总承包服务费			
3.5	价差调整		75.1657	动用暂列金额

续表

序号	费用名称	计算公式	金额/万元	备注
3.6	逾期违约金		-640.0000	
4	规费	1.1×22.84%	1335.5634	
5	增值税	(1+2+3+4)×费率	1621.1312	
	竣工结算总价	1+2+3+4+5	19633.7006	

注：结算报告或结算协议签署后进行终期支付（竣工支付），通常在终期支付前工程预付款已全部扣回，质保金已全额预留。

终期支付额=竣工结算总价-工程预付款总额-质保金总额-已中期支付累计额（不含质保金与工程预付款扣回）。

学习启示

党的二十大报告指出，法治社会是构筑法治国家的基础。工程结算即是以合同为依据的经济活动，也是以民法典为依据的民事法律行为。由于工程商品的特殊性，施工合同无法面面俱到；这就要求我们在工程结算活动中将各种结算事项去对应寻找合同约定或者查找法律规定，以吻合合同的真实意思表示，这就是法治思维。通过本章的学习我们应该思考什么样的学习方法有助于建立法治思维？

小 结

本项目介绍工程结算的概念、结算类别、结算依据、各类结算的基本程序和方法，特别对各结算费用之间的关系和计取原则做了详细阐述。

中间结算与竣工结算的内容实质上是一样的，只是在不同阶段计取方式有差别。工程变更的估价与索赔计算是工程合同管理的难点，需要从合同法律的视角来分析判别，计量与计价仅仅是处理此类问题的一种技术手段。

各类结算的基本程序与时间要求不是固定不变的，主要遵循合同的约定，在学习和工作中，应详细阅读给定条件或完整合同条款来理解和确定结算程序。

思考练习题

1．《建设工程工程量清单计价规范》（GB 50500—2013）中的现场签证与工程计量有什么区别？

2．质保金、农民工工资支付保证金和履约担保之间是什么关系？

3．价差调整时是否应该计算价差的规费和税金？

4．《建设工程工程量清单计价规范》（GB 50500—2013）的变更估价方法中"已标价工程量清单中没有适用但有类似于变更工程项目的，可在合理范围内参照类似项目的单价"，哪些情形可以判定为类似项目？

在线答题

参 考 文 献

胡晓娟,2015. 工程结算[M]. 重庆:重庆大学出版社.
彭以舟,陈云娇,2013. 市政工程计价[M]. 北京:北京大学出版社.
王景怀,王军霞,2011. 市政工程工程量计算手册[M]. 南京:江苏人民出版社.
袁建新,2018. 市政工程计量与计价[M]. 4 版. 北京:中国建筑工业出版社.